ANTENNA HANDBOOK SERIES

アマチュア無線の ビーム・アンテナ

仕組みと技術を解説

JG1UNE 小暮 裕明
JE1WTR 小暮 芳江 [共著]

CQ出版社

カラーでわかる ビーム・アンテナの世界
THE WORLD OF "BEAM ANTENNAS"

本書では，電磁界シミュレータで得た多くのグラフィックスで，ビーム・アンテナの世界を旅しています（このカラー・ページで，各章をブラウズできます）．

第1章 イタリアのマルコーニは，無線通信の商用化に成功しました．相手局が増えるとビーム・アンテナが必要になりましたが，当初は長波が使われていたため，高利得のビームは，八木・宇田アンテナの発明を待たなければなりませんでした．

ヘルツが作った放物線反射板付きのアンテナ
（ドイツ博物館で筆者ら撮影）

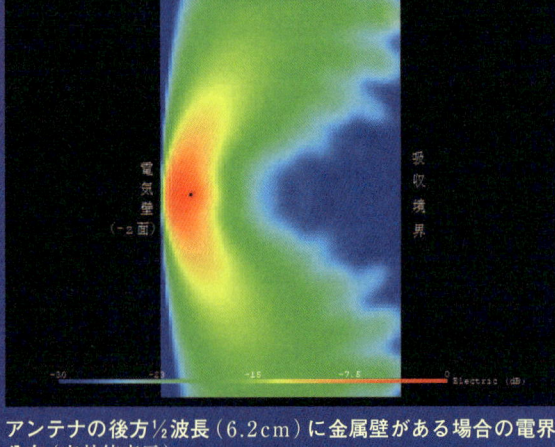

アンテナの後方 1/2 波長（6.2cm）に金属壁がある場合の電界分布（実効値表示）

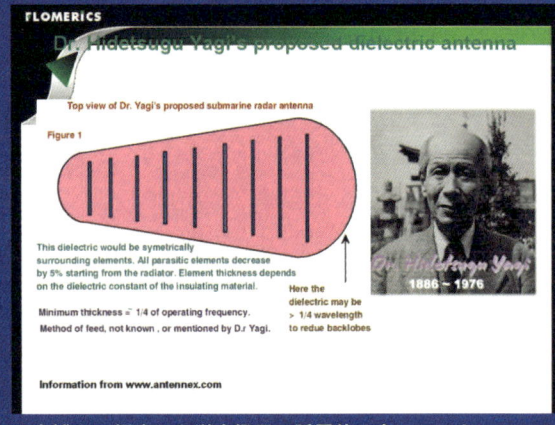

八木博士が提案した潜水艦用の誘電体八木アンテナ

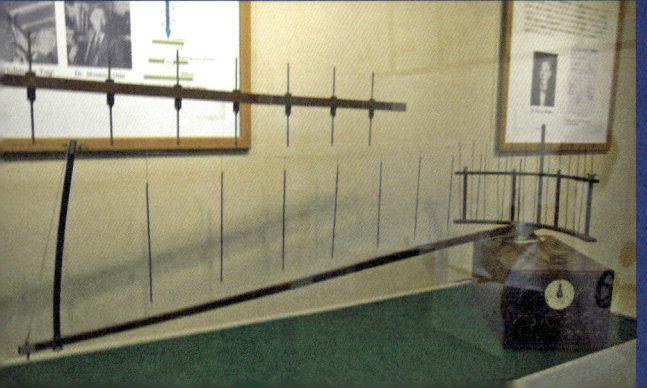

UHF（670MHz）帯の八木・宇田アンテナ
（写真提供：富士通仙台開発センター 本郷広信 氏）

カラーでわかるビーム・アンテナの世界

第2章
ハムのあこがれの的は，何といってもそびえるタワーに載った大型のビーム・アンテナでしょう．何エレメントが経済的なのでしょうか？

6本のタワーに各バンドのYAGIアンテナがそびえる
JR1AIB 井上OMのアンテナ・ファームの一部

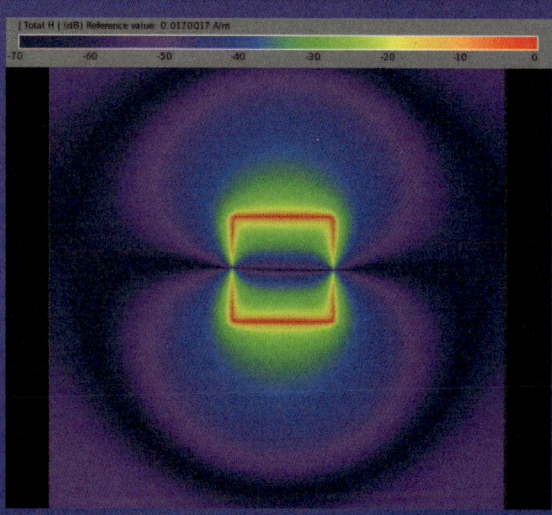

クワッド・アンテナの磁界強度分布（電磁界シミュレータXFdtdを使用）

パーフェクト・クワッド社 PQ320
14/18/21/24/28MHzの5バンド7エレ

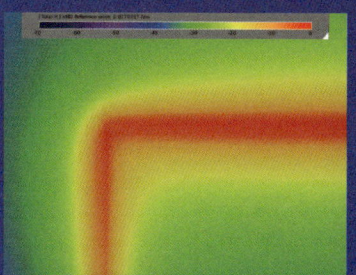

直角曲がり部の磁界強度分布

パーフェクト・クワッド社のポピュラーなマルチバンドCQの例
14/21/28MHzの3バンド2エレ

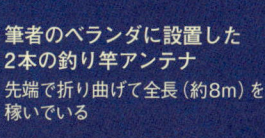

筆者のベランダに設置した
2本の釣り竿アンテナ
先端で折り曲げて全長（約8m）を稼いでいる

| 第3章 | UHFやマイクロ波帯では，YAGIアンテナだけではなくパラボラ・アンテナも使われます．HF帯はさまざまなビーム・アンテナが使われていますが，それらを最適な状態に追い込む方法はあるのでしょうか？ |

1.7GHzで送信されているHRPT画像データ受信用パラボラ・アンテナ
JA2DHB 梶川OMの力作

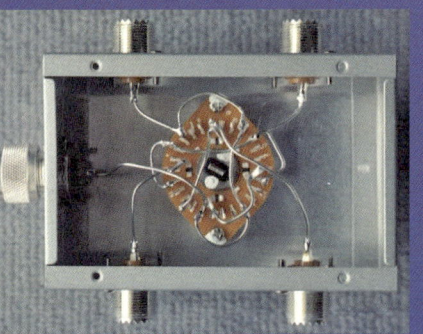

位相差切り替えスイッチ
一般的なロータリー・スイッチで製作した例

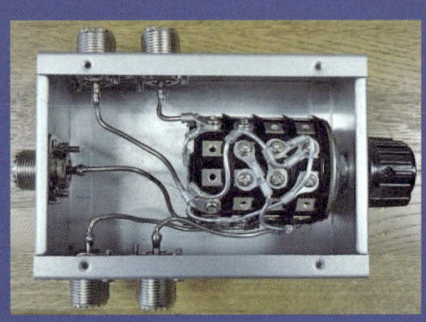

NKK製ロータリー・スイッチ（TS-4）で製作した例

リニア・ロード（手前）とT型のエレメント

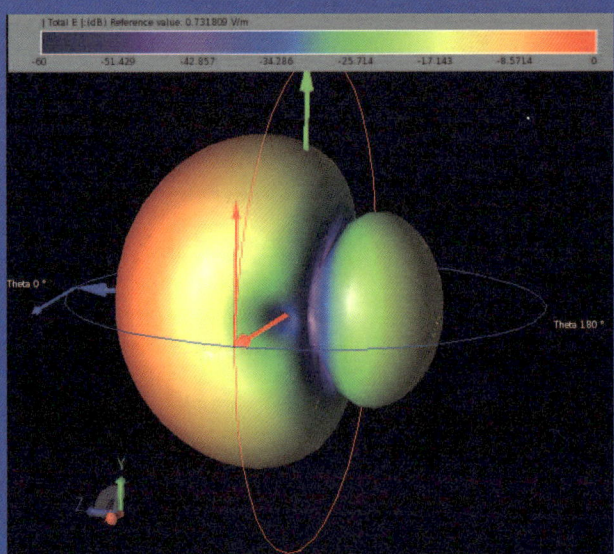

21MHz用3エレメントYAGIの自由空間における遠方界パターン
（電界による）
前方利得は7.5dBi（XFdtdを使用）

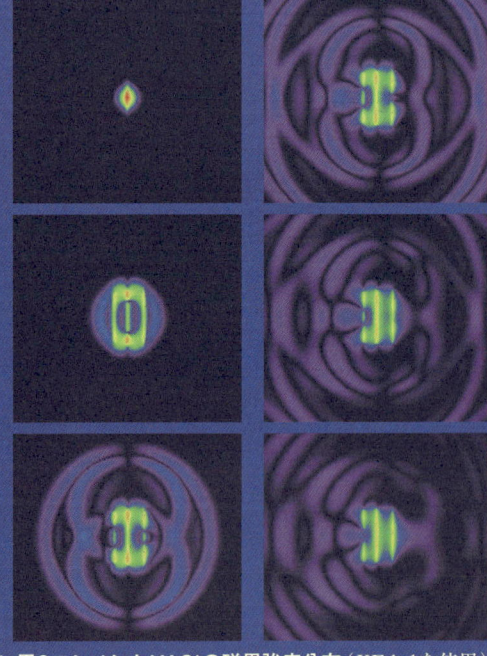

21MHz用3エレメントYAGIの磁界強度分布（XFdtdを使用）
左列上から，パルス励振後5μ秒，10μ秒，20μ秒．
右列上から，30μ秒，40μ秒，50μ秒

カラーでわかるビーム・アンテナの世界

第4章

市販のビーム・アンテナで満足できるのは，何といってもフルサイズのエレメントでしょう．

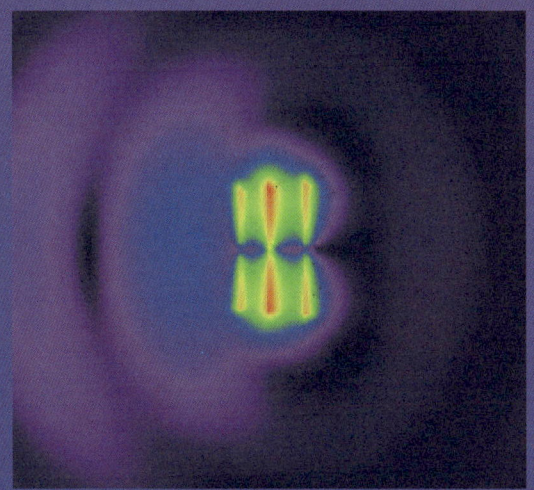

21MHz用3エレメントYAGIの電界強度分布
位相角：0°，表示スケールは最小−70dB

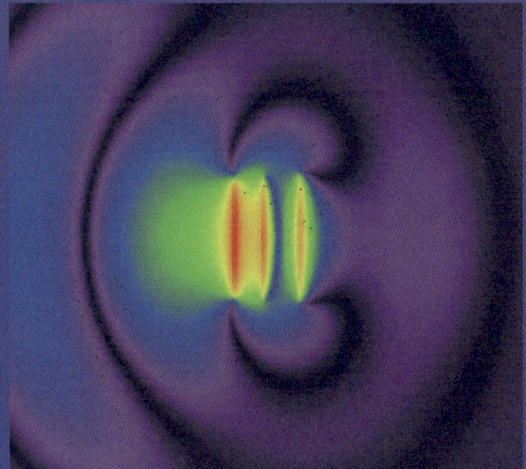

21MHz用3エレメントYAGIの磁界強度分布
位相角：0°，表示スケールは最小−70dB

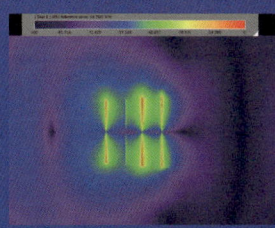
4エレYAGIの電界強度分布
位相角：15°

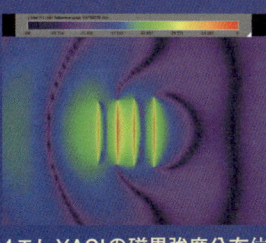
4エレYAGIの磁界強度分布位
位相角：15°

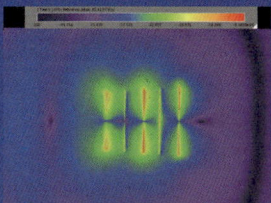
5エレYAGIの電界強度分布
位相角：95°

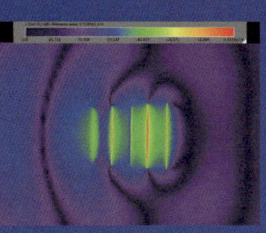
5エレYAGIの磁界強度分布
位相角：95°

クリエート・
デザイン
4エレメント
18MHz
YAGIアンテナ

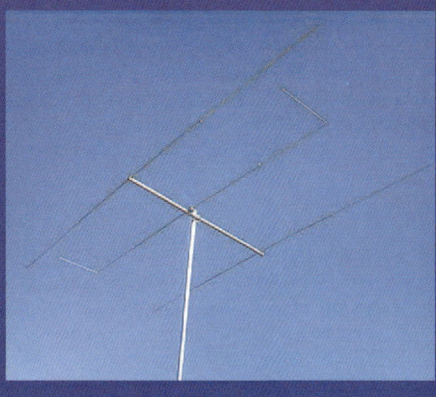

InnovAntennas
3エレメント
28MHz
OP-DES YAGI

JA1BRK
米村OM製作の
W1JRアンテナ
（14MHz用）

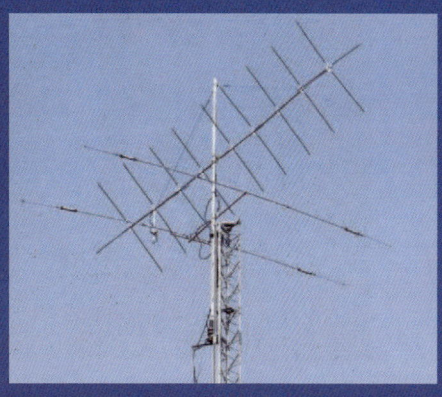

パーフェクト・
クワッド社製
50MHz
9エレメント
（JH1LSJ局）

第5章

HF帯用のビーム・アンテナは，どうしても広い設置スペースが必要です．そこで，前方利得はある程度犠牲にしても，F/Bが得られるコンパクト・ビーム・アンテナが数多く設計されています．

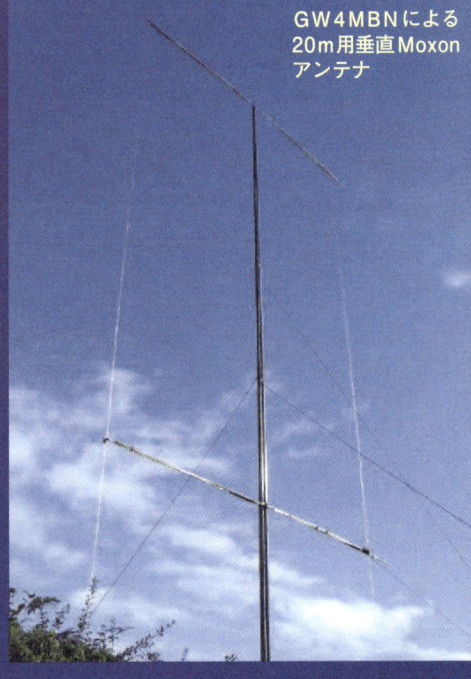

GW4MBNによる20m用垂直Moxonアンテナ

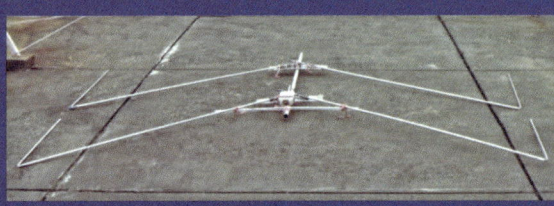

筆者（JG1UNE）が考案したΣ（シグマ）ビーム・アンテナ

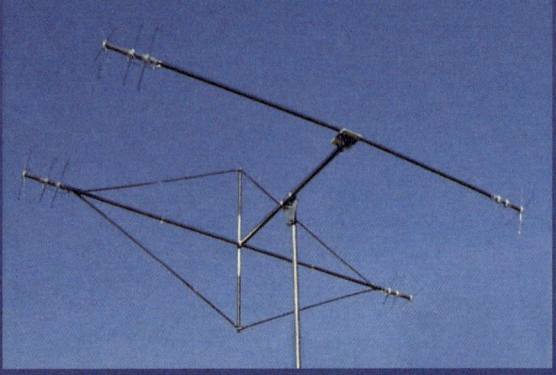

T.G.M. Communications社のコンパクト・ビーム・アンテナ MQ-1

DX EngineeringのDXE-HEXX-5TAP-2
20/17/15/12/10mの5バンド

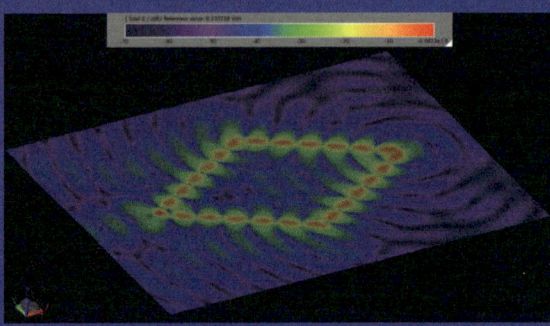

1辺60mのロンビック・アンテナの周りの電界強度分布（14MHz）

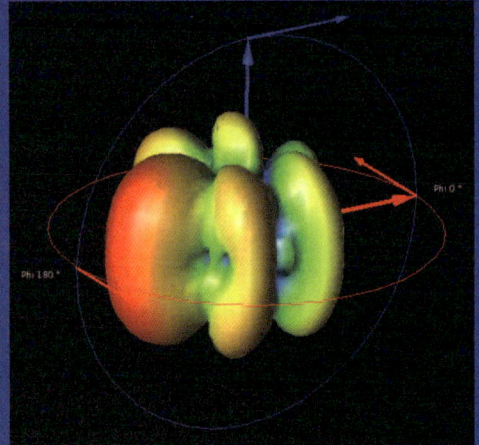

ロンビック・アンテナの7MHzにおける放射パターン

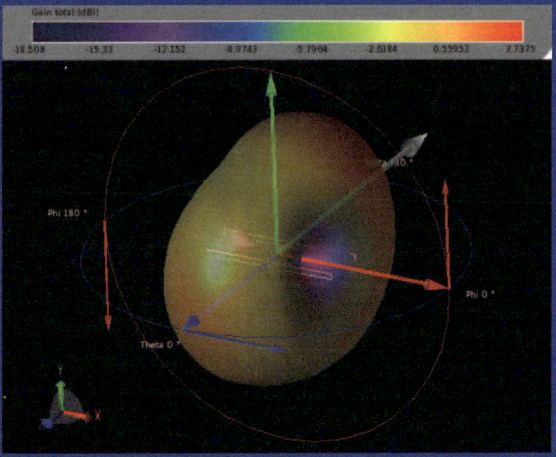

D2T-Mの28MHzにおける放射パターン（利得：3.7dBi）

カラーでわかるビーム・アンテナの世界

第6章

第6章では，電磁界シミュレーションを使ってビーム・アンテナの特性を解説しています．

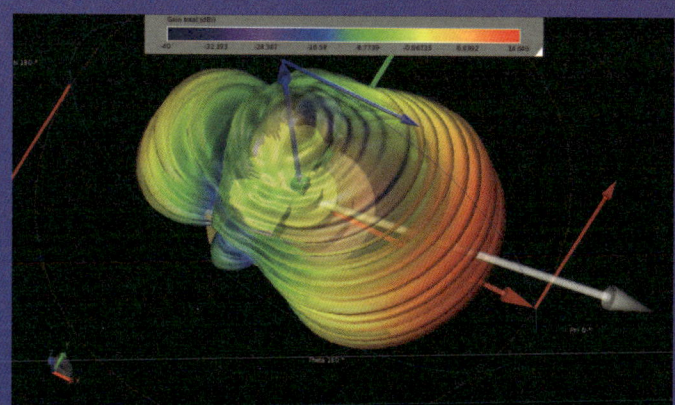

ビルの屋上に設置されたYAGIアンテナからの放射パターン（XFdtdを使用）

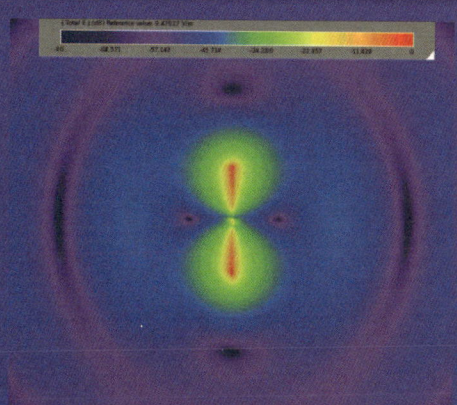

ダイポール・アンテナの周りの電界強度分布
赤色が強く濃い紫色が弱い

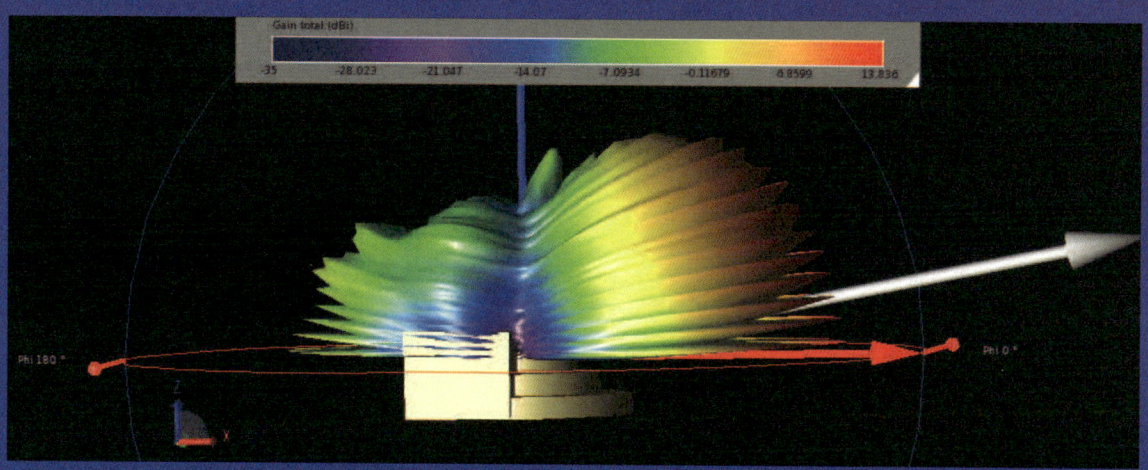

ビルの屋上に設置されたYAGIアンテナのシミュレーション結果の放射パターン

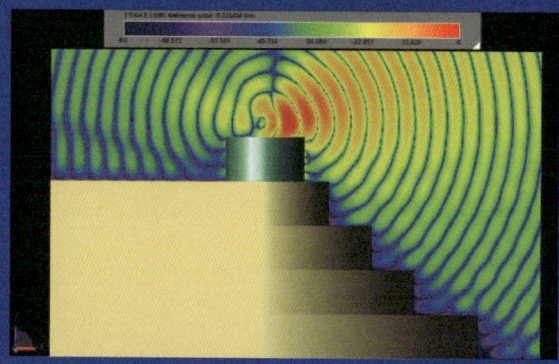

ビル屋上設置のYAGIアンテナの電界強度分布
見やすくするために表示レベルを調整している．位相角：0°

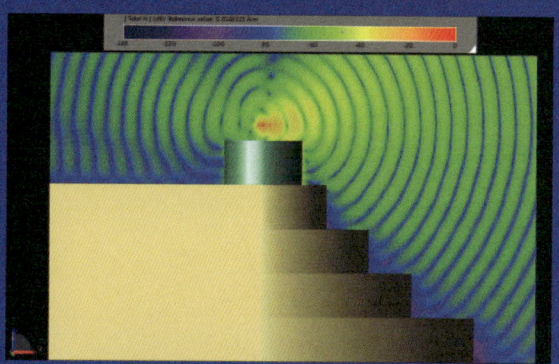

ビル屋上設置のYAGIアンテナの磁界強度分布
見やすくするために表示レベルを調整している．位相角：90°

第7章

ベランダに設置できるフルサイズのビーム・アンテナは，V/UHF帯やマイクロ波用に限られます．しかし，本体を小型化すれば，HF帯でもあきらめることはありません．

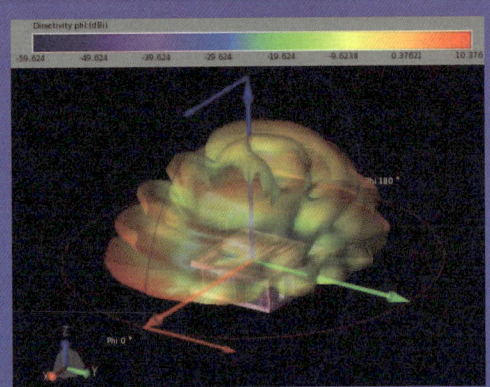

ベランダ設置のUNEクワッドの放射パターン①
横（Phi）成分の指向性利得：10.4dBi

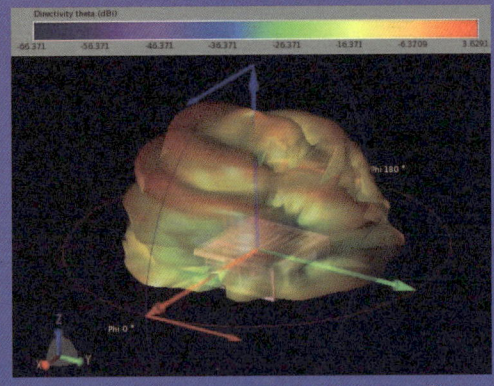

ベランダ設置のUNEクワッドの放射パターン②
縦（Theta）成分の指向性利得：3.6dBi

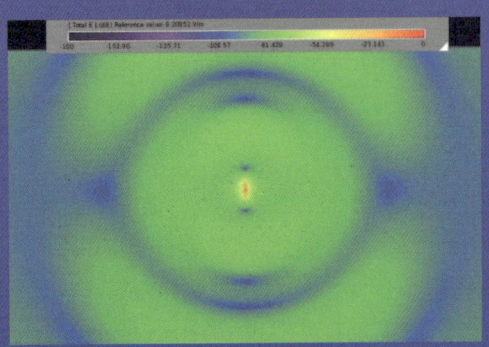

3.5MHzモービル・ホイップ（ダイヤモンド HF80 FX）を2本使ったダイポール・アンテナのシミュレーション
解析空間を広く取ったモデルの電界強度分布（波のようすが見やすくなるレベルに調整した）

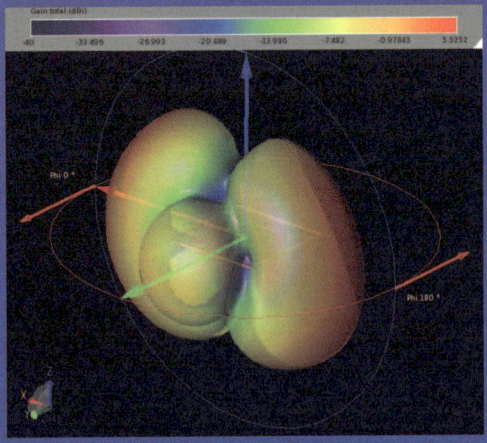

建物の鉄筋を想定した導体板から1/4波長の距離にある，水平置きMLAからの放射
前面への放射が少なくなる

円形ループのMLA（Field_ant製MK-3）を位相差給電
運用時は，両MLAとも90°回転している

UNEクワッドに導波器を追加した3エレメント化の実験

はじめに

　ビーム・アンテナの歴史は古く，マルコーニの電波実験のわずか2年後に，2素子の配列アンテナが考案されています．しかし当時は長波を使う通信だったので，多素子のビーム・アンテナは，短波通信の時代になってから全盛を迎えます．世界的に有名なビーム・アンテナは，いうまでもなく八木・宇田アンテナで，YAGIといえばビーム・アンテナの代名詞になっているくらいです．

　アンテナという名称を世界で初めて使ったのはマルコーニだったという説がありますが，その後，短波の無線局を「ビーム・システム」と命名したのも彼でした．ビーム・アンテナの進化は今も続いており，実は，広大な土地に設置できるプロ用よりも，限られた場所で最大の性能を発揮するように設計されるアマチュア無線用に，さまざまな技術が盛り込まれているのです．もちろん本書は，これらの歴史的な経緯を詳しく解説していますが，筆者らがアパマン・ハムということもあって，特にハムならではのユニークなコンパクト・ビーム・アンテナにも多くのページを割いています．

　アンテナは大きいに越したことはありませんが，限られたスペースからでも，技術の力でビームを操ることができれば，これほど愉快なことはありません．今から新しいビーム・アンテナにチャレンジして，あなたのハムライフを心ゆくまで楽しんでください．

2014年8月　　JG1UNE　小暮 裕明
　　　　　　　JE1WTR　小暮 芳江

Contents
もくじ

カラーでわかるビーム・アンテナの世界 2

    はじめに 9

第1章 ビーム・アンテナの歴史 16

1-1 ストーンの配列アンテナ 16
    初めは接地型アンテナ 16
    夢の指向性アンテナ 17

1-2 ブラウンの傾斜アンテナ 18
    エッフェル塔のアンテナがヒントに 18
    電界の向きが重要 18

1-3 マルコーニのフラット・トップ・アンテナ 19
    巨大な逆Lアンテナなのか？ 19
    逆Lアンテナと同じ…ではない？ 19
    なぜビームが生まれるのか？ 20

1-4 ビバレージ・アンテナ 21
    地面を這うアンテナ？ 21
    アンテナと伝送線路の違い 21
    ビバレージ・アンテナの仕組み 22

1-5 マルコーニのビーム・アンテナ 23
    UHF帯のビーム・アンテナ実験（1933年） 23
    ヘルツによる偏波の実験 23
    平面波とは？ 24
    反射器でビームを作る 25
    反射板とアンテナ・エレメントの距離 26

1-6 八木・宇田アンテナの登場 27
    ビームといえば八木・宇田アンテナ 27
    八木・宇田アンテナの誕生 27
    悲運の人，宇田博士 28
    宇田博士によるアンテナの動作説明 28
    八木アンテナのエピソード 29

第2章 アマチュアのビーム・アンテナ　30

2-1 HF帯のYAGIアンテナ　30
- HF帯用アンテナの移り変わり　30
- 国産HF YAGIの台頭　31
- マルチバンド化の技法　32
- 国産トライバンドYAGIの思い出　33
- 3.5MHzや7MHzのYAGIも登場　33

2-2 クワッド・アンテナ　34
- 自作ビームの雄　34
- CQの開発小史　34
- CQの偏波とは　35
- CQの入力インピーダンス　35
- エレメント直角部の電流　36
- CQによるビーム・アンテナ　37
- デルタ・ループ・アンテナ　38

2-3 HB9CVアンテナ　39
- HB9CVは奇妙なアンテナか？　39
- HB9CVアンテナの仕組み　39
- 自作向きのZLスペシャル　39
- おもしろい形状のスイス・クワッド　40

2-4 位相差給電アンテナ　43
- 位相差給電アンテナの仕組み　43
- 位相差給電アンテナの例　43
- 4SQアンテナ　44

第3章 ビーム・アンテナの実際　46

3-1 反射器付きアンテナ　46
- 反射望遠鏡のアイデア　46
- 恩師ファラデーの教え　47
- 反射望遠鏡のアイデア　47
- 衛星通信用パラボラ・アンテナ　48
- ジオデシック・パラボラ・アンテナ　49

Column　SteppIRのバーチカル　BigIRとSmallIR　50

3-2 2エレメントの位相差給電 51
    位相切り替えスイッチの製作 51
    最適な位相差を決めるには？ 51
    MMANAによる最適化の手法 52
    ベランダ設置ではどうなるのか？ 53
    エレメントの形状による違い 54

3-3 2エレメントYAGI 56
    エレメント間隔と利得の関係 56
    エレメント長と指向性の関係 56
    2エレメントYAGIのシミュレーション 57

3-4 多エレメントのビーム・アンテナ 58
    3エレメントYAGIの長さと指向性の関係 58
    3エレメントのエンドファイア・アレー 58
    エンドファイア・アレーの仕組み 60
    エンドファイア・アレーのポイント 60
    製作上の注意点 61

  Column　SteppIRの多エレメントYAGIアンテナ 61

3-5 アンテナの最適化にチャレンジ 62
    理想と現実の狭間で… 62
    3エレメントYAGIのシミュレーション 62
    3エレメントYAGIアンテナの実測 62
    シミュレータによる最適化にチャレンジ 64
    4エレメント，5エレメントYAGIアンテナ 65
    4エレメント，5エレメントYAGIの電磁界分布 66
    YAGIアンテナの設置高も重要 67

第4章 市販のビーム・アンテナ その1（フルサイズ編） 68

4-1 YAGIアンテナ 68
    モノバンドYAGI 68
    なぜ折り曲げエレメントなのか？ 69
    大地による反射の影響 70
    W1JRアンテナ 71

4-2 クワッド・アンテナ ... 73
- 安価なキット ... 73
- デルタ・ループ ... 73
- 多バンド化の技法 ... 73
- 2エレメントでビームを得る ... 73
- 給電ケーブルが2本の場合 ... 74
- エレメント数と利得 ... 76

第5章 市販のビーム・アンテナ その2（コンパクト編） ... 80

5-1 折り曲げビーム・アンテナ ... 80
- Σビーム・アンテナ ... 80
- 2エレメント Σビーム・アンテナ ... 81
- Xビーム・アンテナ ... 82
- HEXビーム・アンテナ ... 83

5-2 ツイギー・ビーム ... 85
- 2エレメント ツイギー・ビーム ... 85
- 3エレメント ツイギー・ビーム ... 87
- シミュレーションによる確認 ... 88

5-3 MOXONアンテナ ... 90
- 2エレメント MOXONアンテナ ... 90

5-4 マルチバンド・コンパクトYAGI ... 91
- トラップの定義 ... 91
- マルチバンドYAGIの場合 ... 92
- すべてのトラップは難しい ... 93

5-5 Hybrid-Quadアンテナ ... 94
- クワギなのか？ ... 94
- MQ-1の動作 ... 94

5-6 D2T-Mアンテナ ... 96
- 超広帯域アンテナ？ ... 96
- 進行波アンテナとは？ ... 96
- 共振しなくても電波は放射される？ ... 98
- D2T-Mアンテナの放射パターンと利得 ... 98

第6章 ビーム・アンテナのシミュレーション …… 102

6-1 電磁界シミュレーションとは …… 102
電波は電界と磁界の波 …… 102
電波の定義はあいまい？ …… 103
電線を伝わる波 …… 103
どちらがホント？ …… 104

6-2 アンテナのシミュレーション法 …… 105
電磁界シミュレータでできること …… 105
モーメント法の仕組み …… 105
モーメント法とその仲間たち …… 105
FDTD法とその仲間たち …… 107

6-3 MMANAによるアンテナのシミュレーション …… 108
垂直設置のダイポール・アンテナ …… 108
セグメントの調整 …… 110
MMANAのメディアとグラウンド・スクリーン …… 111
ビルの屋上のYAGIアンテナ …… 113

第7章 ベランダのビーム・アンテナ …… 116

7-1 ワイヤ・アンテナでビームを実現 …… 116
ベランダでビームとは無謀な… …… 116
UNEクワッド登場 …… 116
オフセット給電とは？ …… 117
再現性テスト …… 117
不思議な現象？ …… 118
2エレメント化にチャレンジ …… 118
多エレメント・ヘンテナ …… 118

7-2 位相差給電アンテナを作ろう …… 120
ホイップ2本でダイポール・アンテナ …… 121
MMANAによるシミュレーション …… 121
超短縮アンテナの放射効率 …… 122

7-3 位相差給電UNEクワッド …… 123
50MHz用位相差給電UNEクワッド …… 123
期待される実験結果 …… 124

- 3エレメント化はどうか？ …… 125
- HF帯への応用 …… 126

Column　VERSA Beam …… 126

7-4　位相差給電MLAの実験　127
- MLAとは？ …… 127
- 磁界だけよいのか？ …… 127
- MLA単体でビームはムリか？ …… 128
- やはり位相差給電しかない？ …… 129
- いざ実験開始！ …… 130
- ベランダに収めるMLA …… 130
- 建物も巻き込んだ究極のアンテナ・システム …… 131
- 14MHzのMLAではどうか？ …… 132
- EMC時代のビーム・アンテナとは？ …… 133

Column　Ultra Beam …… 133

付録　市販アンテナのスペックの読み方　134

- 参考文献 …… 139
- 索引 …… 141
- 著者略歴 …… 143

本書の執筆にあたり，構造計画研究所（**http://www.kke.co.jp/**）のご好意により，米国Remcom社の電磁界シミュレータXFdtdをご提供いただきました．またSonnet Suitesをご提供いただいた米国Sonnet Software社長の旧友Dr. James Rautio, AJ3Kにも感謝の意を表します．

JG1UNE 小暮裕明，JE1WTR 小暮芳江

Chapter 1章 ビーム・アンテナの歴史

マルコーニは，無線通信の商用化に成功しました．相手局が増えるとビーム・アンテナが必要になりましたが，当初は長波が使われていたため，高利得のビームは，八木・宇田アンテナの発明を待たなければなりませんでした．接地型ビーム・アンテナの元祖は，ストーンやマルコーニのアンテナですが，実はヘルツが作った放物線反射器付きヘルツ・ダイポールは，非接地型のビーム・アンテナだったのです．

マルコーニ（写真左）は，イタリアのジェノバ近く，リビエラ地方に宿泊して実験を繰り返し，放物線配置で反射器を付けたアンテナで，500MHzの通信（150km）に成功した（1933年）

1-1 ストーンの配列アンテナ

初めは接地型アンテナ

無線通信の商用化には，イタリアのマルコーニ（1874〜1937年）が大きく貢献しているといえます．彼は，天才ヘルツの実験を再現することから独学で新発想のアンテナを開発し，その特長は「接地型アンテナ」とも呼ばれ，大地を通信路の一部にしてしまうという大胆な発想にありました．

写真1-1は，マルコーニが開発したアンテナです．いずれも大地にアースを取って，地球に電流を流しています．これらは円柱アンテナ（上）とハープ・アンテナ（下）です．実際に使われたのはハープ・アンテナのほうで，大西洋横断通信に成功しました（1901年）．

図1-1は，この巨大ハープ・アンテナの電磁界シミュレーションの結果です．エレメントの最上部までの距離は何と48mもあり，写真1-1（上）の円柱タイプが強風で壊されたというのも納得できます．

また，図1-2は放射パターンです．天頂方向にくびれ（ヌル）があり，周囲は全方向へ放射していることがわかります．周波数は820kHzと推定されているので，波長は約366mです．1/4λ（波長）のモノポール・アンテナとして動作していますが，48m高

写真1-1 マルコーニが開発した円柱アンテナ（上）とハープ・アンテナ（1901年）

第 1 章　ビーム・アンテナの歴史

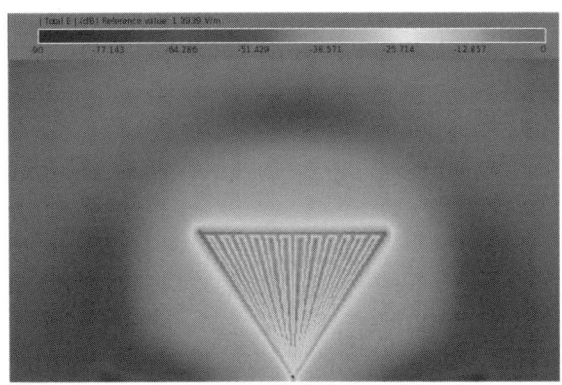

図1-1　巨大ハープ・アンテナの電磁界シミュレーション結果
電界強度分布を表示している（XFdtdを使用）

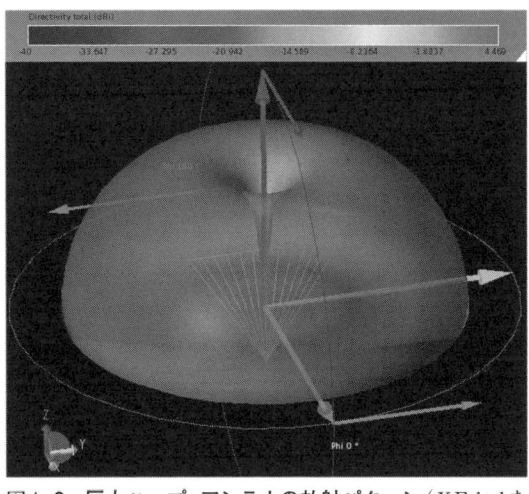

図1-2　巨大ハープ・アンテナの放射パターン（XFdtdを使用）

写真1-2　マルコーニが電柱に登って電信線をハサミで切っている風刺漫画（左，マルコーニ博物館にて筆者ら撮影）

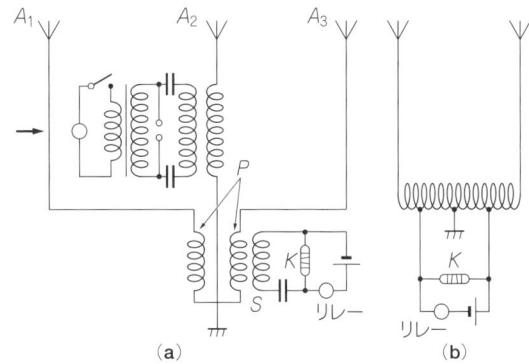

図1-3　ストーンが提案した配列アンテナ（1901年）

でもかなりコンパクトな設計といえるでしょう．

夢の指向性アンテナ

　マルコーニの無線商用化は，明らかに電信線のワイヤレス化が目的でした．それは**写真1-2**で，彼が電柱に登って電信線をハサミで切っている風刺漫画からもよくわかります．

　放送の電波は不特定多数の聴取者に向けるので，**図1-2**の放射パターンは最適です．しかし無線電信では，特定方向にある通信所に向けて，放射のパターンを絞る「ビーム・アンテナ」が必要です．そこで，マルコーニ以来，多くの技術者が何とかビーム・アンテナを実現しようと，努力を重ねたのでした．

　図1-3は，アメリカのストーンが提案した配列アンテナです．3素子の配列アンテナは1901年ですが，2素子のアンテナが先に開発されています．すでに1898年には，イギリスのS・ブラウンやアメリカのE・トムソンが2素子の配列アンテナを提案しているので，3素子でさらに性能アップされたのかもしれません．

　2素子のアンテナで指向性が得られるのは，これらを一定の間隔で離して給電することで合成された電波は，特定方向に強く放射されるという原理です．その後の指向性アンテナ研究の基礎となった技術の一つです．

　それにしても，アンテナ・アナライザや電界強度計などの便利な測定器がない時代に，どのような方法で指向性を最適化したのか，記録を調べたくなりました．この時代は，長波を使った通信が全盛でしたから実験も大がかりで，アンテナを設置する場所も広大でした．夢の指向性アンテナの実現はすぐそこまで来ていましたが，それは後に短波や超短波が使われるようになるまで，お預けになってしまいました．

1-2 ブラウンの傾斜アンテナ

エッフェル塔のアンテナがヒントに

F・ブラウンは，ハープ・アンテナに指向性があることに気づき，その原因はエレメントが傾斜しているからではないかと考えたようです．

図1-4は，彼の考案した傾斜アンテナです．中央にはコンデンサとコイルがあるようですが，詳しくはわかりません．この図はJ. Zenneck 著，「Wireless Telegraphy（無線電信）」（1912年，McGraw Hill）からの引用です．本文の解説によれば，AとBがアンテナ，Cはコンデンサと同調回路で，アンテナに直接つながれているとあります．

またアンテナの傾斜角度は約5°で，アンテナを含む垂直面に向かって進む電波が通過するときに，最も強く受信するアンテナになっており，この面に対して垂直な方向に進入する電波には，ほとんど影響を受けないとも書かれています．

当初さまざまな実験が繰り返されましたが，パリのエッフェル塔に角度を付けて吊るされたハープ・アンテナが，図1-5の左に示すような方向からの電波を良好に受信することがわかりました．そして送信では，その反対方向へ強く電波を放射することもわかったのでした．またこのとき，このアンテナによる受信で指向性が得られるのは，電波が導電率の低い（抵抗率の高い）大地に沿って伝わるからだとも説明されています．

電界の向きが重要

図1-4や図1-5の例から，電界の向きが垂直成分だけでなく，地面に傾いた成分を持つことが重要との指摘もあります．また，アンテナに作用する電界の向きがそれに一致していれば，どんなアンテナでも大部分受信するはずとも説明されています．

さらに，傾斜アンテナを送信に使うときの指向性は，次の節で紹介するマルコーニのアンテナ（Zenneckの著書では「bent Marconi antenna」と呼ばれている）と同じであるとも書かれています．

図1-4　F・ブラウンの傾斜アンテナ（1902年）

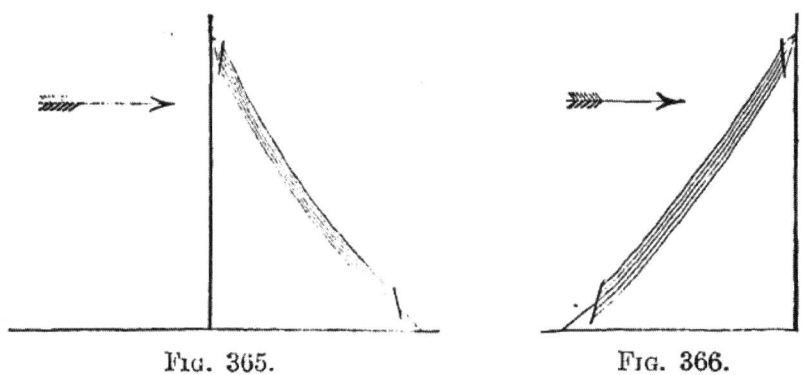

図1-5　斜めに吊したアンテナにより指向性が得られた

1-3 マルコーニのフラット・トップ・アンテナ

巨大な逆Lアンテナなのか？

図1-6は，マルコーニのフラット・トップ・アンテナです．写真1-1（p.16）のハープ・アンテナを折り曲げれば，比較的低い柱でも支えられるというアイデアだったのかもしれません．この構造は，アマチュア無線の自作に向いている逆Lアンテナのようですが，立ち上がっている部分の長さは，波長に比べて十分短くなっています．

実際のアンテナは，なんと2000mの電線を200本も伸ばし，水平部は幅330mに渡って平行に張ったという記録が残っています．このアンテナは波長4000m用といわれていますが，後に大西洋横断の通信では，送信用と受信用を別々に設置したようです．そのとき，送信用はアンテナの長さが600m，受信用は1600mで，電線はわずか2〜4本になっていました．

図1-7は，マルコーニのフラット・トップ・アンテナを簡略化した説明図で，電線の垂直部分と図のA（アース：接地）の間に給電点があります．図1-8は，垂直部分の長さをいろいろ調整したときに得た指向特性のなかで，最もビームが得られた結果です．360°は，図1-7ではAからCを見た方向です．また，このとき垂直部の長さは波長の1/8だったとも書かれています．

逆Lアンテナと同じ…ではない？

さて，このアンテナの動作はどのように考えればよいのでしょうか？

図1-9（p.20）は，Zenneckによる説明図です．これは，図1-7を元にした等価的な図ですが，注意すべき点は，グラウンドを完全導体と仮定していることです．

これは，アンテナの教科書によく見られる方法です．理想導体をグラウンドにした接地型アンテナは，図1-9に示すように，まったく同じ形状を鏡の影像（イメージ）としたアンテナがあって，それらの間に給電しているものと解釈されます．これに給電したときには，上下の水平部分の電流は互いに逆向きに

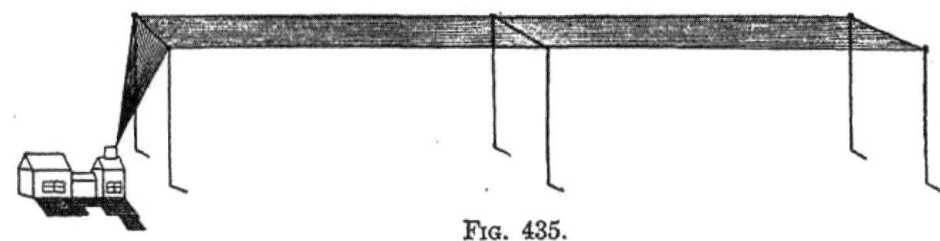

図1-6 マルコーニのフラット・トップ・アンテナ

図1-7 マルコーニのフラット・トップ・アンテナを簡略化した説明図

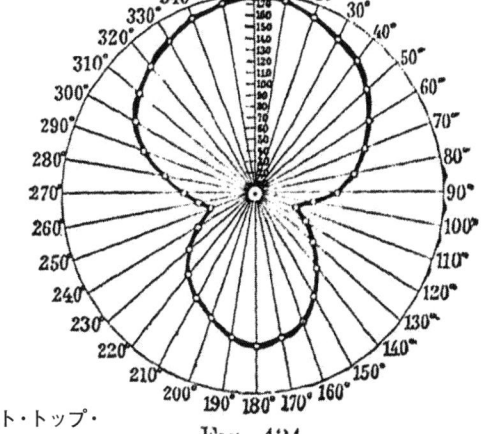

図1-8 マルコーニのフラット・トップ・アンテナの指向特性

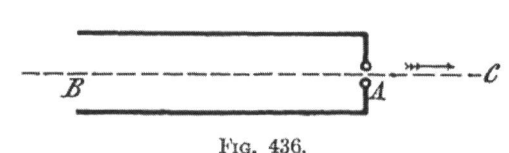

Fig. 436.

図1-9　Zenneckによる説明図

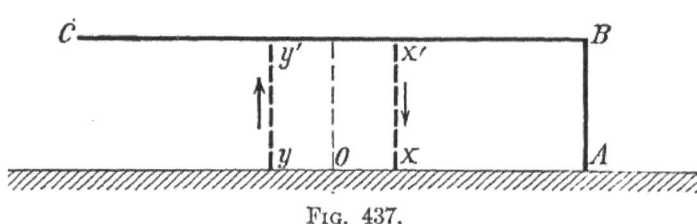

Fig. 437.

図1-10　Hörschelmannによる説明図

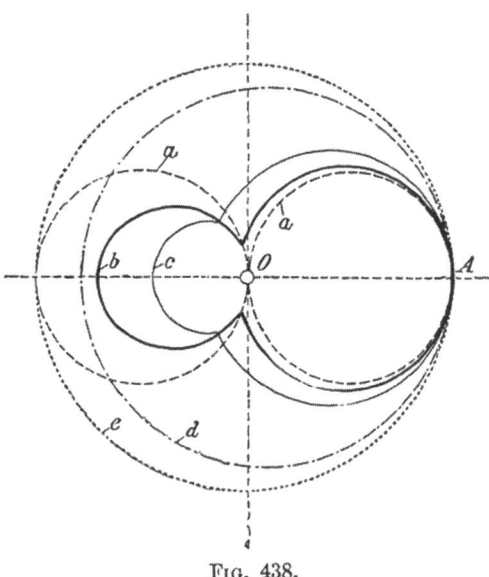

Fig. 438.

図1-11　BMAの指向性特性

　流れるので，それぞれから放射されるはずの電波はキャンセルされます．これは，リボン・フィーダなどの平行2線からは放射がないということからもわかるでしょう．

　そこで，残るのは短い垂直部分ですが，こちらは1本の電線が大地に垂直に接地されているのと同じですから，360°同じ強さで放射され，ビームは生まれないということになってしまいます．これはアマチュア無線の逆Lアンテナにもいえることです．水平部分が長いとダイポール・アンテナと同じ8の字パターンと思いがちですが，逆Lアンテナはエレメントの全長が1/4λに近い接地型のアンテナで，無指向性に近くなります．

　マルコーニのフラット・トップ・アンテナは，200本の電線を1本だけにしても，同じように動作します．これは折り曲げマルコーニ・アンテナ（bent Marconi antenna：以下，BMAと記す）とも呼ばれているようです（図1-7）．例えば，このアンテナを船に設置して海洋上で使えば，海面は理想導体により近いと考えられるので，図1-9の説明のように，おそらく指向性はほとんど得られないでしょう．しかし，実際の大地には導電率があり，誘電率も影響してきます．

なぜビームが生まれるのか？

　一般的な導電率を持つ大地上にあるBMAは，まず初めに，ドイツの物理学者Arnold Sommerfeld（1868〜1951年）の教え子であるH. von Hörschelmannによって詳しく考察されています．少し長くなりますが，Zenneckの著書にある彼の説明を，以下に抄訳してみます．

　「大地に平行に伸びるBMAの水平部は，大地の上層部に極めて近いところに強いアース電流を誘導する．この電流の垂直成分の振幅は，アンテナを含む平面上で考えると，アンテナの中ほどで，どちらからもある距離離れた点に最大値がはっきり現れる．また，その中ほどの点から右と左へ向かう電流の垂直成分の位相は逆になる．

　理論に従い，今，上で述べた二つの最大電流点において，アース電流のすべての垂直成分を考えてみると，全体の作用は，あたかも二つのシンプルな連続波が，最大点に垂直に立てられたアンテナから放射するように進み，これらの電流は逆相である．

　この架空の二つの垂直アンテナは，手短に言えば，いわば水平の送信アンテナによって地中で自動的に作られる」

　以上を図で説明すると，次のようになります．BMAの電磁界は，理論的には図1-10の垂直部$A-B$の電磁界をxx'とyy'に重ね合わせることで計算できます．ここでxx'とyy'は，Hörschelmannが説明している仮想的な逆相の電流のことで，これらは水平部$B-C$によって生じる垂直成分です．

　Zenneckの説明は，この後で細かい計算式が続きますが，ここでは結果だけを図1-11に示します．

1-4 ビバレージ・アンテナ

地面を這うアンテナ？

ビバレージ・アンテナは，図1-12に示すように，外観はマルコーニのフラット・トップ・アンテナに似ています．違いは，先端がオープン（開放）ではなく，ある値の抵抗器で終端されているということです．こうすることで，電線の方向に指向性が強くなります．

抵抗器の値は，大地と電線で構成される線路の特性インピーダンスと同じ値で終端すると，整合が取れて反射が極めて少なくなります．このとき電波は，一方向だけ進む進行波成分が強くなって指向性が増し，不要電波を受信しにくくなるという特徴があります．

アンテナと伝送線路の違い

図1-12の構造は，図1-13に示す回路基板のマイクロ・ストリップ線路と，その整合終端に対応づけて考えられます．マイクロ・ストリップ線路のような伝送線路は，電力を効率良く負荷側へ届けなければならないので，線路から放射があってはいけません．

そこで，マイクロ・ストリップ線路は，配線とグラウンドの間隔を，波長に比べて十分短くしています．こうすることで，配線の電流からの放射とグラウンドの電流からの放射は，電流が互いに逆向きに流れることで打ち消し合い，放射がない理想の伝送線路として動作するわけです．

送信アンテナの特性・性能は，それを受信で使うときには送信と同じ特性・性能を持ちます．これはアンテナの可逆性といわれていますが，もし配線路からわずかでも電波の放射があれば，配線路の一部が送信アンテナとして働いているという証拠です．

アンテナは可逆性が成り立ちますから，放射が極めて少なければ受信もほとんどできないはずです．図1-12のビバレージ・アンテナの構造は，図1-13に示すマイクロ・ストリップ線路に近いと考えれば，送信も受信もできないはずです．

さて，ビバレージ・アンテナは，「接地抵抗損が大きいグラウンドで効率良く動作する」といわれていますが，それはなぜでしょうか？

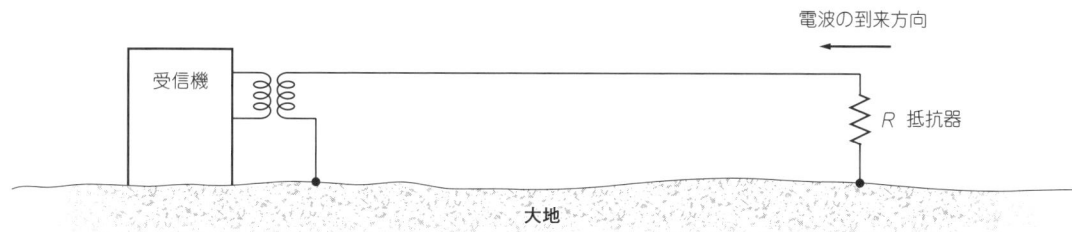

図1-12　ビバレージ・アンテナの構造

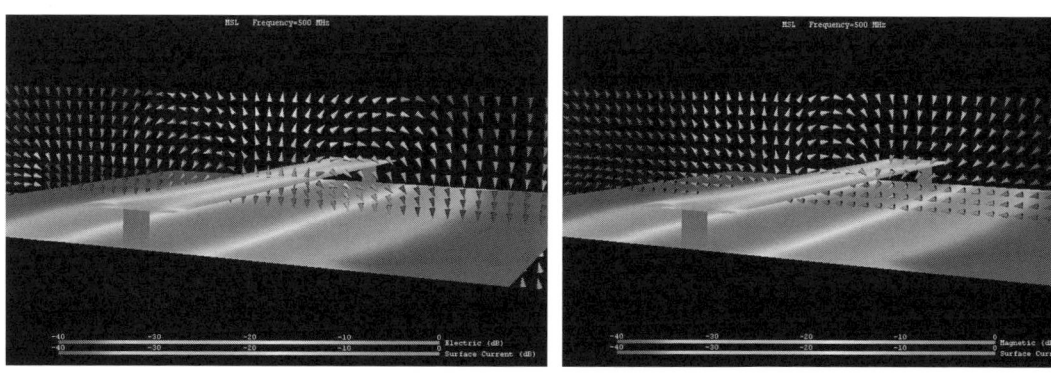

（a）電界分布　　　　　　　　　　　（b）磁界分布
図1-13　まっすぐなマイクロ・ストリップ線路と，その周りの電界・磁界分布（誘電体は非表示）

ビバレージ・アンテナの仕組み

図1-14は，ハムの世界で送信アンテナとしても使われているビバレージ・アンテナの例です．

ビバレージ・アンテナの長さは1波長以上必要で，一般には波長の整数倍にします．図1-14ではグラウンドから10～20フィート（3～6m）離れ，右端を200～500Ωの抵抗器で終端しています．これは図1-13（p.21）のような線路の特性インピーダンスに近い値なので，左端の整合回路で高インピーダンスを低インピーダンスに変換して，50Ωの同軸ケーブルで給電できるように設計されています．

次に図1-15(a)は，完全導体（無損失導体）のグラウンドに沿って電波が伝搬しているときの電界（電気力線）を表しており，電界ベクトルは導体面に垂直になります．

また図1-15(b)は，損失のある実際の大地の場合で，電波の進行方向をxとすれば電界のx方向成分E_xがあるので，地表近くの電界ベクトルは，図1-15(b)に示すようにE_yとE_xの合成ベクトルの向きに傾きます．ここでE_x成分の多くは，最終的には地表に入り込み，損失があるために熱エネルギーに変換されると考えられます．またE_y成分は，地表に沿って伝わると考えられます．

図1-16は，ビバレージ・アンテナに沿って電波が伝搬しているときの電界を示しています．グラウンドが図1-15(b)と同じく損失のある導体として働いていることがわかります（Kraus 著，「ANTENNAS」より引用）．

E_x成分があるので，図1-16に示すようにアンテナ線に沿って起電力を生じ，これらの進行波が受信機に向かって進行して，同相で受信機に届きます．これが「接地抵抗損が（ある程度）大きいグラウンドで効率良く動作する」理由ということでしょう．もし反対の左方向から到達する電波があれば，その電磁エネルギーはアンテナ線を右に向かって進むので，終端抵抗で吸収されてしまいます．

これらの説明から，ビバレージ・アンテナは水平方向に伝搬する電波を送受信することができ，指向性を持ったアンテナが実現できることがわかります．

ビバレージ・アンテナを送信アンテナとして使う場合は，終端に用いる抵抗器は，送信電力の半分以上の電力に耐え，高周波でも純抵抗を示す必要があります．

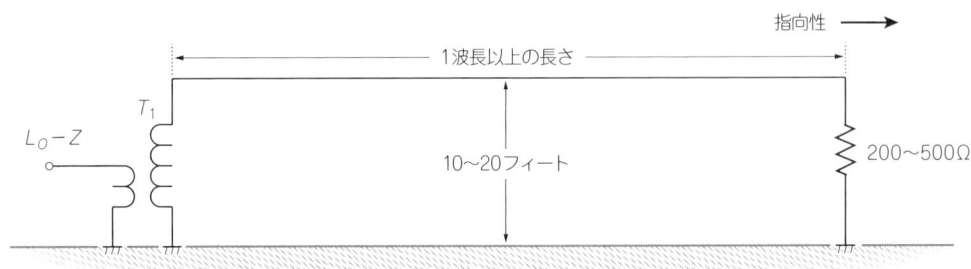

図1-14　送信でも使えるビバレージ・アンテナの例

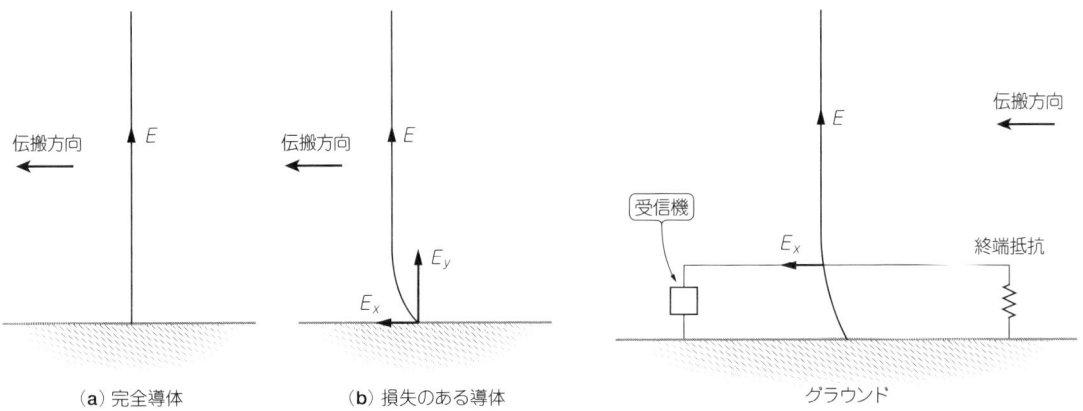

図1-15　グラウンドと電界（電気力線）の関係

図1-16　アンテナ線に沿って起電力を生じる

1-5 マルコーニのビーム・アンテナ

UHF帯のビーム・アンテナ実験（1933年）

マルコーニは，昭和8年（1933年）に，ご夫妻で日本を訪問しています．タイトル写真が撮られたのは同年とされていますが，このころすでに500MHzの通信実験が行われていました．

このアンテナは，水平に設置したダイポール・アンテナの後方に放物線配置で反射器を付けたビーム・アンテナです．実はこのアイデアは，ヘルツが世界で最初にヘルツ・ダイポールを実験したときに，すでに試されていました．

写真1-3は，ヘルツの実験装置です．中央に太い金属棒（エレメント）だけのヘルツの送波装置があり，金属板で囲いを付けて前方に向けています．これは，湾曲した鏡で光を反射させて集中するアイデアを元にしています．

ヘルツはさまざまな波長を試した結果，66cmの波長の電波を使い，この装置を送波装置と受波装置として20m離して互いに直交させると，まったく火花が観察されないことを発見しました（図1-17）．

ヘルツによる偏波の実験

これは電波の偏り，すなわち偏波を調べる実験で，この結果から電波が音波のような縦波ではなく，特定方向に偏って振動している横波であることがわかりました．

偏波は電界の振動の向きをいい，ダイポール・アンテナのエレメントを大地に対して垂直に置くと電界ベクトルも垂直で，これを垂直偏波といいます．また，大地に対して水平に置くと水平偏波で，ヘルツが最初に実験した送波装置は，水平偏波でした．

写真1-4（p.24）の下方に置かれている2個の球体と長い棒が，ヘルツの送波装置（ヘルツ・ダイポール）です．最初に金属球を採用したのは，球体の表面に電荷をたっぷり蓄えるというアイデアだったようですが，このころの実験は静電気が電源で，多くの実験器具には金属球が用いられていました．

写真1-4（p.24）をよく見ると，左側の金属球の後ろには，金属球の代わりに四角い板を両端に付けた

写真1-3　ヘルツが作った放物線反射板付きのアンテナ
（ドイツ博物館で筆者ら撮影）

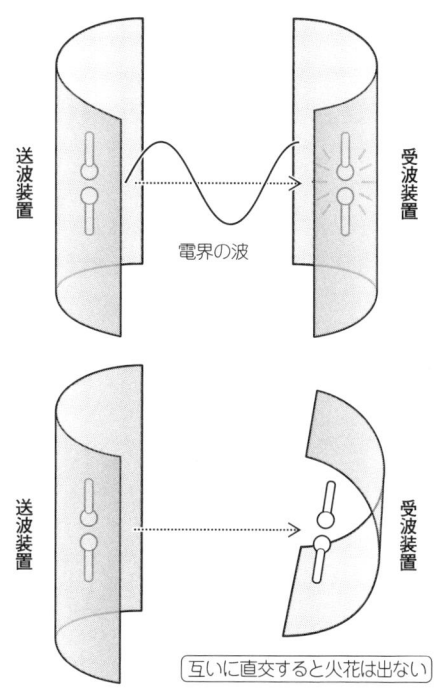

図1-17　電波の偏波を調べる実験（1888年ごろ）

写真1-4 ヘルツが最初に作った送波装置（ドイツ博物館で筆者ら撮影）
後にヘルツ・ダイポールと呼ばれた

アンテナ（送波装置）もあります．これらのアイデアは，現代ではキャパシティ・ハットとして，コンパクト・アンテナ製品にも活用されています．

平面波とは？

ダイポール・アンテナの周りに発生する電界と磁界の位相は90°ずれています．これは共振現象の特徴ですが，アンテナの近くでは電気エネルギーと磁気エネルギーが交替しながら電力を蓄えていると考えられます．それでは電力が遠方へ旅立つのは，アンテナのどのあたりからなのでしょうか？

マクスウェルの方程式から，アンテナのエレメントの周りに図1-18のような波が導かれます．また遠方では，直交する電界E_xと磁界H_yは，進行方向に垂直な波面上にあって，位相はそろっているので，これを平面波と呼んでいます（図1-19）．

図1-18から，電界（電気力線）はダイポール・アンテナのエレメントをよりどころにして分布しているのがわかります．しかし，少し離れると電気力線はちぎれてループ（環）になって広がります．このあたりでは球面波に近いですが，十分離れると平面波と見なせるようになり，図1-19のような電磁界の変化としてイメージできます．

よく見ると，電界と磁界の変化にはいくつかの特長があります．まず，電界と磁界は互いに直交しているということです．次に，進行方向（図では$+z$方向）は，図1-20のようにポーズを取ったとき，前方が電波（電磁波）の進む方向になると覚えてください．

図1-20で，Eは電界ベクトル，Hは磁界ベクトルの変化方向を示しています．互いに直交しているので，それらのベクトル積$S = E \times H$の単位は，電界$[V/m]$と磁界$[A/m]$の各単位から$[W/m^2]$になります．これをポインティング・ベクトル，または放

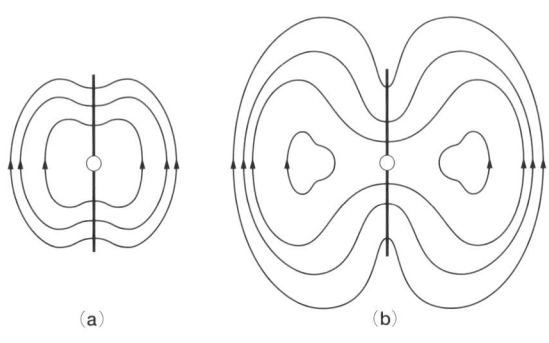
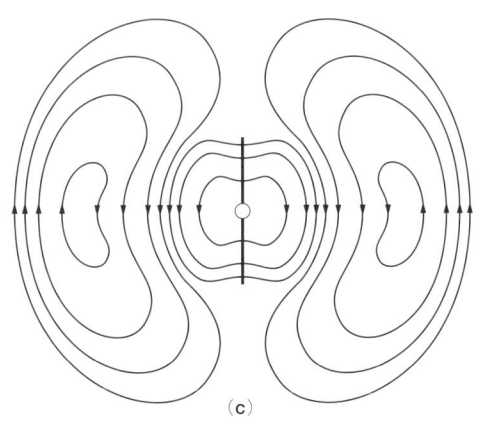

図1-18 電界（電気力線）の時間的変化
アンテナから少し離れた位置で電波が旅立つ

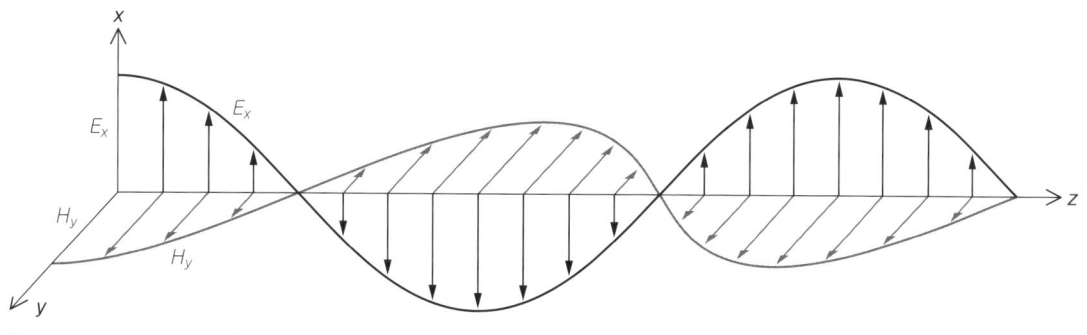

図1-19 アンテナから1波長以上離れた領域を伝わる平面波の電界と磁界の変化

図1-20 平面波の電界と磁界の向きと進行方向の関係

射ベクトルと呼びます．

　ワット／平方メートルというのは，単位面積を通過する電力と考えられるので，電磁界によって運ばれる電力の流れを示すベクトルと考えられます．このため，ポインティング・ベクトルは，ポインティング電力ともいわれています．

反射器でビームを作る

　ヘルツやマルコーニのアイデアは，反射板や反射エレメントで電波を反射させて，合成した電波を特定方向へ強く放射するという仕組みです．

　ここで，反射という現象を少し詳しく調べてみましょう．**図1-21**は，抵抗がゼロまたは導電率が無限大の理想導体面に，垂直に入射する平面波を描いています．導体抵抗が0Ωなので，表面では電界（電位の勾配）が存在しません．また，導体内部もやはり電界はゼロです．このことから，入射波の電界の接線成分と反射波の電界の接線成分はキャンセルされてゼロになると考えることができます．

　図1-21(a)は電界の波だけを描いていますが，入射波（進行波）が実線，反射波が点線で，導体表面

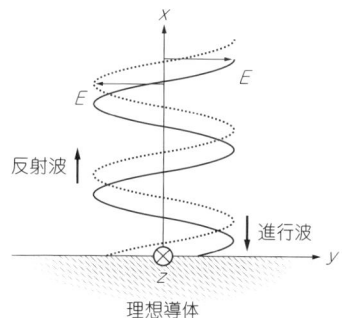

(a) 入射電界（実線）と反射電界（点線）

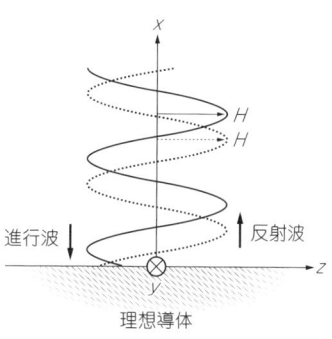

(b) 入射磁界（実線）と反射磁界（点線）

図1-21 理想導体面に垂直に入射する平面波

では反射波の位相が反転します（180°ずれる）．一方，**図1-21**(b)の磁界は，位相がずれていません．そこで，進行波と反射波が合成されてできる定在波は，電界の場合，導体表面で節になり，磁界は逆に腹になります．

　また，導体表面には磁界が平行に這って，電流が流れ，この表面電流は誘導電流（うず電流）とも呼ばれています．この原理はファラデーによって発見され，IH調理器にも応用されています．

　モービル・ホイップは，車体にアースを取ると車体表面に電流が流れます．また，アースを取らない場合は誘導電流が流れて，磁界を発生して2次放射

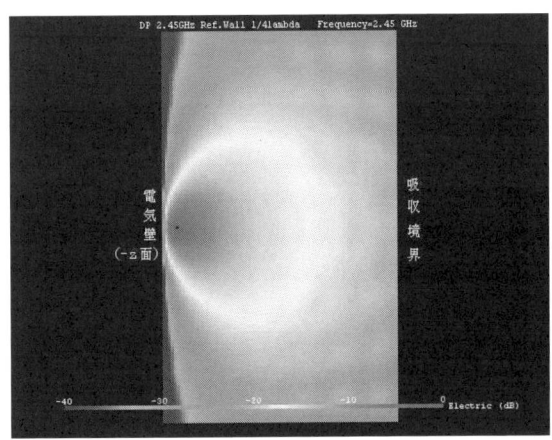

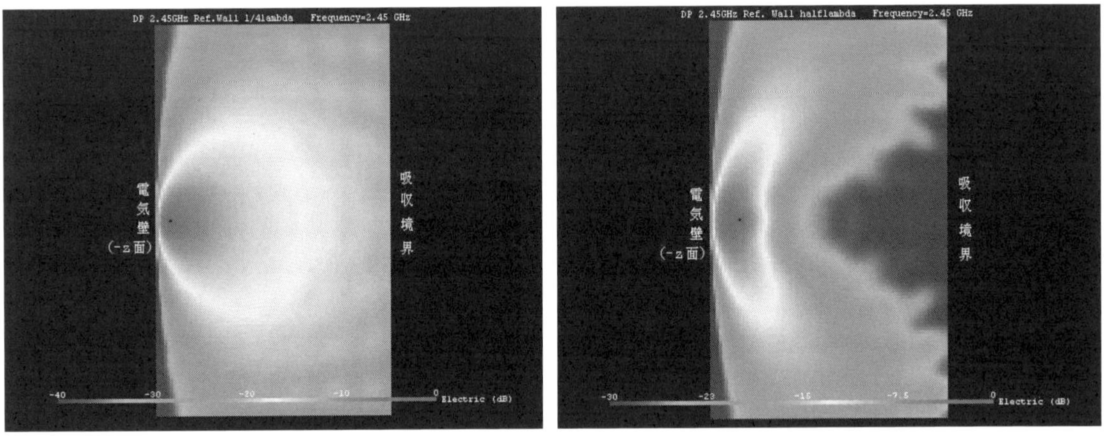

(a) 金属壁との距離¼波長　　　　　　　　(b) 金属壁との距離½波長

図1-22　アンテナの後方に金属壁がある場合の電界分布と磁界分布（実効値表示）

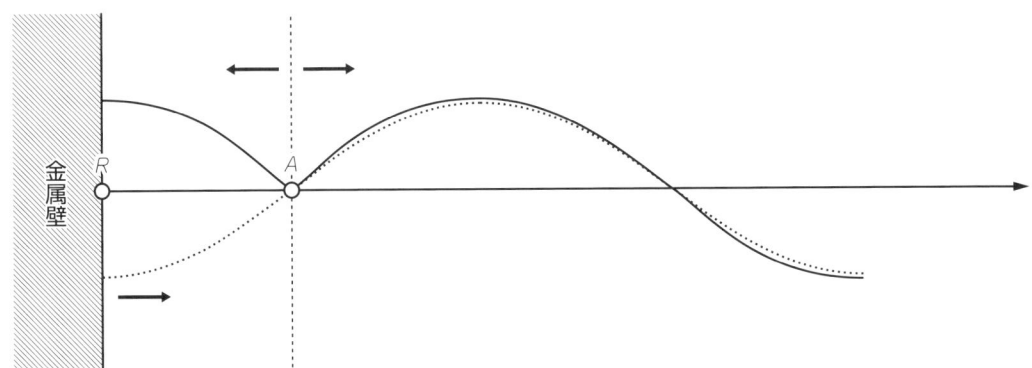

図1-23　反射波と直接波の合成

します．これらの現象は，電波の「反射」を電磁気学的に説明していることになります．

反射板とアンテナ・エレメントの距離

ヘルツやマルコーニの反射板は，ダイポール・アンテナとの位置関係が重要です．

図1-22(a)は，2.4GHzの無線LANのアンテナを想定して，金属壁との距離を¼波長（3.1cm）に設定したシミュレーション結果で，金属壁以外は電波の反射はありません．磁界も同様の分布を示しましたが，図は省略します．また図1-22(b)は，アンテナと壁の距離を½波長に設定したときのシミュレーション結果です．

図1-22(a)は，左端の金属壁から右側へ反射波が広がっています．一方，図1-22(b)は，明らかに壁に垂直な方向（＋z方向）へは電波が放射されていません．両者の位置はわずか¼波長の違いですが，何が起きているのでしょうか．

両者の違いは，図1-23のような波を考えることで理解できます．A点とR点の距離が¼λの場合，A点から放射された電波がR点に到達するのにかかる時間で，位相が90°遅れます．R点から再放射（反射）する電波は，R点に入射する電波より180°位相が遅れるので，A点から放射される電波より270°遅れます．

この電波が右方向へ進み，A点に到達するまでにさらに¼λ進むので90°遅れ，結局反射波はA点から右へ進む直接波より360°（＝0°）遅れ，これは同相で放射されることと同じになります．そこで，アンテナから右へ進む波が同相で合成されることを考えれば，右方向へ強く放射されることが納得できます．

さて，アンテナと壁の距離が½波長の場合も同様に考えれば，反射波はA点から右へ進む直接波より540°（つまり180°）遅れますから，アンテナから右へ進む波が逆相で合成されてキャンセルされます．その結果，＋z方向へは電波が放射されなくなるということが，容易に理解できるでしょう．

26

1-6　八木・宇田アンテナの登場

ビームといえば八木・宇田アンテナ

　ビーム・アンテナの筆頭は，なんといっても八木・宇田アンテナでしょう．

　マルコーニの時代には，商用の遠距離無線通信は低い周波数が有利とされ，ハムには，当時使いものにならないといわれていた短波帯が開放されていたというのは，有名な話です．しかし，ハムの地道な実験や観測によって，短波帯は電離層で反射されて遠距離通信が可能であることがわかり，その後，短波帯の利用が一気に盛んになりました．

　八木・宇田アンテナは，ダイポール・アンテナに給電し，後方に反射器を持ちます．反射の仕組みは前節で説明したとおりですが，実は細かい点で異なっています．また，前方には導波器があり，それらの数は任意に増やすことができるという特長があります．

八木・宇田アンテナの誕生

　八木秀次 博士（1886～1976年）は，東北帝國大学工学部教授だった1925年に，八木・宇田アンテナの基礎理論を発表しました（**写真1-5**）．しかし，特許出願が八木博士単独だったこともあって，世界的にはYAGI Antennaの名称で知られています．共同発明者の宇田新太郎 博士（1896～1976年）は，後年「八木・宇田」という名称にこだわったようですが，「YAGI」が一人歩きしてしまいました（**写真1-6**）．

　八木・宇田アンテナは大正末期に発明され，英文

写真1-5　八木秀次 博士　　写真1-6　宇田新太郎 博士

の論文が発表されたのは1928年です．翌年に仙台で20kmの通信に成功したUHF（670MHz）帯の八木・宇田アンテナは，現在，東北大学電気通信研究所に展示されています（**写真1-7**）．この時代は長波全盛で，「超短波をやると発狂するぞ」という人がいるくらい，超短波は未知数だったのだそうです．

　宇田助手の実験は，まず超短波の発振器を作るところから始まりました．当時の1球式発振回路では，14MHz以上になると安定度が悪くなり，超短波ではまったく使いものにならない代物（しろもの）でしたが，メニーの発明したプッシュ・プル発振器（p.28，**図1-24**）を採用して，安定して実験できるようになったのだそうです．

　このときのアンテナは，発振回路に結合したダイポール・アンテナで，受信はやはりダイポール・アン

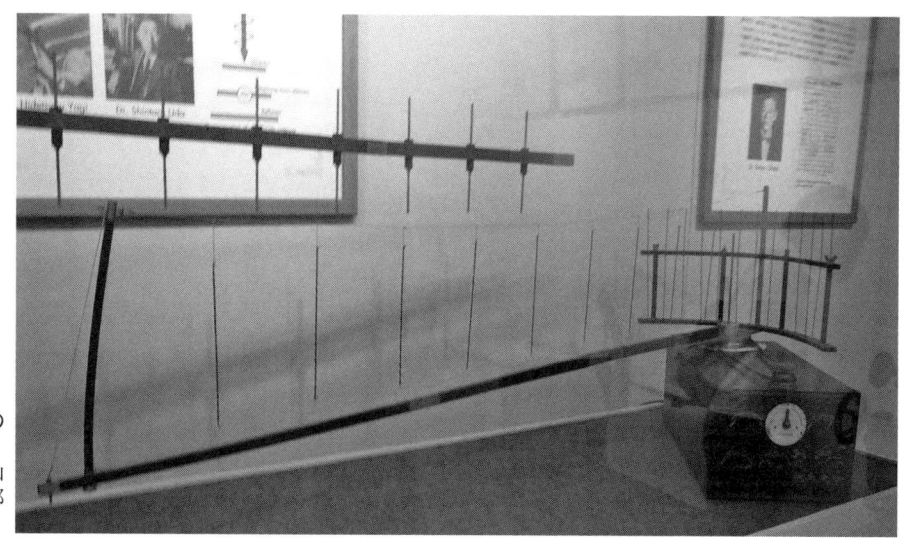

写真1-7
UHF（670MHz）帯の八木・宇田アンテナ
（写真提供：富士通仙台開発センター　本郷広信 氏）

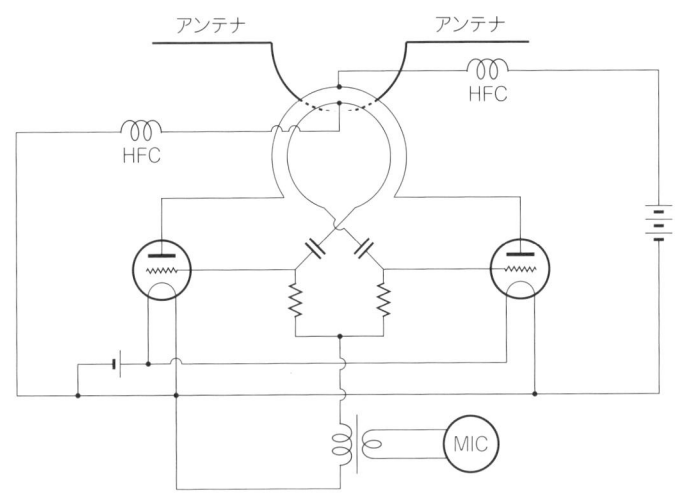

図1-24 メニーの発振回路

写真1-8 宇田新太郎 博士による著書

テナの中央に鉱石検波を挿入したもので、その両端に高周波チョークを介して電流計をつなぎました．

これは電界強度計ですが、両者の間にさまざまな形の導線を置いて、メータの振れを調べていました．すると、アンテナより短めの棒状の導線を置いたときに、メータの振れがグンと上がることを発見します．また、送信アンテナの後ろに長めの導線を置くと、やはり同じような効果があることを発見したのでした．

これは、まさに「八木・宇田アンテナ」誕生の瞬間でした．このときの波長は5〜6mだったので、ハムの50MHzに近い周波数を使っていたことになります．

悲運の人，宇田博士

ヘルツの実験も、偶然なのか、当時の記録から判断すると同じくらいの周波数だったようで、ハムの6mバンドは、実に先駆者の歴史的な追実験をしているような、何ともいえない気分に浸れます．

大正15年2月には「八木・宇田アンテナ」と題した最初の論文が帝国学士院に提出され、続いて学会誌にも発表されて、宇田助手はこの研究で博士号を取得されます．しかし、このアンテナの特許出願が八木博士単独であったことから、八木・宇田アンテナからは「宇田」の2字が消えてしまうという悲運な結果となってしまいました．

この経緯を終始見つめてきた菊谷秀雄 博士（1899〜1992年）は、若いころ宇田助手の実験を手伝ったことから、八木・宇田アンテナが生まれた瞬間を、前述のように告白されています．菊谷博士は宇田博

士の1年後輩で、卒業後に逓信省に入省して、1926年（大正15年）に同省検見川送信所（J1AA）の初代所長に着任．1930年（昭和5年）10月、検見川送信所からラジオ国際放送の電波を飛ばすことに成功しています．

宇田先生には叱られるかもしれませんが、世界的に有名なので、以下、YAGIと記すことにします．

宇田博士によるアンテナの動作説明

写真1-8は宇田新太郎 博士による著書で、筆者が愛読しているものは韋編三絶状態です．同著のp.205から、宇田博士ご自身による八木・宇田アンテナの動作原理の説明があります．

● 反射器の仕組み

図1-25のAは、水平置きの$½λ$ダイポール・アンテナを横から見ています．Rもダイポール・アンテナですが、$½λ$程度か、それよりもやや長いエレメントにしています．また、両エレメントの間隔は$¼λ$です．

Aに給電すると、実線で示すAから放射された電磁波によって、無給電のRに誘導電流が流れ、Rから再放射されます．これを点線で示すと、右方向の波は同相で強め合い、左方向の波は逆相の関係になって弱め合います．$A-R$間は$¼λ$離れているので、Aから放射された波がRに到達するまでに90°位相が遅れます．Rから再放射される波は180°遅れるので、合計270°遅れることになります．

次に、この波はRからAに到達するまでに90°遅れるので、結局Aでは360°（=0°）遅れて同相になります．したがって、図1-25でAから右方向（前方）

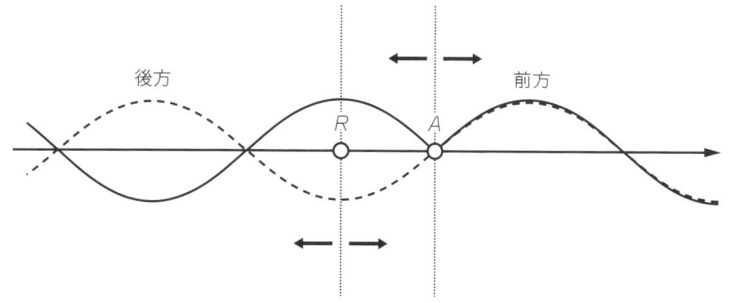
図1-25 エレメントAから放射される波(実線)とRから再放射される波(点線)

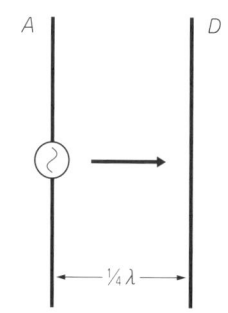
図1-26 エレメントAの前方¼λの場所にDを置く

へ放射される実線と点線の波は強め合います．また後方へ放射される波は，実線と点線が図のような逆相関係になり，放射は極めて弱くなります．しかし，ダイポール・アンテナの近傍界は単純ではなく，電磁波が移動を開始するのはAとRの間かもしれないので，図1-25はあくまで説明に適した模式図と考える必要があるでしょう．

● エレメントの長さが異なる理由

Aは放射器，Rは反射器といいますが，反射器が½λよりもやや長いエレメントであるのは，反射器を$+jX$(誘導性リアクタンス)とするためです．このときには，誘導電流は電磁波による起電力より90°位相が遅れ，誘導電流による再放射は，さらに90°遅れて，合計180°遅れることになります．

● 導波器の仕組み

反射器とは逆に，エレメント長を½λよりもやや短くすると，$-jX$(容量性リアクタンス)の成分が現れます．Aの前方¼λの場所にDを置くときには，誘導電流は電磁波による起電力より90°位相が進み，誘導電流による再放射は90°遅れるので，Dの前方に進む波は同相になります(図1-26)．このようなエレメントDは，導波器と呼ばれています．

Dの入力インピーダンスはAによって影響を受け，AもDの影響を受けます．またRについても同様のことがいえます．したがってAやD，Rとも単独でインピーダンスを調整しても，¼λ程度接近すると，レジスタンスとリアクタンスが変化してしまいます．

そこで，実際の八木・宇田アンテナは，A-R間の距離によってエレメントの長さを変えて，最適化する必要があるのです．指向性を強くするには，導波器の数をさらに増やす方法がありますが，HF用は限りがあり，ハムのアンテナ製品では，主にVHF，UHF帯用で多素子が使われています．

八木アンテナのエピソード

第二次世界大戦中，日本軍がシンガポールを占領した際に没収した軍事兵器の書類に，YAGIという意味不明の単語が何か所もあることに気づき，英国兵に「それはアンテナを発明した日本人だ」と教えられて驚いた，というエピソードが残っています．

大正時代に発明され，世界的に有名になっていたYAGIアンテナは，戦後に逆輸入されてからようやく母国で活躍することになったわけですが，これはアンテナに限らず，自国よりも欧米の技術を信奉する日本人の気質をよく表しているエピソードともいえそうです．

また図1-27は，筆者の友人Dr. Rachid Aitmehdiが2003年のマイクロウェーブ展でセミナー講師を務めたときに教えてもらった，YAGIアンテナの意外な事実です．これは，八木博士が提案した潜水艦用のアンテナで，誘電体(絶縁体)で保護した八木・宇田アンテナのアイデアです．

筆者はこのような事実をまったく知らず，英国人に教えてもらったことを恥じ入りました．このように，日本の偉大な発明は，意外に日本国内では知らされていないという事実にため息がでてしまいます．

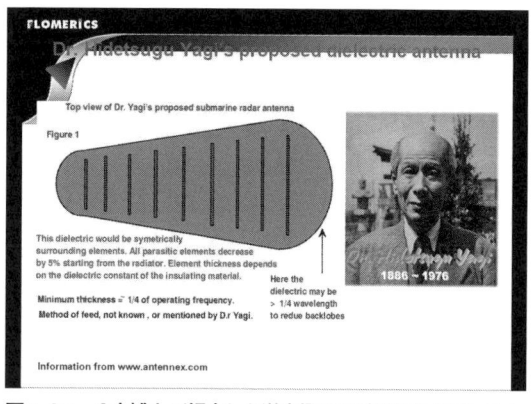
図1-27 八木博士が提案した潜水艦用の誘電体八木アンテナ

Chapter 2 アマチュアのビーム・アンテナ

ハムの憧れの的は，何といってもそびえるタワーに載った大型のビーム・アンテナでしょう．YAGIアンテナの動作原理によれば，エレメント数を増やすほど利得（ゲイン）が高くなります．しかし，HF帯などではエレメント自体が長く，それらを支えるブームの長さにも限りがあるでしょう．それでは，何エレメントが最も経済的なのでしょうか？

6本のタワーに各バンドのYAGIアンテナがそびえる（JR1AIB 井上OMのアンテナ・ファームの一部）

2-1 HF帯のYAGIアンテナ

HF帯用アンテナの移り変わり

第1章で述べたように，最初の八木・宇田アンテナ（以下，YAGIアンテナと記す）は，UHF（670MHz）帯で実験されました．これは実験に手ごろな寸法で，当時の超短波への挑戦的な研究にもマッチしていたためかもしれません．そのおかげで，YAGIアンテナは世界中のテレビやFM放送受信用のアンテナとして，現在も大活躍しています．

ハムのHF帯は，例えば7MHzでは波長が40mと長く，½波長ダイポール・アンテナとして動作するエレメントは，YAGI向きではありません．

図2-1は，「アンテナ・ハンドブック」（CQ出版社）に載ったアンケート結果で，「もっとも良いと感じたアンテナ」に対する回答の集計です．左半分に示す1970年の結果は，2エレCQ（キュビカル・クワッド）

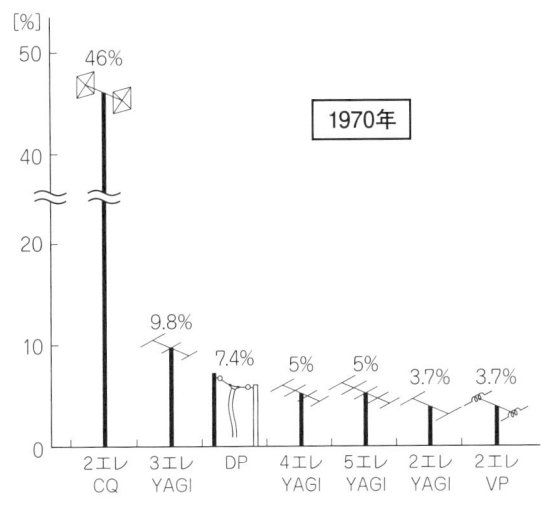
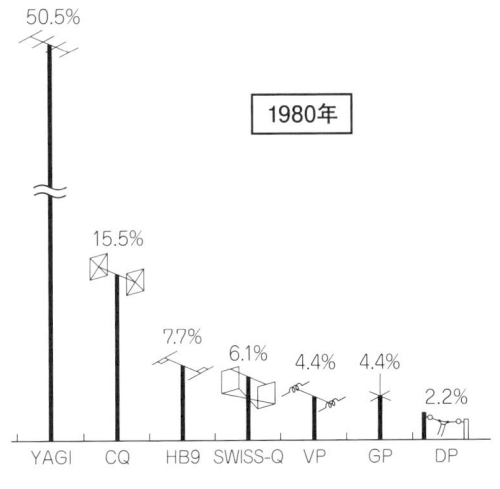

図2-1 「アンテナ・ハンドブック」（CQ出版社）に掲載されたアンケート結果

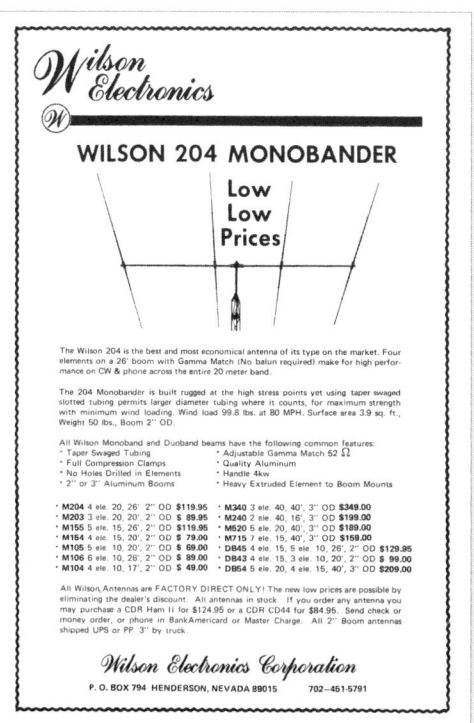

図2-2 QST誌1975年の広告
DX追究派に人気のフルサイズYAGI

図2-3 やはりQST誌1975年の広告
CQアンテナのキット

が46%でトップです.

このころは,すでにHF帯のYAGIアンテナが販売されていましたが,ハイゲインやモズレーといった輸入品が多く,1ドル360円時代では高嶺の花でした.また,海外の雑誌でも,アンテナ製品の広告は現在ほど多くはありませんでした(図2-2).そこで,YAGIに匹敵する利得が得られて,自作の再現性も高い2エレCQが人気だったのだと思います(図2-3).

国産HF YAGIの台頭

図2-1の右側は,10年後の1980年ですが,50%以上がYAGIになり,順位が逆転していることがわかります.これは,おそらく国産のYAGIアンテナが普及してきたことも要因の一つでしょう.例えばASAHIのブランド名で販売されたAS-33は,3エレメント・マルチバンドYAGIで36,000円と,輸入品より安く売られていました.

筆者(JG1UNE)が開局したのは1975年です.同じ下宿の建築科の学生に基礎のコンクリートを打ってもらい,2段のクランクアップ・タワーを建てました.開局前は庭先にマルチバンドのバーチカル(垂直)・アンテナでSWLを続けていましたが,電波が出せるようになったので,思い切って憧れのYAGIを検討しました.

HF帯のフルサイズは隣家に入り込んでしまうので,当時話題になった奇妙なスタイルの小型マルチバンドYAGI,ミニマルチアンテナに決めました(写真2-1).

このころ国産のYAGIアンテナも増えてきました

写真2-1 小型マルチバンドYAGI,ミニマルチアンテナ(1975年)

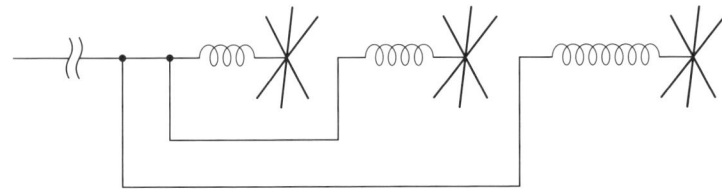

図2-4 マルチバンドの構造図
短縮用コイルとキャパシティ・ハットの組み合わせ

写真2-2
MFJ社6バンド（40/20/15/10/6/2m）小型ロータリー・ダイポール・アンテナ

が，HF帯のマルチバンドYAGIは，ほとんどハイゲインやモズレーをまねた構造でした．

一方，当時のミニマルチアンテナは，トラップ・コイルを使わずに，14/21/28MHz用の各短縮用コイルの先に細い金属棒を放射状に付けたキャパシティ・ハットを持っており，そのユニークな姿に飛びついてしまいました．

マルチバンド化の技法

当時のミニマルチアンテナは，ずいぶん前に廃棄してしまいました．うろ覚えなのですが，エレメントの構造は図2-4のようにシンプルだったと思います．このアイデアは自作のYAGIにも応用できますが，その後の製品としては，MFJ社のマルチバンド・アンテナに採用されています（写真2-2）．

マルチバンド化する別の技法は，図2-5に示すトラップによります．それぞれのトラップ・コイル（L）は，パイプの容量（C）とともに並列LC共振回路として働くので，共振すると高インピーダンスになって高周波的に切り離されるという仕組みです．

図2-5は，モズレーTA-33のトラップです．28MHzでは給電部に最も近いトラップが共振して，フルサイズとして働きます．次に21MHzでは，その隣のトラップが共振し，このとき28MHz用のコイルは21MHzのエレメントの一部になります．また14MHzの場合は，両方のトラップは共振せずに，ローディング・コイル付きの短縮ダイポール・アンテナとして働きます．

この仕組みを導波器（ディレクタ）や反射器（リフレクタ）にも使えば，マルチバンドYAGIアンテナ

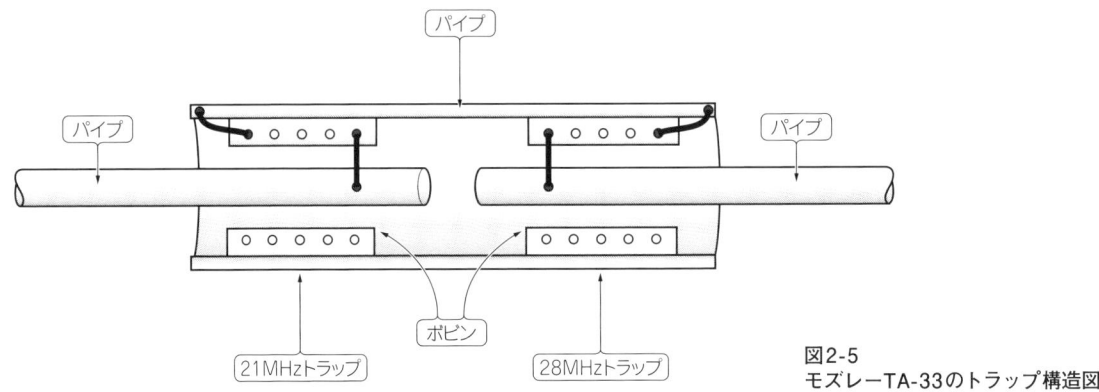

図2-5
モズレーTA-33のトラップ構造図

第2章 アマチュアのビーム・アンテナ

写真2-3　TE-33Jと筆者（1978年ごろ）

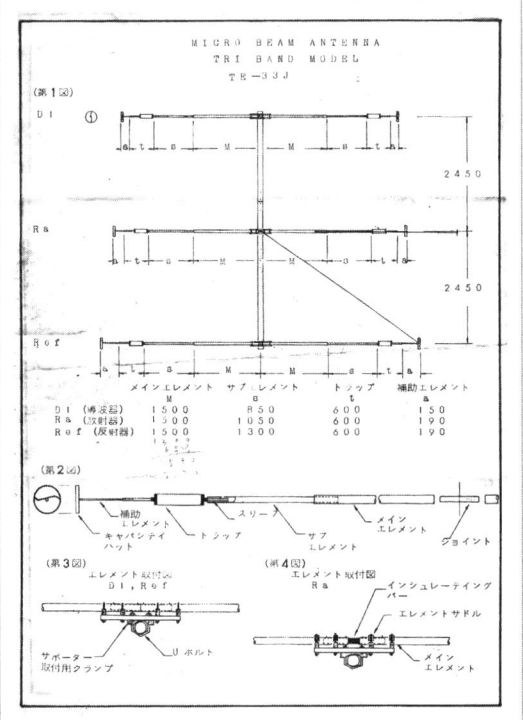

図2-6　TE-33Jの寸法図
取扱説明書の一部

写真2-4　40m高タワーに3.5/3.8MHzフルサイズYAGI
JR1AIB 井上OMのアンテナ・ファームの一部

となるわけです．

国産トライバンドYAGIの思い出

　ハイゲインのTH-3やモズレーのTA-33といった，有名どころの製品に憧れました．これらは丈夫な作りですが大型で重く，当時の為替レートでは高価でした．

　筆者（JG1UNE）は社会人に成り立ての独身寮時代（1978年ごろ）に，TA-33もどき（hi）のTE-33Jというトライバンド YAGIを，4階建て屋上のルーフ・タワーに載せていました（写真2-3）．

　このアンテナは，図2-6に示すようにトラップが

一つで14/21/28MHzの3バンドに対応するので，図2-5のようなモズレーTA-33のトラップのデッド・コピー（模造）だったかもしれません．また，すべてのエレメントの端には，ユニークな円形のキャパシティ・ハットが付いており，変わったデザインに魅力を感じて購入してしまったのを覚えています．

　肝心の性能ですが，TA-33よりも小型なので，帯域幅はオリジナル（?）よりも狭かったと思います．しかしロケーションも手伝って，バリバリDXが稼げるようになりました．当時のログが残っていますが，GPではSWLに甘んじていたのに，YAGIに換えたらウソのようにDXCCリストが埋まっていきました．

3.5MHzや7MHzのYAGIも登場

　HF帯の定義は3〜30MHzで，波長は10〜100mの範囲にあります．YAGIアンテナの各エレメントは，1/2波長ダイポール・アンテナとして動作するので，3.5MHzや3.8MHz，7MHzはワイヤ・アンテナが主流です．

　しかし，最近はこれらのバンドでも，フルサイズのYAGIアンテナを実現されるようになったのは驚きです（写真2-4）．

33

2-2 クワッド・アンテナ

自作ビームの雄

図2-1(p.30)のアンケートによれば，1970年の結果では，2エレメントのキュビカル・クワッド(CQ)がトップです．筆者(JG1UNE)が中学生のときに見学したローカル局の2エレCQアンテナは，20m高のタワーに映えて，憧れの的でした．グラスファイバ・ポールに14/21/28MHz用のワイヤ・エレメントを付けた輸入品だったかもしれません．

その後，JA9FS 川口OM開発のパーフェクト・クワッド(図2-7)が販売されて，HF帯の大型CQアンテナが一気に普及したように思います．また，JA1AEA 鈴木OMの名著「キュービカル・クワッド」(CQ出版社)が発行されたのは，昭和48年(1973年)です．同書は，CQの歴史から理論，さらに後半には自作のためのデータが載っています．

CQの開発小史

CQの生みの親は，「キュービカル・クワッド」のプロローグにあるように，W9LZX クラレンス・C・ムーア氏です．南米エクアドルの放送局，HCJBで使われていたことは有名ですが，ARRL(米国アマチュア無線連盟)のQST誌には，図2-8のような説明が載っています．

図2-8(A)はフォールデッド・ダイポール・アンテナです．昔の自作記事では，テレビ・アンテナ用に使われた300Ωのリボン・フィーダを使っています．それは，このアンテナの給電点から見込んだ入力インピーダンスが約300Ωになることから，給電線にも同じリボン・フィーダが使われていました．

図2-8(B)は，図2-8(A)を真ん中で引っ張って正方形にした図です．図2-8(A)は長さが波長の半分なので，両端の1と2の点は，電流の節になっています．そこで，これを正方形にしたときの電流の向きは，1と2の点(電流はゼロ)を境に，互いに逆向きになっていることに注意してください．

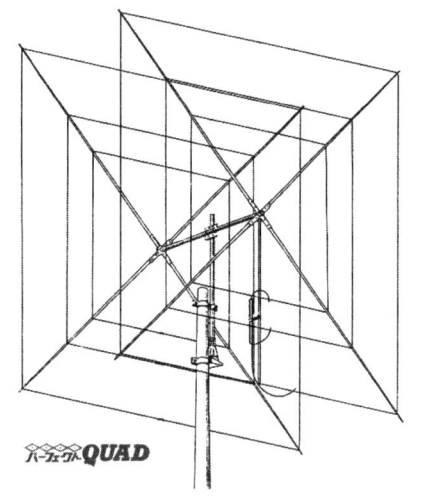

図2-7　JA9FS 川口OM開発のパーフェクト・クワッド

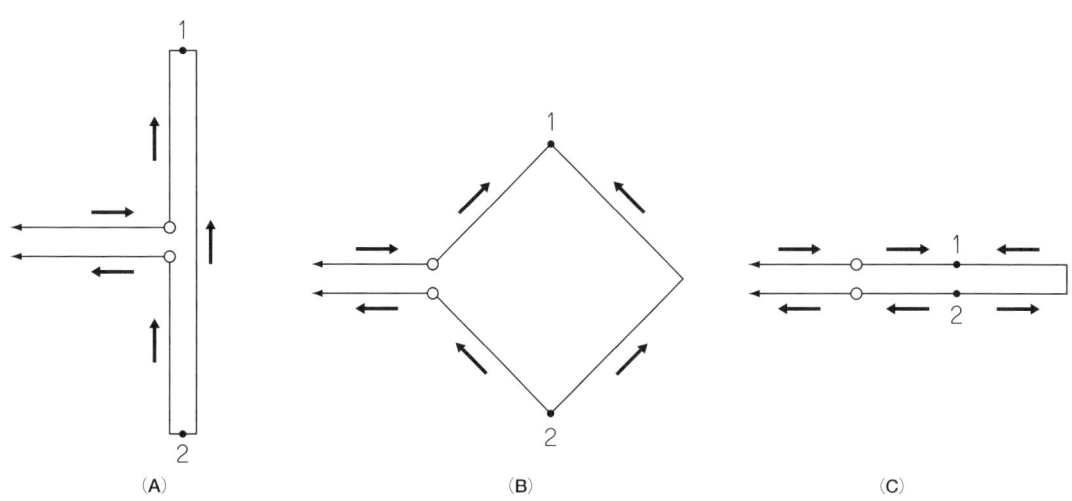

図2-8　フォールデッド・ダイポールから先端短絡の平衡線路までの展開

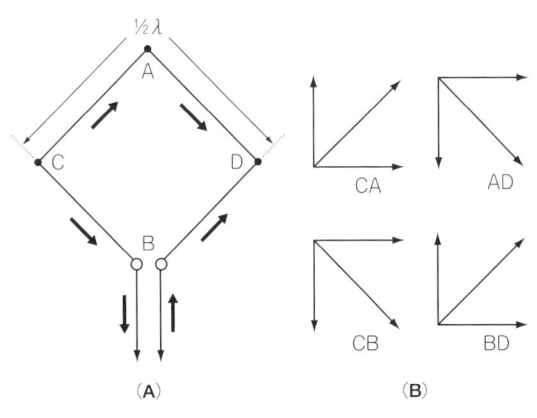

図2-9　各辺の電流の向きを分解・合成する

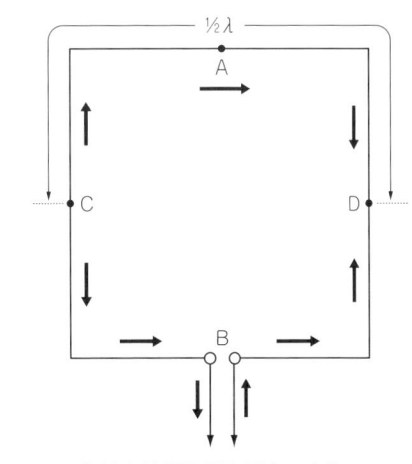

図2-10　一般的な給電位置と電流の方向

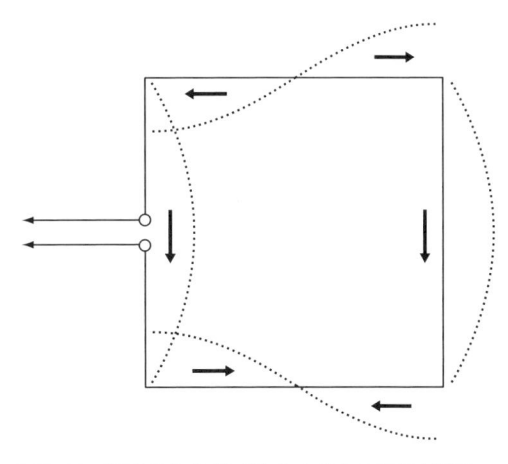

図2-11　電流の向き（矢印）と大きさの分布（点線）
この給電位置では垂直偏波の動作

　また図2-8(C)は，図2-8(B)をさらに引っ張って，ついに先端短絡のリボン・フィーダになってしまったときの電流の向きが描かれています．上下の電流は，大きさが同じで互いに逆向きなので，両電流が作る磁界（磁力線）はキャンセルされて，放射はほとんどありません．図2-8(B)は，まさにCQのエレメントの動作を示しており，一般のCQは，給電の位置が1辺の中央にあります．そこで，次に図2-9を説明してみます．
　図2-9(B)は，図2-9(A)の各辺の電流を矢印で表しています．それぞれの斜め矢印を水平と垂直の成分に分解してみると，この瞬間の水平成分はどれも右を向いていますから，合成すれば強め合います．一方，垂直成分は互いに逆向きなので，合成すると弱め合うことになって，全体としては，水平成分が強くなるでしょう．

CQの偏波とは

　図2-10は，一般的なCQの給電位置と電流の方向を示しています．C点とD点は電流の節になっており，この点を境に電流は逆向きになるので，図2-10の上半分と下半分は，ちょうど互いに逆向きにエレメントを曲げた，ベント（折り曲げ）・ダイポール・アンテナが並んでいるように見えます．
　図2-10は，水平置きのスタック（2段）・ベント・ダイポール・アンテナと解釈すれば，電界（電気力線）の向きは主に水平なので，水平偏波のアンテナとして動作します．
　図2-11は，図2-10を90°回転したときの電流の大きさの分布を点線で表現しています．このような給電位置では，垂直偏波のアンテナとして働くことに注意してください．

CQの入力インピーダンス

　アンテナに効率良く電力を送るためには，給電線の特性インピーダンスと，給電点から見込んだアンテナの入力インピーダンスを合わせることが重要です．
　図2-8(A)のフォールデッド・ダイポール・アンテナは，入力インピーダンスが約300Ωになることが知られています．また図2-8(C)は，先端短絡の½波長線路部分を見込むと，観測点では電圧は節になっているので，入力インピーダンス（電圧/電流）はゼロです．そこでムーア氏は，CQの入力インピーダンスは中間の150Ωくらいになるのではないかと予測したのだそうです．
　図2-12は，14MHz用のCQをMMANAでシミュレーションした結果です．水平エレメント水平の下

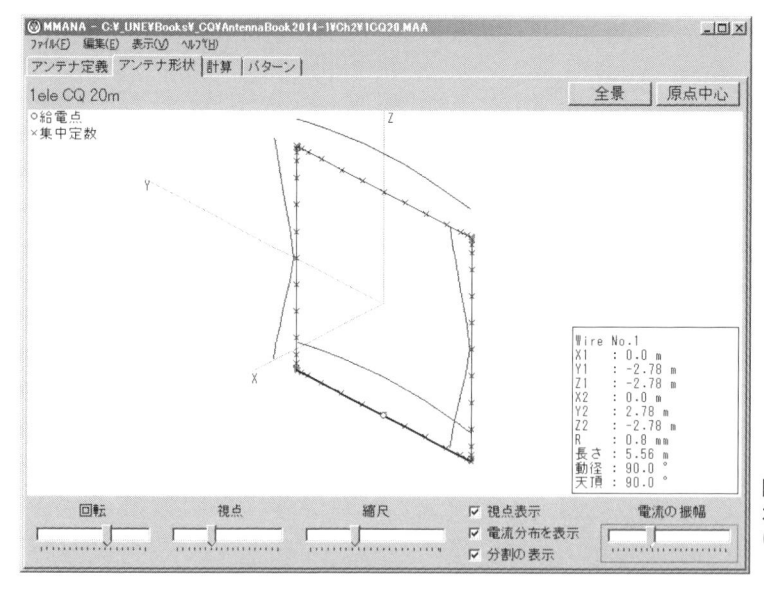

図2-12
水平エレメント水平の下側中央に給電したときの電流分布
（MMANAによる）

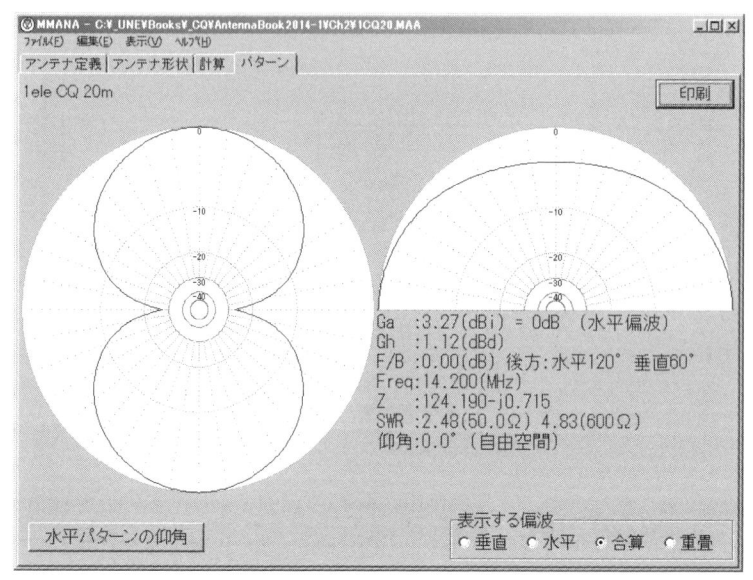

図2-13
自由空間における放射パターン
共振周波数14.2MHzの入力インピーダンスのRは，約124Ω

側中央に給電したときの電流分布を示していますが，図2-11を90°回転して，給電部を下にした図の電流分布とよく一致しています．

また，図2-13は自由空間における放射パターンで，左側の水平面で描いたグラフは，ダイポール・アンテナと同じような8の字形になっています．さらに画面の右側には，14.2MHzにおける入力インピーダンスが$124.190 - j0.715$ Ωと表示されています．共振しているときにはリアクタンスXはゼロですが，レジスタンスRは，ムーア氏の予測した150Ωにやや近い値になりました．

ところで，そもそもアンテナの入力インピーダンスとは，給電点（観測点）の電圧と電流の比です．MMANAは，給電点に1Vの電圧を加えてシミュレーションしますが，給電点の電流は，アンテナの形状・寸法によって分布が異なります．このため，入力インピーダンスは図2-8(**A**)のフォールデッド・ダイポール・アンテナのように，約300Ωになることもあるのです．

エレメント直角部の電流

図2-12のモデルは，1辺が5.56mの正方形です．

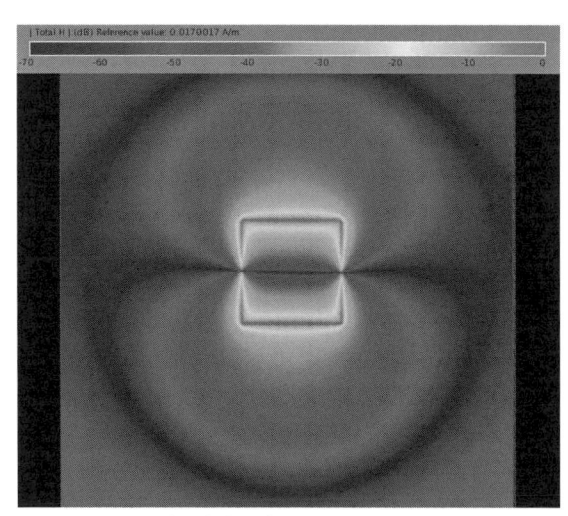

図2-14 CQの磁界強度分布
電磁界シミュレータXFdtdで計算

図2-15 直角曲がり部の磁界強度分布

14.2MHzの波長λは，電磁波の速度3×10^8［m/秒］を周波数14200000［Hz］で割った21.1mなので，この値からは1辺が5.28mという計算です．つまり波長による単純計算で設計すると，やや短いということになります．

そこで思い出すのが，ダイポール・アンテナの短縮率です．よく知られているとおり，エレメント長を½波長の計算値の96〜97％にするわけですが，これはエンド・エフェクトとも呼ばれている効果と，エレメントの径が太い（有限長である）ことによります．

ダイポール・アンテナは両端がオープン（開放）ですが，CQはループなのでこのエンド・エフェクトはありません．正方形のCQは，直角曲がり部が4か所あります．そこで，この部分の周りの磁界分布を調べてみました．

図2-14は，図2-12のCQを電磁界シミュレータXFdtdで計算した磁界強度分布です．また，図2-15は直角曲がり部の拡大ですが，磁界はエレメントに沿って強く分布しています．ここで，磁界が強い領域は内側寄りに偏っていることに注意してください．

エレメントに沿って流れる電流は伝導電流と呼ばれています．一方，マクスウェルが名づけた「変位電流」は，空間に流れると考えて導入した電流です．その元となるのは「時間変化する電界」で，それは「時間変化する磁界」を生むというのが，マクスウェルの電磁波の予言につながったというわけです．

CQによるビーム・アンテナ

図2-7（p.34）のパーフェクト・クワッドには，HF帯マルチバンドで7エレメント，また50MHzモノバンドでは9エレメントという製品があります（**写真2-5**）．

ビームが得られる仕組みは，第1章で述べたYAGIの反射器や導波器と同じです．また，**写真2-6**（p.38）のように，エレメントを支えるグラスファイバ・ロッド（スプレッダ・アーム）に，複数のエレメントを張ってマルチバンド化を図るタイプが主流です．

この方法で反射器や導波器を増やすと，その数に応じて前方利得が増しますが，YAGIの仕組みと同じように，各エレメントの距離は，それぞれのバンドで最適化が必要です．しかし，スプレッダは各バンドで共用されているので，すべてに有利な位置決めは困難で，それはマルチバンドYAGIでも同じことです．

写真2-5 パーフェクト・クワッド PQ320
（14/18/21/24/28MHzの5バンド7EL）
http://www.perfect-quad.com/

写真2-6 ポピュラーなマルチバンドCQの例（14/21/28MHzの3バンド2エレ）
http://www.perfect-quad.com/

デルタ・ループ・アンテナ

　クワッド・アンテナのループ形状は，正方形のほかに，円形や三角形などがあります．基本的には，ループ全長がほぼ1λ（波長）になるように設計すればよいわけですが，自作する場合は，いきなりマルチバンドを欲張らずに，まずはモノバンドで研究するとよいでしょう．

　図2-16は，各バンド用に最適化されたデルタ・ループの寸法です．モノバンドであれば，公表されている各エレメントの寸法を間違えなければ，所望の性能が得られます．ただし，設置高が波長に比べて低い場合は，給電点のインピーダンスが変動するので，図2-16に示すように，整合部を調整する必要があるでしょう．

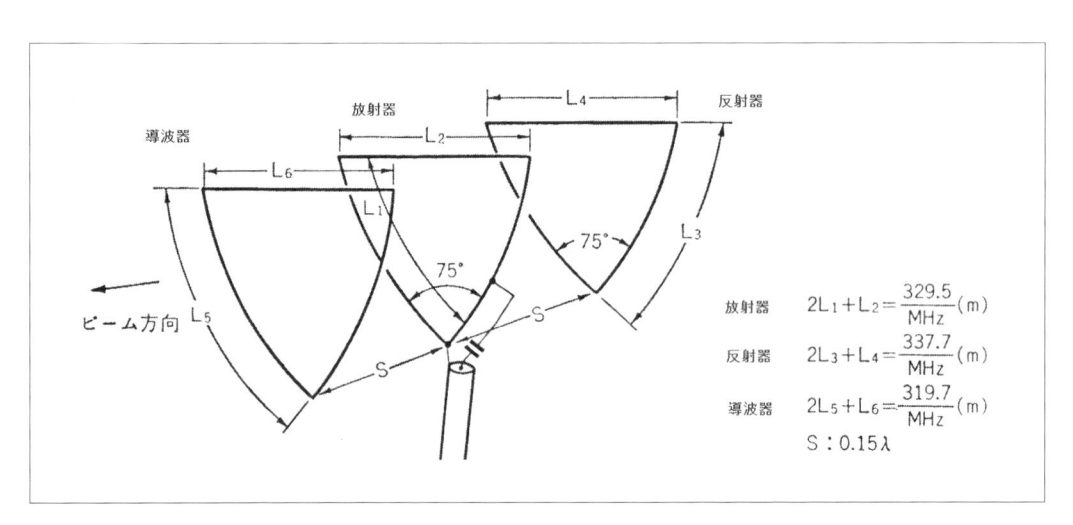

放射器　$2L_1 + L_2 = \dfrac{329.5}{\text{MHz}}$ (m)

反射器　$2L_3 + L_4 = \dfrac{337.7}{\text{MHz}}$ (m)

導波器　$2L_5 + L_6 = \dfrac{319.7}{\text{MHz}}$ (m)

S：0.15λ

各バンドにおけるデルタ・ループのエレメント寸法［単位：m］

	L_1	L_2	L_3	L_4	L_5	L_6	S
21MHz	5.05	4.42	5.13	4.57	—	—	2.75
28MHz	3.66	3.36	3.66	3.61	—	—	1.98
50MHz	2.16	1.75	2.18	1.83	2.13	1.63	1.12
144MHz	0.71	0.69	0.75	0.72	0.66	0.67	0.41

図2-16　各バンド用に最適化されたデルタ・ループの寸法
「キュービカル・クワッド」（JA1AEA 鈴木 肇，CQ出版社）より引用

2-3 HB9CVアンテナ

HB9CVは奇妙なアンテナか？

筆者（JG1UNE）は中学生のときSWL JA1-8394を始めました．ローカル局にはHFのYAGIアンテナや2エレCQアンテナを回しているDXerが多く，アンテナにまつわる解説（自慢話？）をずいぶん聞かされました．

今でも覚えているのは，あるOMの「HB9CVは未だに動作原理が解明されていないシロモノだから使わない」という主張です．ビギナーの筆者は真に受けて，10年後に開局するまでずっと遠ざけていたのですが，これは罪深いことです．しかしあるとき，ふとしたきっかけでアンテナの大家から「そんなことはない」と諭され，ようやくきちんと調べ直したのでした．

HB9CVアンテナの仕組み

図2-17は，HB9CVを説明するときに使われるベクトル図です．このアンテナは，前方のエレメントに平行フィーダをつなぎ，後方のエレメントにつなぐ途中でねじっています．エレメントの間隔は1/8λで，このように給電すると利得（Gain）は3エレYAGIに匹敵するといわれています．

ここで重要なのは，前方と後方のエレメントには等しい電力を供給して，図2-17に示すように，後方エレメントの電圧の位相は，前方エレメントより135°進んでいる必要があるということです．

平行フィーダをねじって接続すれば，位相は反転（180°）しますが，エレメント間隔の1/8λは45°ぶんなので，結局，図2-17のように，正確に135°の位相差をつけることになります．

HB9CVはTET（タニグチ・エンジニアリング・トレーダース）から販売されたことで普及しました．筆者（JG1UNE）は学生時代に，アルバイト代をつぎ込んで14MHz用2エレメントを購入し，短い間ですが使ったことがあります．

TET製品は軽量で低価格だったことからかなり売れたようですが，図2-18の広告にあるように，HB9CV以外にも，スイス・クワッドのSQシリーズやCross YAGI AX-103のような変わったアンテナも販売していました．

自作向きのZLスペシャル

図2-19（p.40）は，HB9CVのエレメントをリボン・フィーダ（フォールデッド・ダイポール）で実現したアンテナで，ZLスペシャルと呼ばれています．

300Ωのリボン・フィーダはたやすく手に入らなくなりましたが，テレビ・アンテナ用に普及していた時代には，図2-19（p.40）のような自作によく使われました．

リボン・フィーダによるエレメントの両端は接続されるので，フォールデッド・ダイポールの動作になります．入力インピーダンスは，先の項で述べたとおり約300Ωですが，両エレメントを1/8λ間隔に

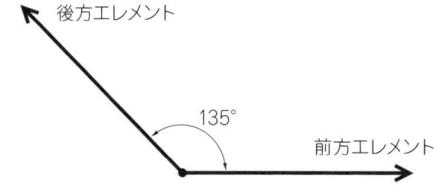

図2-17　HB9CVの動作を説明するベクトル図

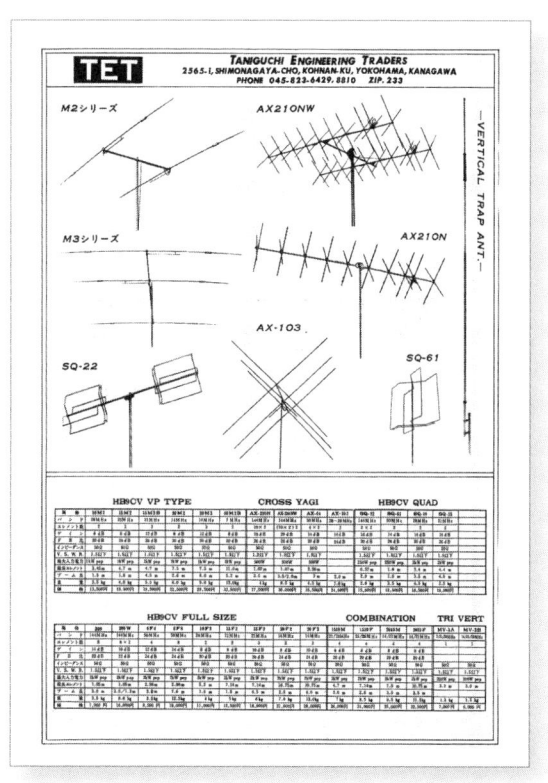

図2-18　HAM Journal No.4（1975年），TETの広告

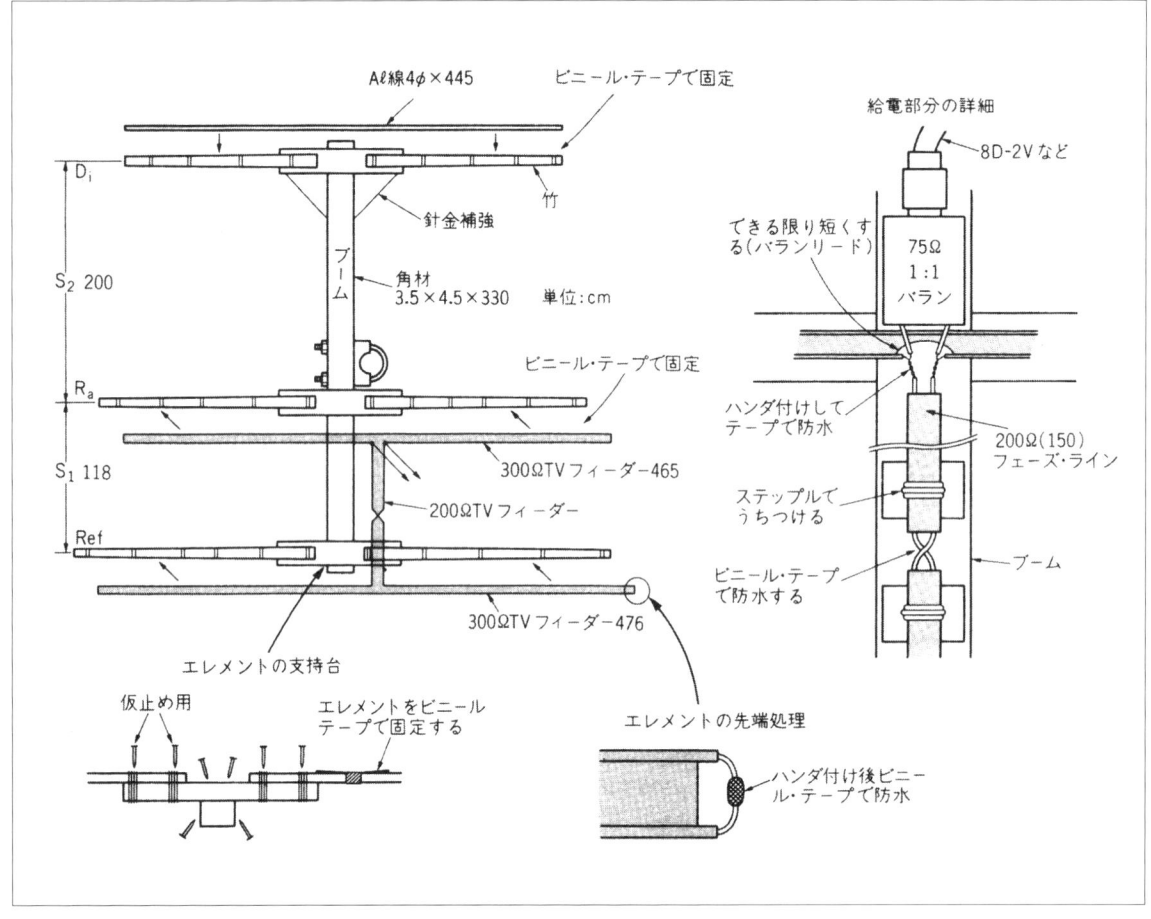

図2-19 リボン・フィーダで実現したZLスペシャル
JH1FFW 市川OM, CQ ham radio 1978年9月号より引用

並べると，相互の影響で百数十Ωに低下します．

また，ZLスペシャルは両エレメントを並列接続するので，給電点から見込んだインピーダンスは100Ω以下になります．さらに図2-19では，もう1本導波器を付けることで，50Ωに近づけています．

おもしろい形状のスイス・クワッド

図2-1（p.30）の右側にSWISS-Qとあるのは，スイス・クワッドのことです．このアンテナは，その左にあるHB9（正確にはHB9CV）を考案したHB9CV Rudolf Baumgartnerが設計したアンテナで，CQアンテナを元にした複雑な構造です．

図2-18（p.39）の広告にも，HB9CV QUADの欄に2エレメントのゲイン（利得）が14dBと書かれています．この値はアイソトロピック比のdBi値なのかもしれませんが，スイス・クワッドは高利得というふれ込みで人気があります．

図2-20は，各バンド用に最適化されたスイス・クワッドの寸法です．MMANAのサンプル・ファイルには，図2-21のような50MHz用のスイス・クワッドのモデルがあります．これを自由空間でシミュレーションすると，利得は7.94dBiです．また，大地を完全導体として地上高6m（1λ）でシミュレーションすると，図2-22に示す放射パターンで，仰角14°の利得は13.51dBiになりました．

正方形のCQアンテナは，折り曲げダイポール・アンテナを上下に配置した構造とも考えられます．そこで，スイス・クワッドを上下に分けてみると，W8JKアンテナのエレメントの両端を一部折り曲げて，2段にしているようにも見えます．

W8JKアンテナは「8JK」とも呼ばれ，有名なアンテナ本「ANTENNAS」の著者でもあるJohn Krausが考案したものです．その構造は2本のダイポール・アンテナを位相差給電しており，HB9CVやZLスペ

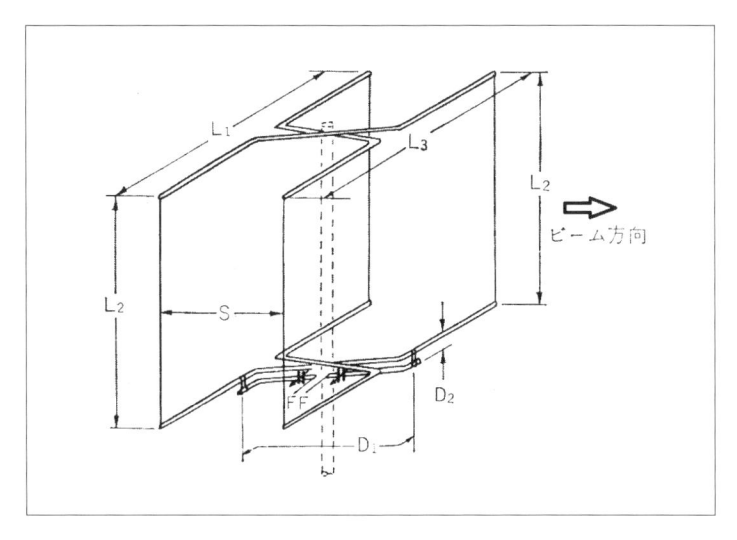

各バンドにおけるスイス・クワッドの各部寸法［単位：m］

周波数 [MHz]	後方水平部 L_1	前方水平部 L_3	垂直部 L_2	間隔 S	ガンマ・マッチ 長さ D_1	ガンマ・マッチ 間隔 D_2
14.05	6.3	5.68	5.99	2.13	4.79	0.108
14.20	6.22	5.61	5.92	2.11	4.74	
21.05	4.19	3.78	3.99	1.42	3.2	0.06
21.20	4.13	3.76	3.95	1.41	3.16	
28.05	3.15	2.84	3	1.07	2.4	0.05
28.50	3.1	2.79	2.95	1.05	2.36	

図2-20　各バンド用に最適化されたスイス・クワッドの寸法
「キュービカル・クワッド」（JA1AEA 鈴木　肇，CQ出版社）より引用

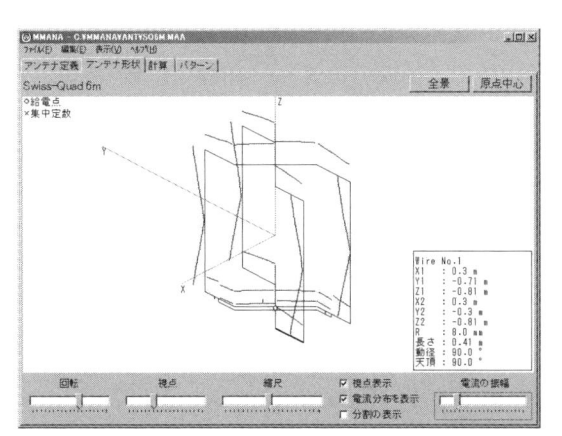

図2-21　MMANAによる50MHz用のスイス・クワッドのモデル

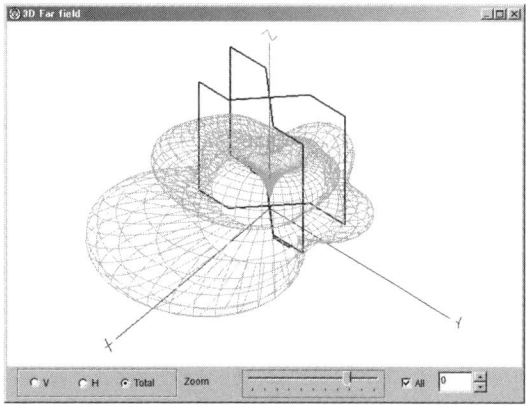

図2-22　MMANA-GALによる50MHz用のスイス・クワッドの放射パターン3D表示
大地を完全導体とした地上高6mの結果

シャルをはじめ，位相差給電タイプの原典ともいえるアンテナです．

図2-23（p.42）は，拙著「パソコンによるアンテナ設計」（CQ出版社）で解説した8JKの動作原理と構造です．同書はすでに絶版のため，ここに再録いたします．

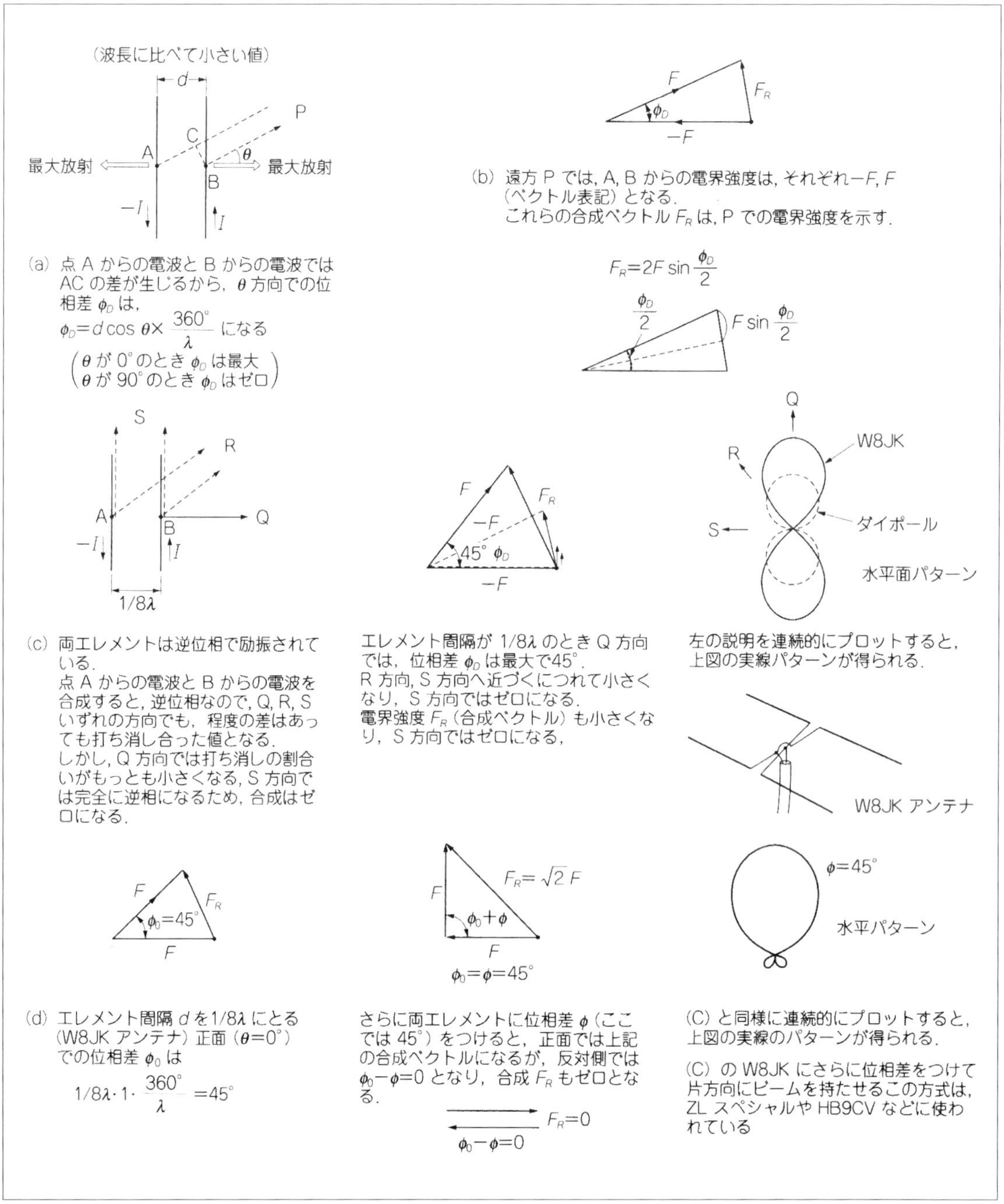

(a) 点 A からの電波と B からの電波では AC の差が生じるから，θ 方向での位相差 ϕ_D は，
$$\phi_D = d\cos\theta \times \frac{360°}{\lambda}$$ になる
（θ が 0° のとき ϕ_D は最大
θ が 90° のとき ϕ_D はゼロ）

(b) 遠方 P では，A, B からの電界強度は，それぞれ $-F$, F（ベクトル表記）となる．
これらの合成ベクトル F_R は，P での電界強度を示す．

$$F_R = 2F\sin\frac{\phi_D}{2}$$

(c) 両エレメントは逆位相で励振されている．
点 A からの電波と B からの電波を合成すると，逆位相なので，Q, R, S いずれの方向でも，程度の差はあっても打ち消し合った値となる．
しかし，Q 方向では打ち消しの割合がもっとも小さくなる，S 方向では完全に逆相になるため，合成はゼロになる．

エレメント間隔が 1/8λ のとき Q 方向では，位相差 ϕ_D は最大で 45°．
R 方向，S 方向へ近づくにつれて小さくなり，S 方向ではゼロになる．
電界強度 F_R（合成ベクトル）も小さくなり，S 方向ではゼロになる．

左の説明を連続的にプロットすると，上図の実線パターンが得られる．

(d) エレメント間隔 d を 1/8λ にとる（W8JK アンテナ）正面（θ=0°）での位相差 ϕ_0 は
$$1/8\lambda \cdot 1 \cdot \frac{360°}{\lambda} = 45°$$

さらに両エレメントに位相差 φ（ここでは 45°）をつけると，正面では上記の合成ベクトルになるが，反対側では $\phi_0 - \phi = 0$ となり，合成 F_R もゼロとなる．

(C) と同様に連続的にプロットすると，上図の実線のパターンが得られる．
(C) の W8JK にさらに位相差をつけて片方向にビームを持たせるこの方式は，ZL スペシャルや HB9CV などに使われている

図 2-23　8JK の動作原理と構造
「パソコンによるアンテナ設計」(CQ 出版社) より再録

2-4 位相差給電アンテナ

位相差給電アンテナの仕組み

図2-24は，2本のダイポール・アンテナを平行線でつないで給電しています．AのエレメントとBのエレメントは1/4λ長の平行線でつながっているので，Aの電流はBよりも位相が90°進んでいます．

これを図2-24の中段のように，波の重ね合わせで考えれば，右方向へは同相の波で強め合い，左右方向へは逆相（180°の差）の関係なので弱め合います．

そこで，すべてを合成したアンテナ全体の放射パターンは，図2-24の下段に示すように心臓形（cardioidパターン）になります．ここで，中段の図に示す4方向への波の形は，代表的な波の位相をわかりやすく示しているだけで，このような電波がエレメントから直接放射されるわけではありません．

もし，この作図どおりであれば，左側へは電波が出ないはずですが，実際にはわずかに放射されます．しかし，このアンテナは右方向へ強く放射して，逆方向へは弱くなるので，良好な指向性アンテナとして動作するのです．この仕組みを元に，図2-25のような回路をスイッチで切り替えると便利です．

位相差給電アンテナの例

筆者はベランダに釣り竿アンテナを2本設置して，主に14～50MHzで位相差給電を実験しています（p.44，写真2-7）．釣り竿エレメントの取り付け金具は，太い手すり部分を使わないといけないので，二つの間隔は1.1mの整数倍になってしまいます．

3.5～28MHzは3.3m間隔ですが，多バンドで使うため，図2-24に示すように，1/4λではありません．そこで，MMANAで各バンドのシミュレーションをしてみました．表2-1（p.44）は，エレメント間隔が3.3mのときのシミュレーション結果です．

初めは，これだけのバンド用に1本ずつ作るのか

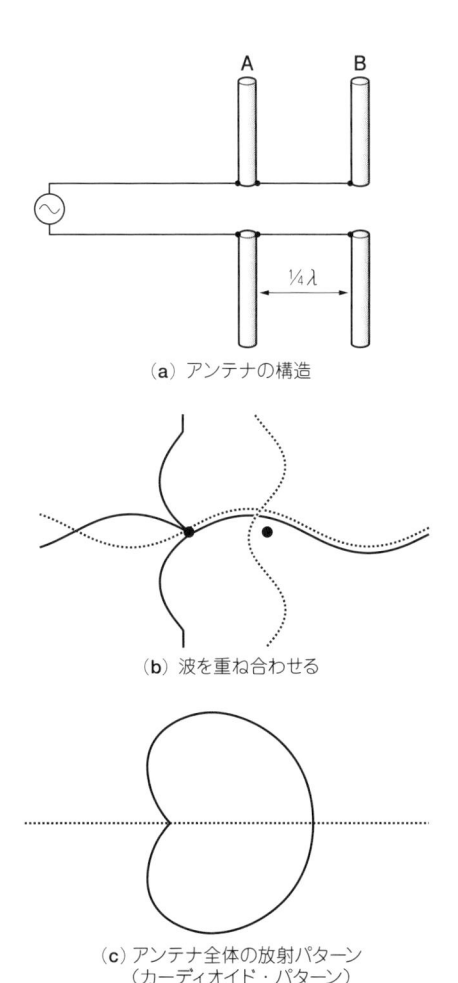

（a）アンテナの構造

（b）波を重ね合わせる

（c）アンテナ全体の放射パターン（カーディオイド・パターン）

図2-24 位相差給電アンテナ（2エレメント）

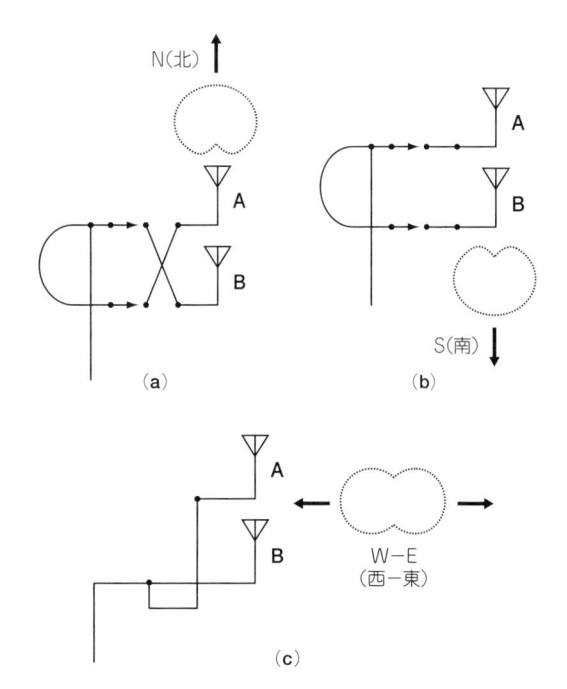

図2-25 スイッチを切り替えたときの配線と得られるビーム方向の関係
同軸ケーブルの外導体は省略している

写真2-7
ベランダに設置した2本の釣り竿アンテナ
先端で折り曲げて全長（約8m）を稼いでいる

写真2-8
バランを利用した位相反転

表2-1 各バンドの位相差は，反転後の値を示す

周波数［MHz］	進み位相［°］	位相差［°］	ケーブル長［m］
3.53	167.4	12.6	1.99
7.05	155	25	1.98
10.1	144	36	1.99
14.1	130	50	1.98
18.1	116	64	1.97
21.2	105	75	1.98
24.8	92	88	1.98
28.5	80	100	1.96

と決心がつきませんでしたが，よく調べると，最大利得が得られる各バンドでの長さは，ほぼ一致しています．結論からいうと，なんと2mのケーブル1本でOKなので，工作がとても簡単です．

① 例えば，14.1MHzでは130°進みにしたいが，このまま作るとケーブルが長い．
② そこで，中央で芯線と網線を逆に接続して位相を反転（180°）する．180－130＝50°
③ 50°のケーブル長は21.3×0.67×（50/360）＝1.98m

これはFBな方法で，同軸ケーブルの処理は，中ほどでむき出して反対同士をはんだ付けしました．また，もう一つの方法として，写真2-8に示すように，手持ちのバラン二つを逆につないで使ってみました．

各バンドで運用した結果は，3.5MHz（80m）と7MHz（40m）では，さすがに間隔が狭すぎてF/B（前後比）がほとんど実感できません．しかし，10MHz以上ではSで3以上異なる場合があります．ここで注意することは，位相を逆転しているので，図2-25の南北が逆になるということです．

MMANAによるシミュレーション結果では，標準的なグラウンドで地上高7mのとき，14MHzで指向性利得が10dBi，F/Bが15dBでした．さらに詳しくは，第7章でも述べています．

4SQアンテナ

図2-26は，4本のバーチカル・アンテナの位相差設定とビーム方向を示しています．そこで，これらの条件を切り替えれば，4方向のビームが瞬時にコントロールできます．また，ローバンド用の4SQは広い土地がないと難しいので，図2-27に示すような，1本のタワーに設置するというFBなアイデアがあります（MMANA-GALによる3D表示）．

図2-28はMMANAのモデルで，7MHz用は，約12m高のタワーの真ん中に十の字で支え棒を付けると，4本の垂直V型ダイポールができます．

利得（Gain）やF/Bは，地上高や大地の状態によっても変化します．図2-27はエレメントの最下点が地上高1m，大地の比誘電率が5，導電率が5mS/m

第 2 章　アマチュアのビーム・アンテナ

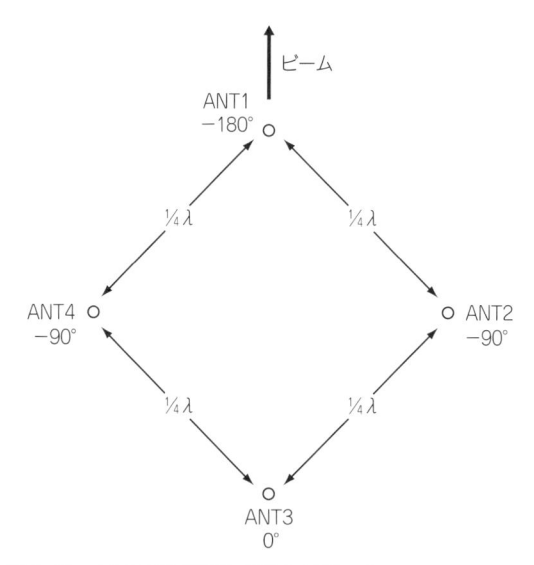

図2-26　4SQの位相差と得られるビーム

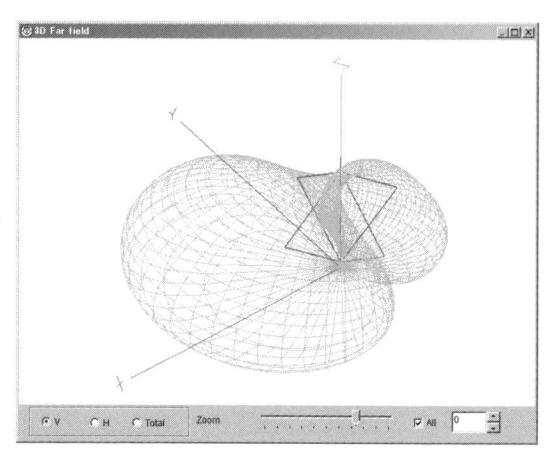

図2-27　タワーに吊す7MHz用4SQのビーム

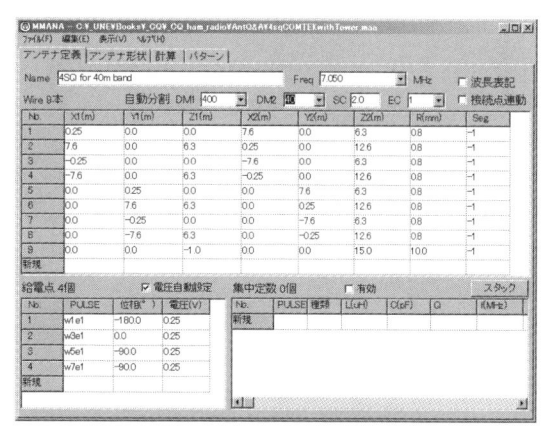

図2-28　7MHz用4SQのモデル・データ

に設定したときの結果で，利得は3.9dBi，F/Bは13dBになりました．また，タワーもモデリングすると，利得とF/Bは向上しました（図は省略）．

このアンテナは垂直偏波なので，垂直のタワーにも誘導電流が流れて再放射すると考えられ，反射器の効果が期待できるようです．また，タワーがない場合は，ローバンド用では$\frac{1}{4}\lambda$モノポールを4本設置するとFBでしょう．しかし，接地が不十分だと放射効率が低いので，地面から離したラジアル・エレメント付きGPアンテナが有利です．

4SQの切替器は，自作にチャレンジしてもよいですが，Array SolutionsやComtek Systemsの製品があります（**写真2-9**）．筆者のようなベランダ・アンテナでは，2エレメントで実験するしかありません．また，ATUを使えばマルチ化もできるので，14MHz以上では，切り替えるとSで3程度の差は実感できるでしょう．

図2-24に示した$\frac{1}{4}\lambda$間隔以外でもビームが得られるので，だまされたと思って試してみてください．

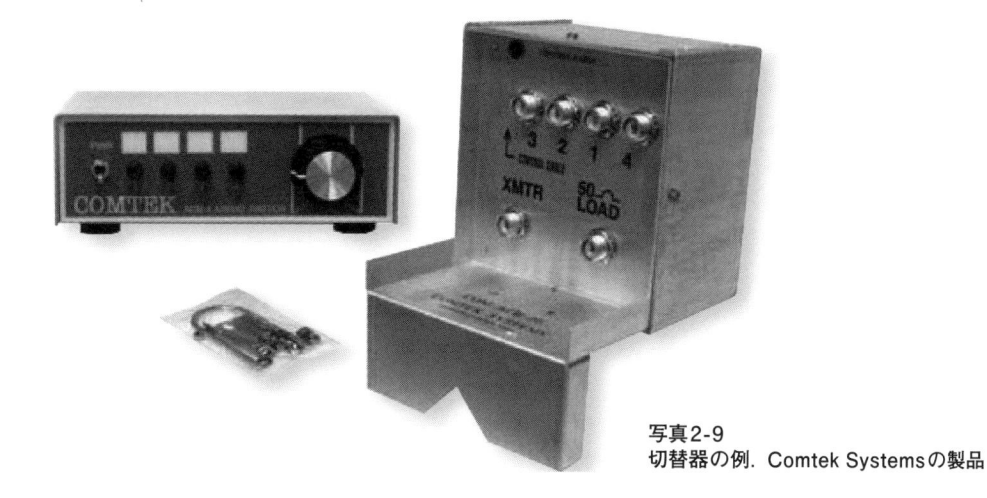

写真2-9
切替器の例．Comtek Systemsの製品

Chapter 3 ビーム・アンテナの実際

UHFやマイクロ波帯では，YAGIアンテナだけではなくパラボラ・アンテナも使われます．波長が短いので，アンテナ本体の寸法もタワーや屋上に置けますが，HF帯は住宅事情によっては全体の寸法に制約があります．HF帯もさまざまなビーム・アンテナが使われていますが，それらを最適な状態に追い込む方法はあるのでしょうか？

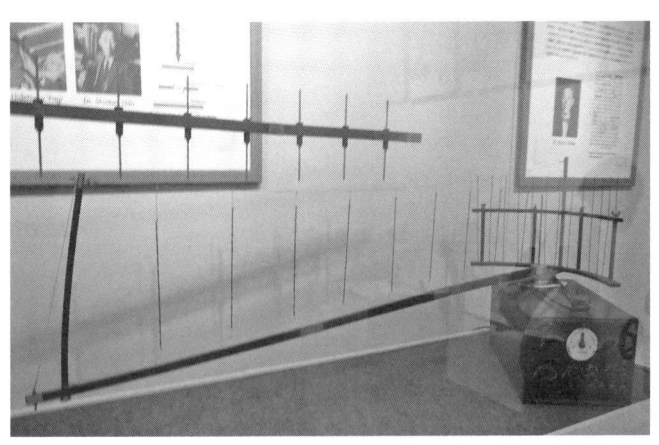

UHF（670MHz）帯の八木・宇田アンテナ（東北大学電気通信研究所の展示）

3-1 反射器付きアンテナ

反射望遠鏡のアイデア

私たちが電波を使ってQSOを楽しめるようになったのは，世界で初めて電磁波の存在を予言したイギリス（スコットランド）の物理学者，ジェームス・クラーク・マクスウェル（1831〜1879年）のおかげです（写真3-1）．

マクスウェルは，小さいときから絵を描いて一人遊びに夢中になる少年でした．図3-1は，14歳のマクスウェルが考案した「卵形を描くためのコンパス」です．円を描くコンパスは昔からありましたが，彼

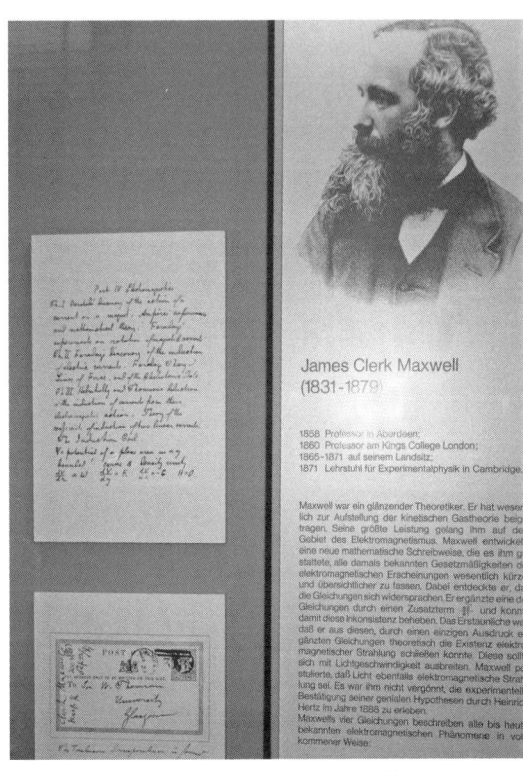

写真3-1 マクスウェルの肖像と直筆の手紙
（ミュンヘンのドイツ博物館で筆者ら撮影）

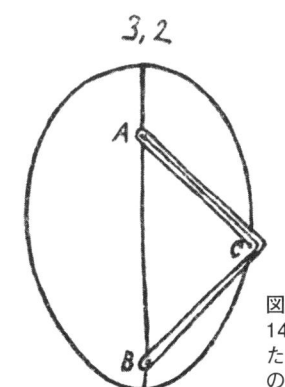

図3-1
14歳のマクスウェルが考案した，糸と留めピンによる卵形の作図

写真3-2 ロンドンのファラデー博物館入り口に飾られた肖像(筆者ら撮影)

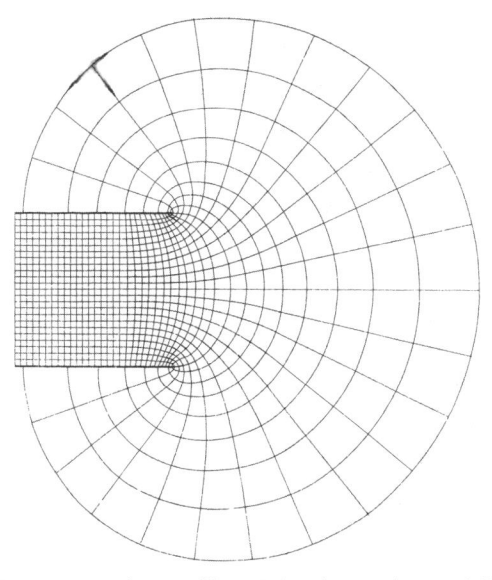

図3-2 マクスウェルが描いた平行平板コンデンサの力線

は数週間かけて卵形用のコンパスを考案しました．

　エディンバラのカレッジの教授に提出したマクスウェル少年のレポートは，ついに学術論文として印刷されて，エディンバラ王立協会(今日の学会)で教授に読まれたそうです．

　この図形は，後に凹面鏡とそれにより反射される光の立体配置と一致することがわかりました．光は，先輩ニュートンの研究領域ですが，マクスウェルは，とくに光(光学)に魅力を感じていました．

恩師ファラデーの教え

　彼が師と仰いだイギリスの物理学者マイケル・ファラデー(1791～1867年，**写真3-2**)は，「ロウソクの科学」という本でも有名です．彼は14歳で年季奉公に就き，十分に学校教育を受けていなかったので，数学によって理論を展開するよりも，絵で表現して実験で確かめる方法が得意だったようです．

　しかし彼は，それまでわからなかった電磁場の現象を発見し，磁気の分布を磁力線で表すことを考案しました．また，コイルの中の磁力線が変化しようとする向きとは反対向きの磁力をコイルが作ることで電気が発生するという電磁誘導現象も発見しており，彼はやはり「絵」でこの現象を説明しています．

　マクスウェルも師匠と同じように，絵で思考実験を重ねました．**図3-2**はマクスウェルが描いた，平行平板コンデンサの周りに分布する力線の緻密なスケッチです．金属平板に垂直に出入りする線は電気力線で，これはファラデーが考案した，電気の力を

表現する仮想的な線です．また電気力線に直交している線は，同じ電位の点を連ねた線，すなわち等電位線です．

　幾何学にも長けた彼が，後に力線を数学的に表すようになったのも当然で，その先には，数学の力だけで「電磁波」の存在を理論的に予言するという偉業が待ち構えていたわけです．

反射望遠鏡のアイデア

　マクスウェル少年が考案した「卵形を描くためのコンパス」は，彼がニュートンの反射望遠鏡のアイデアを数式で表そうとした成果の一つでしょう．反射望遠鏡は，遠方から届く光を集める仕組みを使っています(**図3-3**)．そこで思い出すのは，**図3-4**(p.48)のようなパラボラ・アンテナです．光も電波も同じ電磁波の仲間なので，電波が発見される前に研究されていた

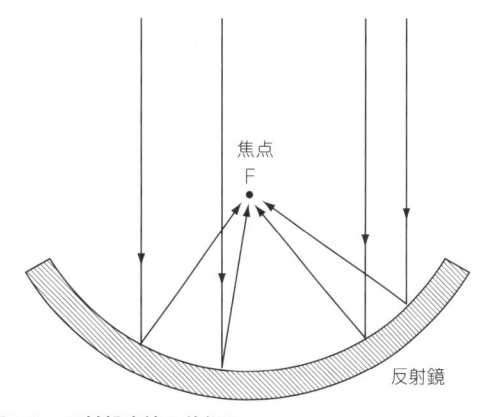

図3-3 反射望遠鏡の仕組み

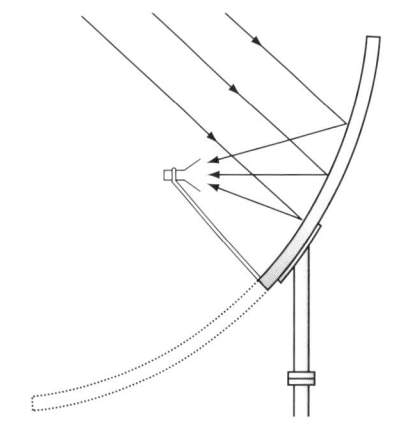

図3-4 パラボラ・アンテナの仕組み

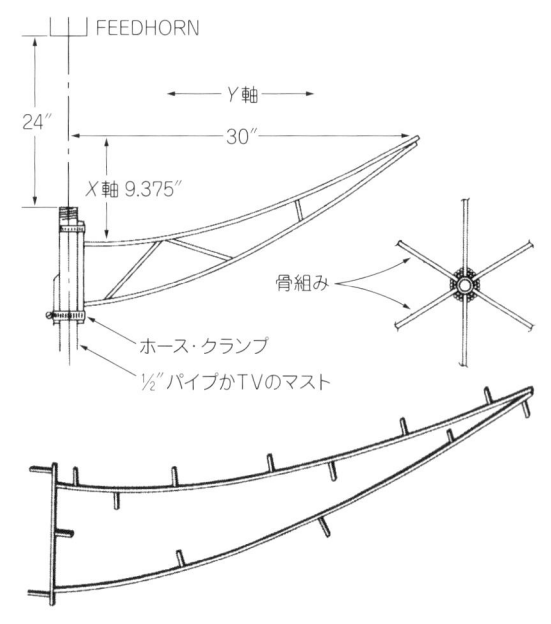

図3-5 Mode L用パラボラ・アンテナの骨組み

写真3-3 ベランダでOSCAR 10号の通信実験
市販のYAGIアンテナで円偏波を実現

表3-1 3種類の皿（Dish）の寸法（フィート）とゲイン（絶対利得）・*EIRP*（実効放射電力）

Dish Size	4	5	6
Beamwidth [Deg]	13.2	10.5	25.3
ゲイン [dBi]	21.8	23.7	8.7
出力 [W]	*EIRP*		
100	16.2kW	25.4kW	36kW
50	8kW	12.75kW	18.3kW
30	4.8kW	7.65kW	11kW
15	2.4kW	3.75kW	5.4kW
10	1.6kW	2.5kW	3.6kW
5	800W	1.25kW	1.8kW
2.5	400W	625W	900W

光の性質を使った技術が，電波にも応用されています．

反射望遠鏡では，平行に入射する微弱な光を，反射鏡（凹面鏡）で一点（焦点）に集めることで強めています．同じようにパラボラ・アンテナも，お皿の反射板で電波を集めているわけです．

ただしパラボラ・アンテナの表面は，単なる鏡ではありません．金属製の反射板に電波が当たると，恩師ファラデーが発見した電磁誘導という現象で電流が流れ，それが再び電波を生みます（これを反射波と呼んでいる）．その電波が焦点に向けて再放射され，この電波をパラボラの焦点に置かれたラッパの形のホーン・アンテナで受信しています．

ヘルツが作った放物線反射板付きのアンテナ（p. 23，**写真1-3**）や，マルコーニが作った放物線配置で反射器を付けた500MHz用のアンテナ（第1章の**タイトル写真**）は，すでに第1章で紹介しました．マクスウェルは，光も電磁波の仲間であると予言しましたが，後輩であるヘルツやマルコーニをはじめ，多くの科学者はそれを実験で確かめました．

衛星通信用パラボラ・アンテナ

少し古い話ですが，筆者らはベランダからOSCAR 10号の通信実験を試みました．Mode Bは，アップリンクが70cm帯，ダウンリンクが2m帯です．アンテナは，**写真3-3**に示すような市販のYAGIアンテナをカタカナのハの字に設置して，位相差ケーブルで円偏波を実現しました．

OSCAR 10号のMode Lは，衛星のトラブルでアップリンクのパワーが必要で，YAGIでは高利得を得るのが困難です．そこで当時は，Mode L用のパラボラ・アンテナの自作が盛んになりました．**図3-5**

表3-2 3種類のパラボラの設計値
f/D＝0.4（f：焦点距離，D：直径）

Dish Size [Feet]	Y, X Coord [In]		Focal Length [In]	Depth of Dish [In]	Gain [dBi]	Beam width [Degrees]
4	0	0	19.2	7.5	21.8	13.8
	3	0.117				
	6	0.468				
	9	1.054				
	12	1.875				
	15	2.929				
	18	4.218				
	21	5.742				
	24	7.5				
5	0	0	24	9.375	23.76	10.54
	3	0.039				
	6	0.375				
	9	0.843				
	12	1.5				
	15	2.343				
	18	3.375				
	21	4.594				
	24	6.0				
	27	7.60				
	30	9.375				
6	0	0	28.8	11.25	25.35	8.78
	3	0.078				
	6	0.312				
	9	0.703				
	12	1.25				
	15	1.953				
	18	2.812				
	21	3.828				
	24	5.0				
	27	6.328				
	30	7.812				
	33	9.453				
	36	11.250				

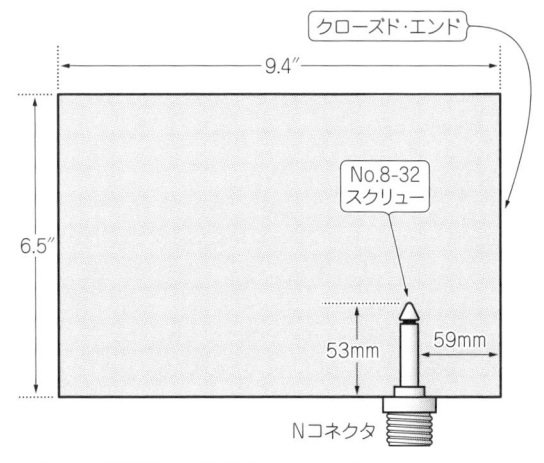

図3-6 給電部の円柱形ホーン・アンテナ

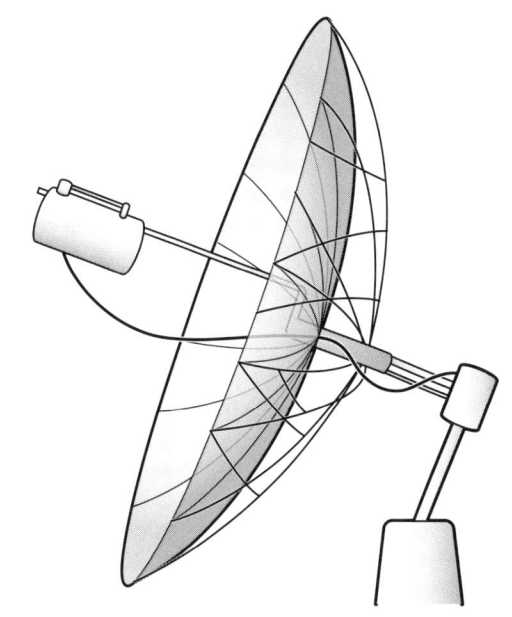

図3-7 完成したパラボラ・アンテナ

はその例です．反射用の皿（Dish）の寸法と利得・EIRP（実効放射電力）の設計値は，**表3-1**のとおりです（出典：W3KH Eugene F. Ruperto, QST誌，1986年5月号）．

表3-2は，3種類のパラボラの設計値を細かく示しています．ここで，YとXは**図3-5**にあるように，皿の半径とその点のX軸方向の長さです．また，これらの数値は，焦点距離をFとすると，$Y^2=4FX$の式から得られます．

Rib（骨組み）は，**図3-5**の下段に示すように，ベニヤ板の表面に木材で押さえの型（短い棒）を用意して作るとFBです．**図3-5**の右に示すように，同じもの6本をホース・クランプでしっかりとマストに取り付けます．それぞれの間隔がずれないように，補強用のパイプを同じ本数つめて固定します．

給電部は，**図3-6**に示す円柱形のホーン・アンテナを使っています．N型コネクタには細い銅パイプと，微調整用のネジが付いており，Uクランプで細いパイプに取り付け，さらに，くの字形の直角パイプ・ジョイントでアンテナのマストに固定します（**図3-7**）．

ジオデシック・パラボラ・アンテナ

気象衛星として知られるNOAAは，米国海洋大

写真3-4　1.7GHzで送信されているHRPT画像データ受信用パラボラ・アンテナ
JA2DHB 梶川OMの力作

写真3-5　受信部のヘリカル・アンテナ

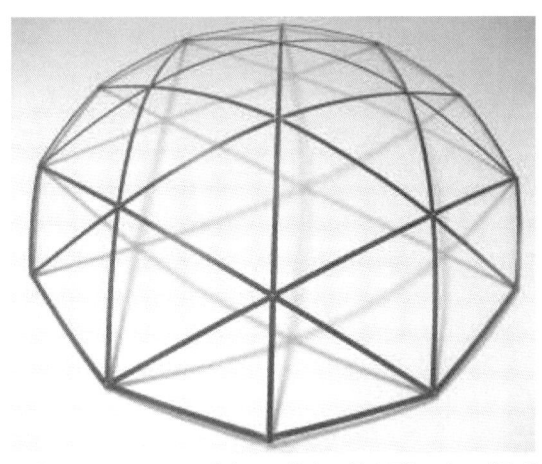

気庁National Oceanic and Atmospheric Administrationが運用しています．**写真3-4**は，1.7GHzで送信されているHRPT（High Resolution Picture Transmission）画像データを受信するパラボラ・アンテナで，JA2DHB 梶川OMの力作です．また**写真3-5**は，焦点に集めた電波を受信するアンテナです．**図3-6**（p.49）とは異なり，ヘリカル・アンテナを採用しています．

JA6XKQ 武安OMは，**図3-5**に示す，滑らかなリブの加工が不要で組み立てやすい，ジオデシック・パラボラ・アンテナを考案されています（**写真3-6**）．三角形を構成する各接続点で支え合うため，しっか

写真3-6　JA6XKQ 武安OM考案のジオデシック・パラボラ・アンテナの皿（Dish）

りと固定できて近似放物面が得られるFBなパラボラ・アンテナで，**写真3-4**でも採用されています．

Column: SteppIRのバーチカル　BigIRとSmallIR

K7IR Mike Mertel開発のSteppIRは，モータによってエレメントの長さを変えて多バンドで共振させるユニークなアンテナです．BigIRとSmallIRはバーチカル・アンテナで，DXペディションでも活躍しています．7MHzまたは14MHzから50MHz帯までをカバーし，80m，40m用バンドのオプション・コイルも用意されています．

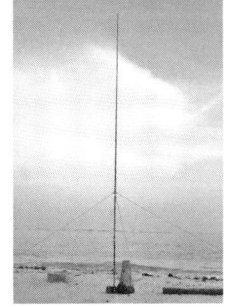

3-2 2エレメントの位相差給電

位相切り替えスイッチの製作

ダイポール・アンテナやモノポール・アンテナなどの位相差給電の仕組みについては，第2章で述べました．この項では，一つ作っておくとさまざまな実験に使える，位相切り替え用のスイッチ・ボックスを作りましょう．

図3-8は，スイッチを切り替えたときの配線と，そのときに得られるビーム方向の関係を示しています（同軸ケーブルの外導体は省略している）．また，実際にはA，B単独のポジションも設けています．

写真3-7は，一般的なロータリー・スイッチで製作した例で，図3-9は接続の詳細です．また写真3-8は，高出力対応のロータリー・スイッチ（NKK製TS-4）で製作した例で，各接点はネジ式です．

同軸ケーブルは特性インピーダンス50Ωを使うので，入力インピーダンス50Ωのアンテナを2本並列に接続したときのインピーダンスは25Ωになります（p.52，図3-9の左下）．その先は，短い同軸ケーブルでアンテナ・チューナにつなぐか，あるいは割り切って（hi）トランシーバ内蔵のATU（自動アンテナ・チューナ）で50Ωに調整して，運用することができます．

このスイッチ・ボックスは，一つ作っておくとさまざまな実験に使えて便利です．アンテナはGP（グラウンド・プレーン）だけでなく，水平や垂直設置のダイポール・アンテナやクワッド・アンテナ，ヘンテナなどの位相差給電にも応用できます．

最適な位相差を決めるには？

第2章の図2-24（p.43）で説明したように，位相差給電で心臓形（cardioidパターン）の放射を得るためには，二つのアンテナの距離は¼λ（波長）にします．これにより90°の位相差で放射波を合成して，一方向へ強く，また反対方向へ弱く放射することができるのです（p.52，図3-10）．

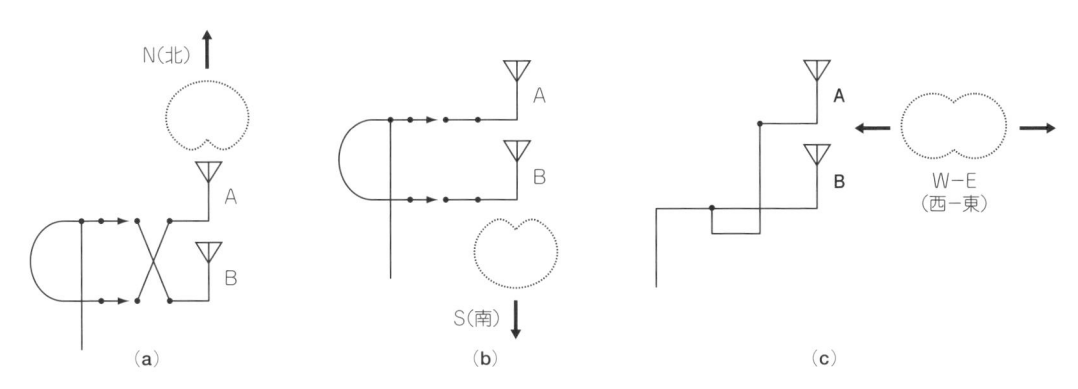

図3-8 スイッチを切り替えたときの配線と得られるビーム方向の関係

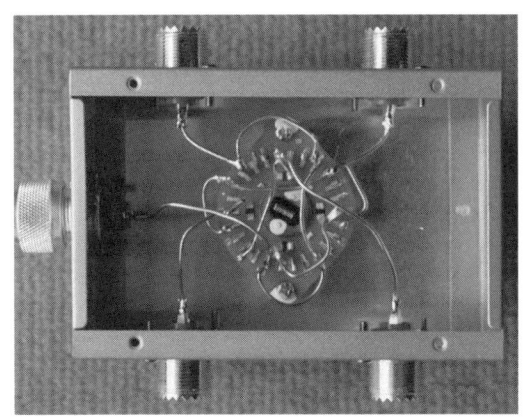

写真3-7 一般的なロータリー・スイッチで製作した例

写真3-8 NKK製ロータリー・スイッチ（TS-4）で製作した例

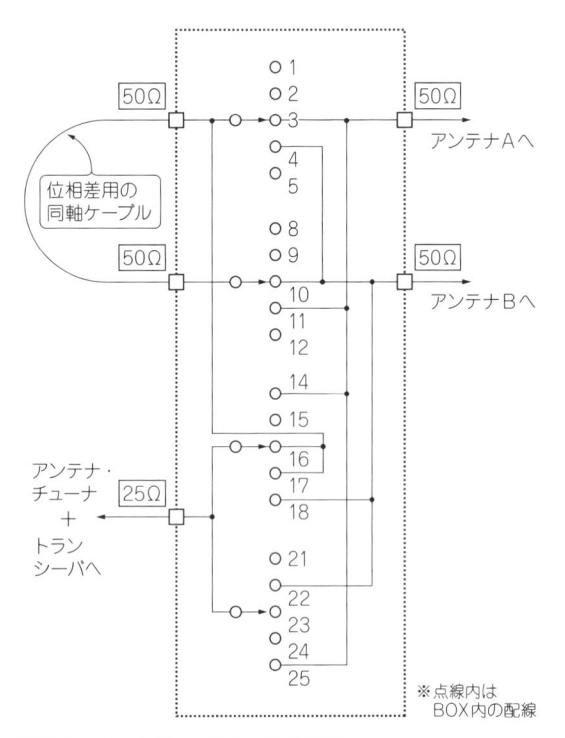

図3-9 ロータリー・スイッチの結線

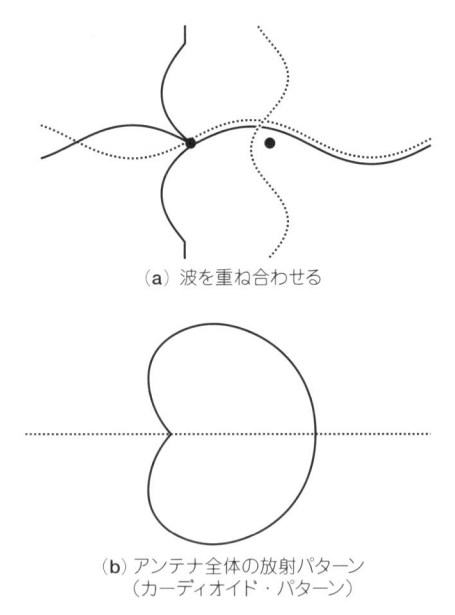

（a）波を重ね合わせる

（b）アンテナ全体の放射パターン
（カーディオイド・パターン）

図3-10 位相差給電アンテナの波の合成

アンテナは，送信の特性と受信の特性が同じであると考えられ，可逆性が成り立つデバイスです．したがって，MMANAなどでアンテナをシミュレーションするときには，送信アンテナとして電気を加えたときの放射特性で評価しています．

さて，ベランダや限られたスペースに位相差給電アンテナを設置する場合，低い周波数では1/4λの間隔は難しいでしょう．当局は，隣家との距離を確保すると，2本の釣り竿アンテナは約3mの間隔になってしまいます．これが1/4λに相当するのは12mバンドですが，釣り竿アンテナ＋ATUを使って多バンドで運用したくなりました．

そこで，両アンテナの間隔が1/4λではない場合，位相差を変えれば合成波形にビームが生まれるのではないかと考えて，MMANAでシミュレーションしてみました．

MMANAによる最適化の手法

図3-11はMMANAのモデルで，垂直設置のダイポール・アンテナを2本，3.3m間隔で配置しています．初めに自由空間で解くので，エレメントのZ方向は，0から+10.25mに設定しました．

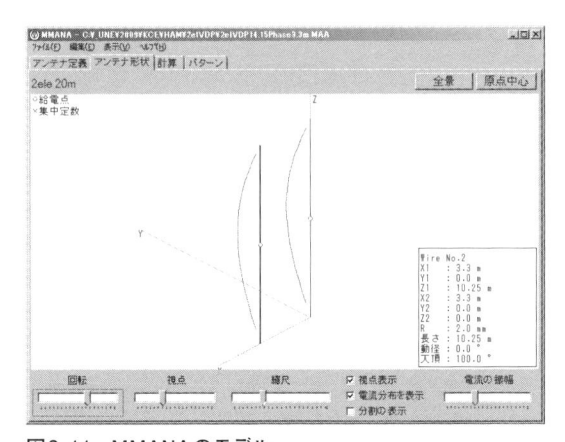

図3-11 MMANAのモデル
垂直設置のダイポール・アンテナ2本（3.3m間隔）

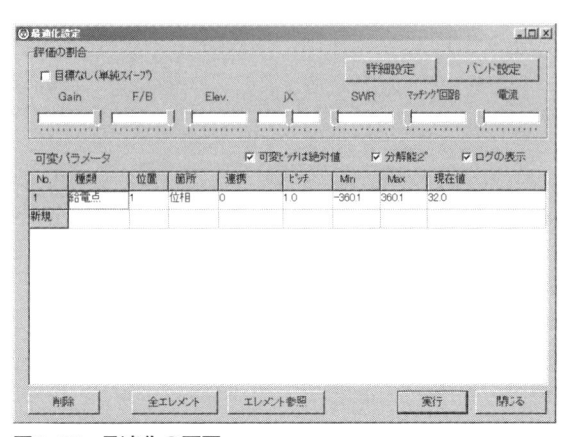

図3-12 最適化の画面
GainとF/Bを最大にする給電点の位相差を求める

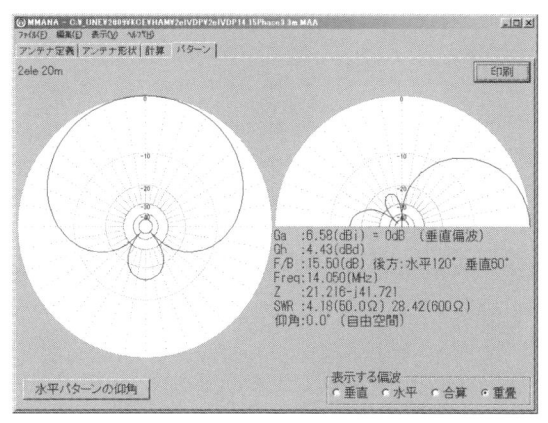

図3-13　最適化後の放射パターン（自由空間）

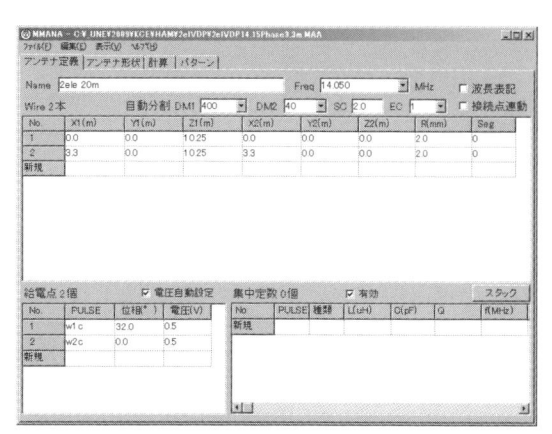

図3-14　位相差32°が得られた

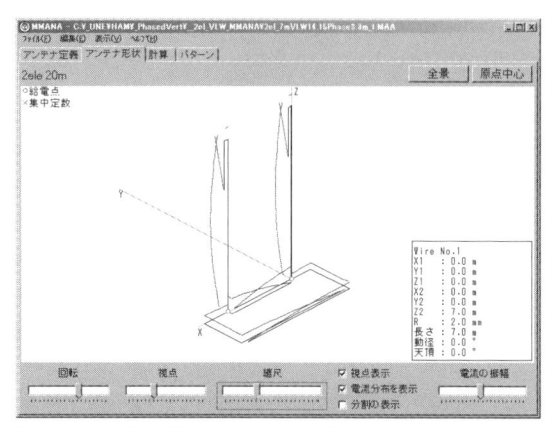

図3-15　ベランダ・アンテナのモデル例

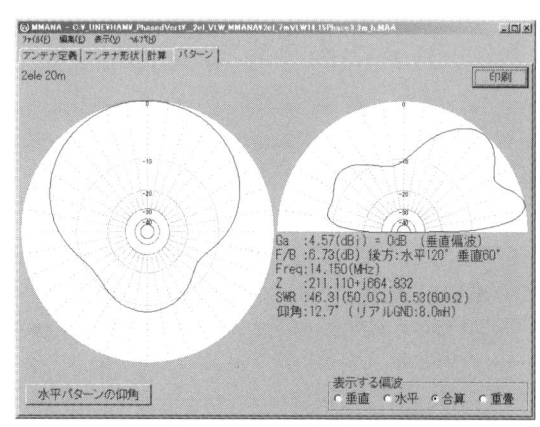

図3-16　ベランダ・アンテナの放射パターン（14.15MHz）

　図3-12は，MMANAの便利な機能である最適化の画面です．スライダー・バーでGainとF/Bを最大に設定してから，「種類」の枠上を右ボタンでクリックすると，最適化したいパラメータがプルダウン表示されます．ここでは「給電点」をクリックして，位相差を求めることにします．

　図3-13は最適化後の放射パターンです．自由空間を設定しているので，右側の表示は上半分だけの描画と考えられます．左側の表示は，仰角0°（水平面）の描画で，心臓形（cardioidパターン）の放射に似ています．小さいしっぽが出ているのは，こちらの方向へ完全にキャンセルされていないためです．

　図3-14はアンテナ定義のタブで，最適化した結果，位相差は32°になりました．

ベランダ設置ではどうなるのか？

　筆者らの位相差給電アンテナは，ベランダに設置しているので，釣り竿エレメント＋ATUのモノポール・アンテナ動作です．建物の手すりは鉄骨につながっていますが，そこにアースを取ると電流が隣家へも流れてしまいます．そこで，ラジアル線を複数本，ベランダ内に這わせています．

　MMANAは，空間にある矩形のコンクリート床をモデリングすることができないので，垂直エレメントとラジアル線だけの構造でシミュレーションしてみました．図3-15はそのモデル例で，第2章で述べたベランダ・アンテナ（写真2-7）に近い寸法です．

　図3-16は最適化後の放射パターンです．ラジアル線の引き回しが対称形ではないので，水平パターン（仰角25.1°）はややいびつになりました（14.15MHz）．給電点の高さは地上高8mに設定しており，図3-17（p.54）のようなメディアの設定で，大地（リアル・グラウンド）の影響を含んだシミュレーションです．

　したがって，図3-16ではG_a（絶対利得）が4.57dBiですが，例えば地上高を15mに設定すると，G_aは6.74dBiに向上します．また，整合回路は含まれていないので，Z（インピーダンス）は50Ωからは大

図3-17 大地（リアル・グラウンド）の設定

きく外れており，SWRもひじょうに高い状態の結果です．実際には，給電点のATUで50Ωに整合をとったときの電流分布で評価するべきですが，ここでは簡易的なシミュレーションに留めています．

さて，肝心の位相差ですが，図3-11の自由空間の結果（32°）とは異なり，130°になりました．ほかのバンドの位相差は，第2章の表2-1にまとめましたが，すでに述べたとおり，各バンドの結果から得られる位相差ケーブル長は，2m1本で共用できます（中央で交互に接続して180°反転）．

エレメントの形状による違い

HF帯のローバンドで運用する場合，ベランダ・アンテナのエレメントはできるだけ長さを稼ぎたくなります．写真3-9は，リニア・ロード・エレメント（手前）とT型エレメントです．図3-18のモデルで，違いを調べてみました．放射パターンの結果（14.15

写真3-9 リニア・ロード（手前）とT型のエレメント

MHz）は図3-16とほとんど変わらず，G_aは4.76dBiでした（図は省略）．

次に，図3-19はラジアル線を用いない例です．奇妙な形ですが，これは釣り竿の先端に約4m長の短い釣り竿を2本水平に付けて，キの字の腕に導線を這わせるという構造です．実際に作るとなると，トップヘビーになるため，ベランダ設置は難しいかもしれません．大地や設置高は変えずにシミュレーションすると，図3-20の結果が得られて，G_aはほ

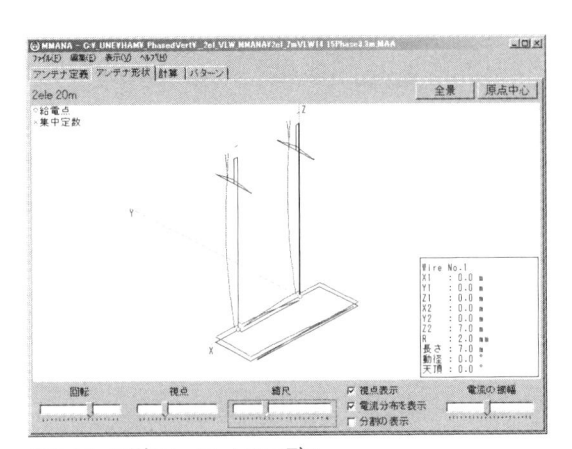

図3-18 T型エレメントのモデル

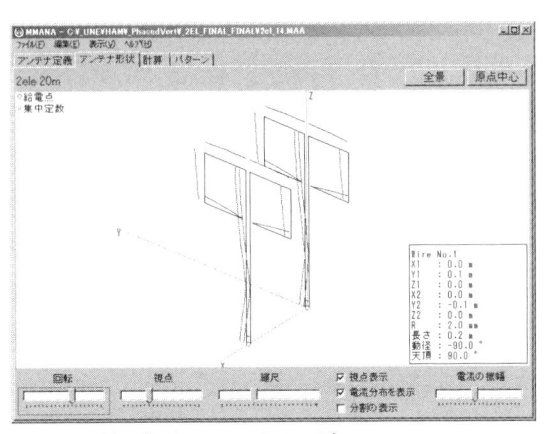

図3-19 折り曲げエレメントのモデル

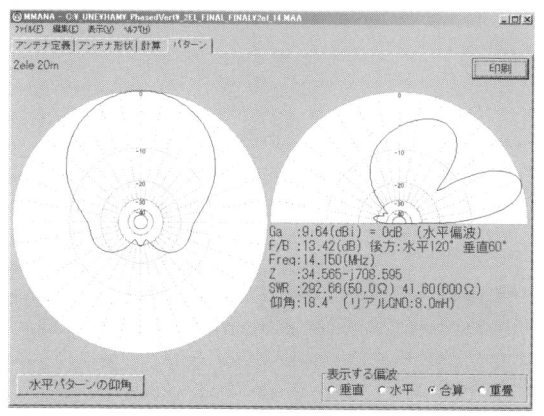

図3-20 折り曲げエレメントの放射パターン

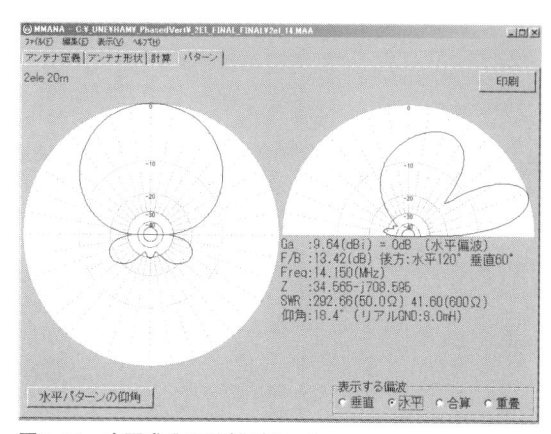

図3-21 水平成分の放射パターン

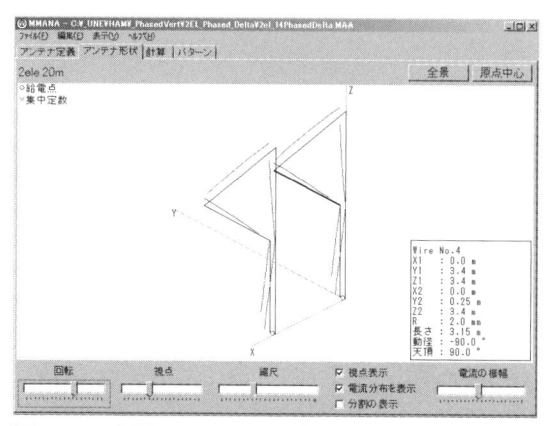

図3-22 3角形エレメントのモデル

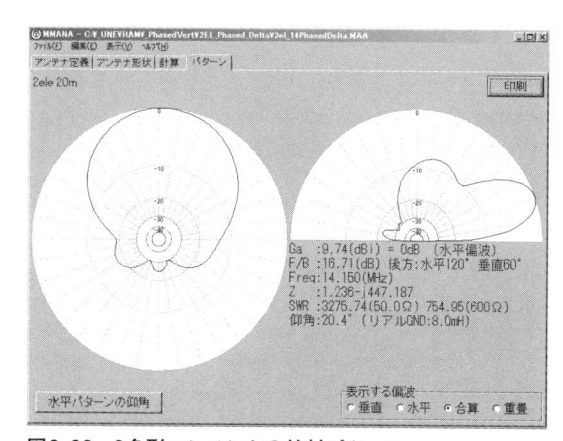

図3-23 3角形エレメントの放射パターン

ぼ10dBiになりました.

図3-21は水平成分のみの表示です. 図3-20に近いので, このアンテナは水平偏波が支配的であることがわかります. 図3-22は, 釣り竿の主柱の途中に3.5mの水平部をマウントして, ワイヤを三角形にしたエレメントです. 片側へ荷重が偏る構造ですが, 図3-19よりはトップヘビーではなくなります. 図3-23はシミュレーションの結果です. 位相差130°のG_aは9.74dBiでした.

位相差給電のアンテナは, 両方のエレメントに直接給電するため, シミュレーションのモデルが現実の状態に近ければ, 確実にビームが得られることがわかりました. スイッチで一瞬にして前後のビームが切り替わる醍醐味は, 試してみないとわかりません. 欲をいえば, 第2章の4SQアンテナのように4方向に切り替えたいところですが, 狭いベランダでは2本の位相差給電が精いっぱいでしょう.

しかし, 水平偏波成分が強いエレメントでは, 図3-22に示すようにエレメントを回転すると, ビームはいびつながらも変化します. ベランダ設置であれば, ローテーターを使わずに, 手動の「テモテーター」(hi)で十分かもしれません.

3-3 2エレメントYAGI

エレメント間隔と利得の関係

YAGIアンテナの動作原理は第1章で述べました．ここでは，2エレメントの間隔によって，特性がどのように変化するか調べてみます．

図3-24は，A－B間（1/4λ）の位相差を120°にしたときの放射パターンを示しています．これは前項で調べた位相差に近いですが，二つのエレメントの間隔や位相差を変化させると，さまざまな放射パターンが得られます．

第1章で述べたとおり，八木博士と宇田博士は，**図3-25(a)** のようにA－B間の給電線を取り除き，AからBへ電磁的な結合で誘導されるBの電流を使ったときにも，同じように指向性が得られることを発見しました．

このとき，A－Bの間隔を変化させて利得を得ると，**図3-25(b)** のようになることがわかっています．

これは自由空間における計算値で，両エレメントは1/2λダイポール・アンテナとして共振する長さです．エレメント間隔 d は，0.122λ 付近で利得が最大になることがわかります．

エレメント長と指向性の関係

図3-26は2エレメントYAGIの各寸法を示しています．Aのエレメントに電流 I_1 が流れると，Bにも電磁結合によって電流 I_2 が流れます．このときの電流 I_2 は，次の式で表されます．

$$I_2 = \frac{Z_{12} V_1}{Z_{12}^2 - Z_{11} Z_{22}}$$

ここで，Z_{11}，Z_{22} はエレメントAとBの自己放射インピーダンス，Z_{12} はA－B間の相互放射インピーダンス，V_1 はエレメントAに加える電圧です．

Bに流れる電流 I_2（式）の位相は，Bの長さによっ

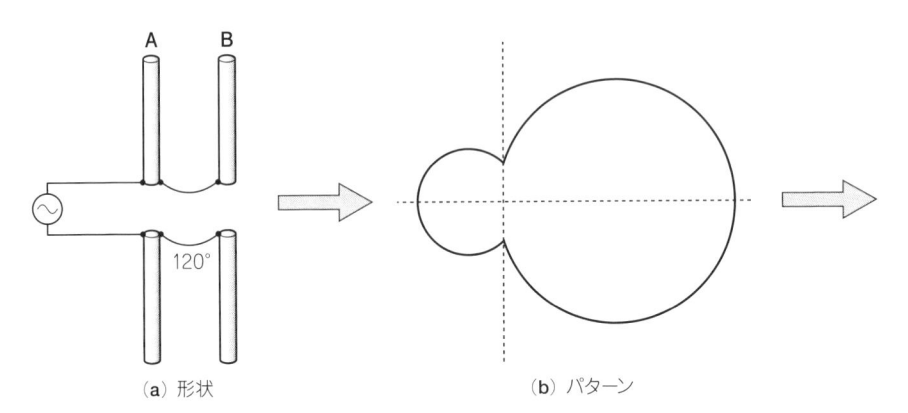

(a) 形状　　　　　　　　　(b) パターン

図3-24　A－B間の位相差を120°にしたときの放射パターン

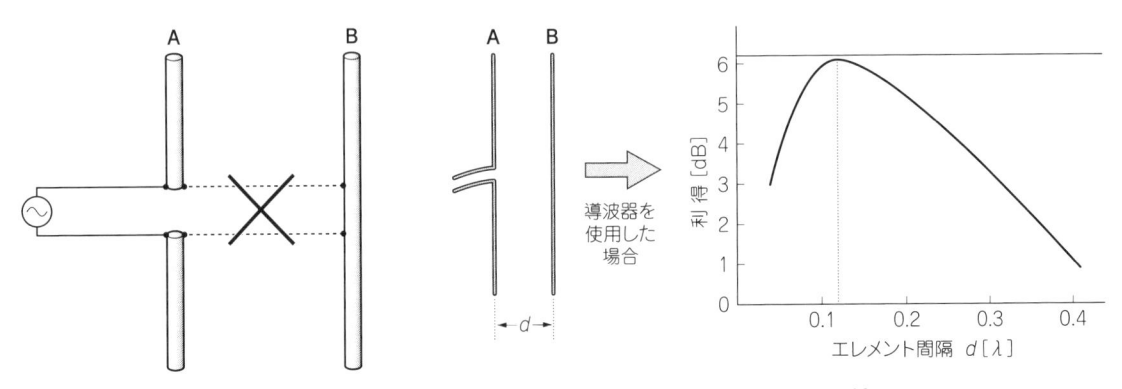

(a) A－B間の給電線を取り除くと…　　　　(b) A－Bの間隔と利得の関係

図3-25　2エレメントYAGIへの展開とその利得変化（自由空間における計算結果）

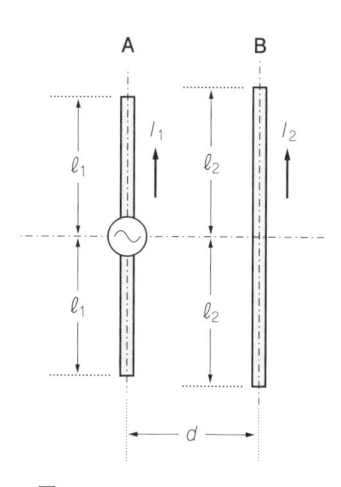

図3-26　2エレメントのYAGI

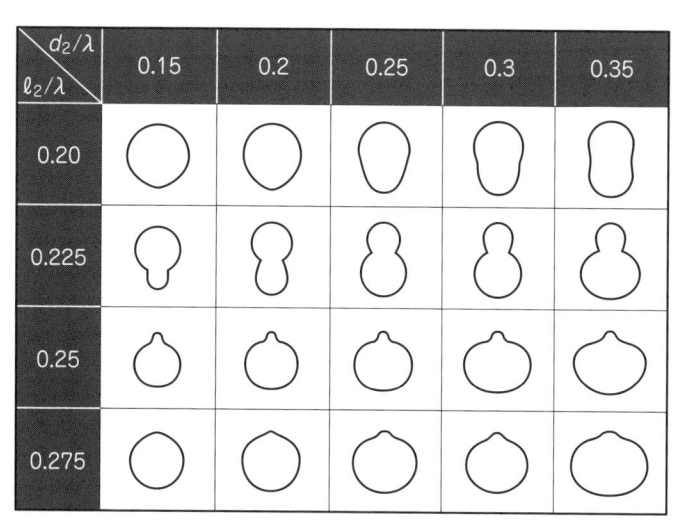

図3-27　2エレメントYAGIのエレメント長とビーム

て変化するので，合成したビームはB側へ向いたり，逆にA側へ向いたりして，**図3-27**のように指向性（ビーム）も変化することになります（参考文献：遠藤敬二 監修：「ハムのアンテナ技術」，日本放送出版協会）．

2エレメントYAGIのシミュレーション

図3-28は，2エレメントYAGIのシミュレーション・モデルです．原点に給電点があって，放射器の長さは10.52m，導波器の長さは10.15mです．また，**図3-29**は自由空間における放射パターンの結果で，G_aは6.85dBiになりました．垂直偏波成分はないので，この図は水平偏波成分のみを表しています．

実際には，大地による反射を含む，合成された放射パターンで評価する必要がありますが，例えば**図3-17**と同じリアル・グラウンドの設定を用いると，G_aは9.15dBiにアップしました．

図3-30は地上高7mに設置した例ですが，最大利得が得られる仰角は35.6°ですから，DX向きではあ

図3-28　2エレメントYAGIのモデル

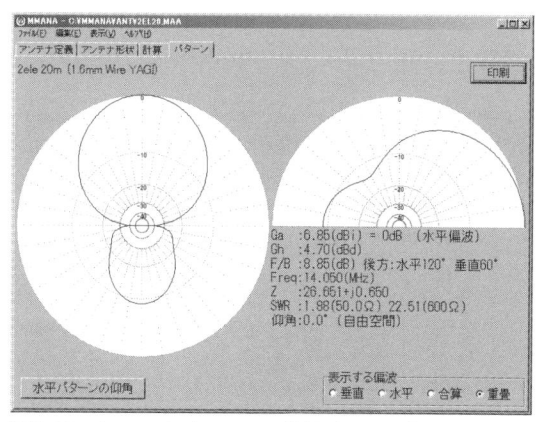

図3-29　2エレメントYAGIの放射パターン①
自由空間

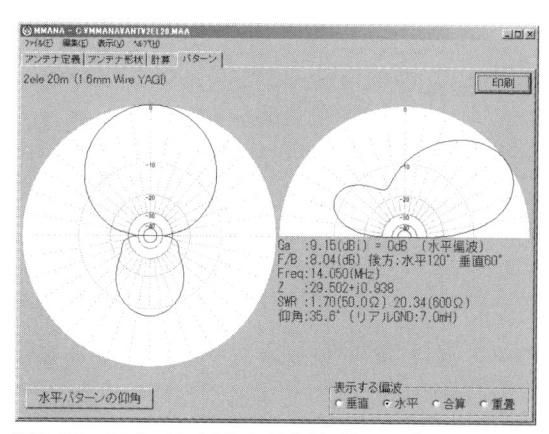

図3-30　2エレメントYAGIの放射パターン②
リアル・グラウンド，7m高

りません．例えば地上高を1波長に相当する20mに設定すると，図3-31に示すように仰角は14.7°と，DX QSOに対して有利になることがわかります．このように，主に国内QSOで楽しむか，あるいは主に海外を狙うのか，設置高で調整できることに注意してください．

図3-31
2エレメントYAGIの放射パターン③
リアル・グラウンド，20m高

3-4 多エレメントのビーム・アンテナ

3エレメントYAGIの長さと指向性の関係

図3-32は，3エレメントYAGIの各寸法を示しています．一般には，Aの放射器，Bの反射器，Cの導波器で構成され，入力インピーダンスは2エレメントより低くなります．

図3-33は，3エレメントYAGIのエレメント長とビームの一例です．3エレメント以上のYAGIは，各エレメント長の組み合わせ数が増えるので，ここではl_1，l_2，d_2は1/4λ長に固定しています．また，エレメント断面の半径ρは十分細い（1/200λ）としています．

3エレメントYAGIは，図3-33の右下のように，金魚のしっぽのような放射パターンが現れることがあります．これは，三つのエレメントが放射する波の合成で得られるので，MMANAでも再現されます．例えば図3-34はMMANAのサンプル・モデルですが，前項と同じリアル・グラウンド上9m高のときには，図3-35のような放射パターンが得られます．

3エレメントのエンドファイア・アレー

3エレメントのアンテナを，位相差給電することはできるのでしょうか？ 図3-36は，JA2DI 佐野OM考案の，3エレメント・エンドファイア・アレーの寸法です［エンドファイア（end-fire）とは，複数のエレメントが並ぶ軸方向をいう］．

14MHz用の3エレメントYAGIアンテナに見えますが，すべてのエレメントにガンマ・マッチで給電しており，図3-37のように給電しています．図3-37は，各エレメントに位相差をつけて給電する仕掛けです．これはp.60の図3-38（a）～（e）に示すように，電圧ベクトルの合成を元に考案されています．

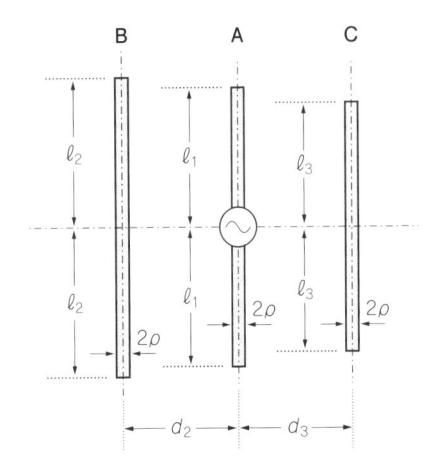

図3-32 3エレメントのYAGI

図3-33 3エレメントYAGIのエレメント長とビーム

d_3/λ l_3/λ	0.15	0.2	0.25	0.3	0.35
0.20					
0.225					

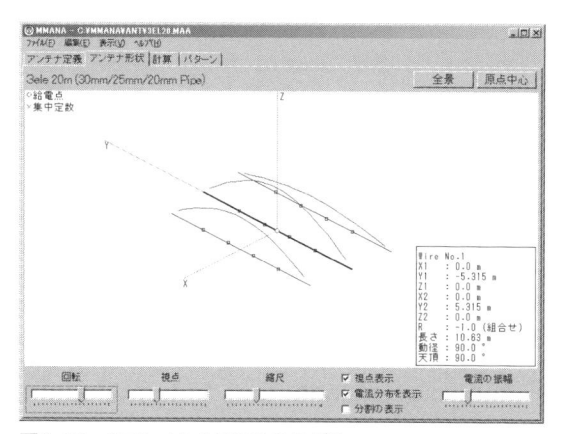

図3-34 3エレメントYAGIのモデル

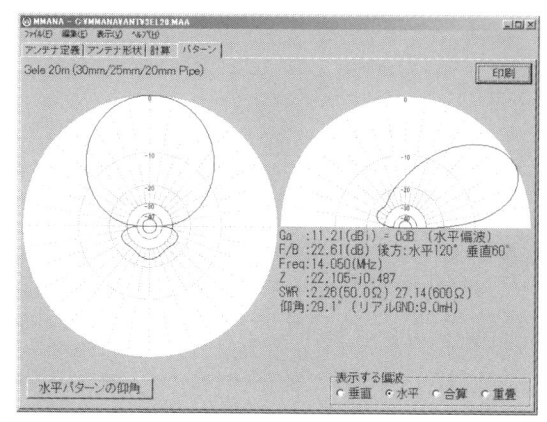

図3-35 3エレメントYAGIの放射パターン
リアル・グラウンド，9m高

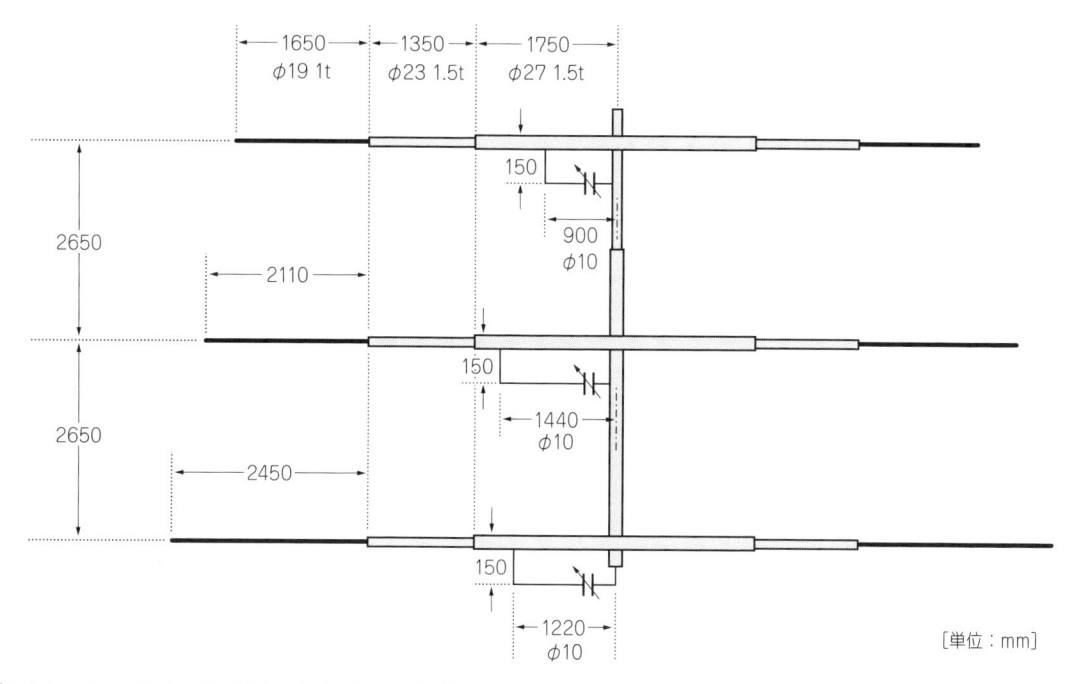

図3-36 3エレメント・エンドファイア・アレーの寸法

[単位：mm]

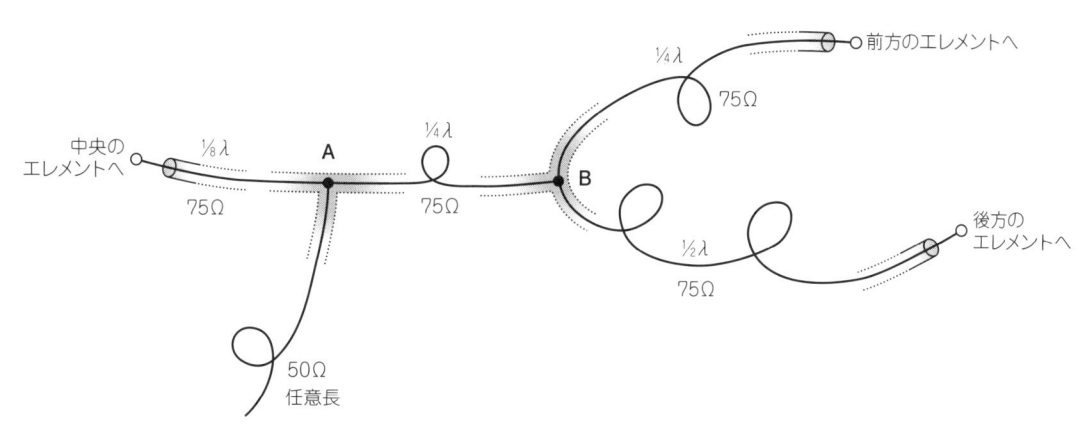

図3-37 3エレメント・エンドファイア・アレーの給電システム

図3-38 エンドファイア・アレーの仕組み

(a) HB9CVで説明したベクトル図
(b) 本アンテナは二つのHB9CVを重ねて利得アップを狙っている
(c) 本アンテナのベクトル図
(d) ビーム方向に対するベクトル図
(e) ビームとは反対方向に対するベクトル図

エンドファイア・アレーの仕組み

まず図3-38(a)は，第2章のHB9CVで説明したベクトル図です．このアンテナは，二つのHB9CVを図3-38(b)のように重ねて利得アップを狙っています．そこで，二つを合成すれば図3-38(c)になり，これが図3-37(p.59)の給電システムを使ったアンテナです．さらにこれをベクトル図で説明すると，次のようになります．

隣のエレメントとの間隔はいずれも1/8λなので，後方のエレメントと前方のエレメントは1/4λ（90°分）の距離があり，90°遅れたベクトルと合成することになります（①）．

また，中央と前方は1/8λ（45°ぶん）の距離があるので，ビーム方向へは図3-38(d)のようになって，後方と前方のベクトルは1直線（①-②）になるためキャンセルされ，結局中央のエレメントのみが残ります（③）．

次に，ビームとは反対の方向についても同じように考えれば，図3-38(e)のようになって，前方と後方のエレメントの和と，中央のエレメントのぶんがキャンセルされるので，こちらの方向へ放射はなくなります．

これらから，理想的にはビーム方向へ放射が最大になり，その反対方向へは放射されないという，3エレメント・エンドファイア・アレーが実現するという仕組みです．

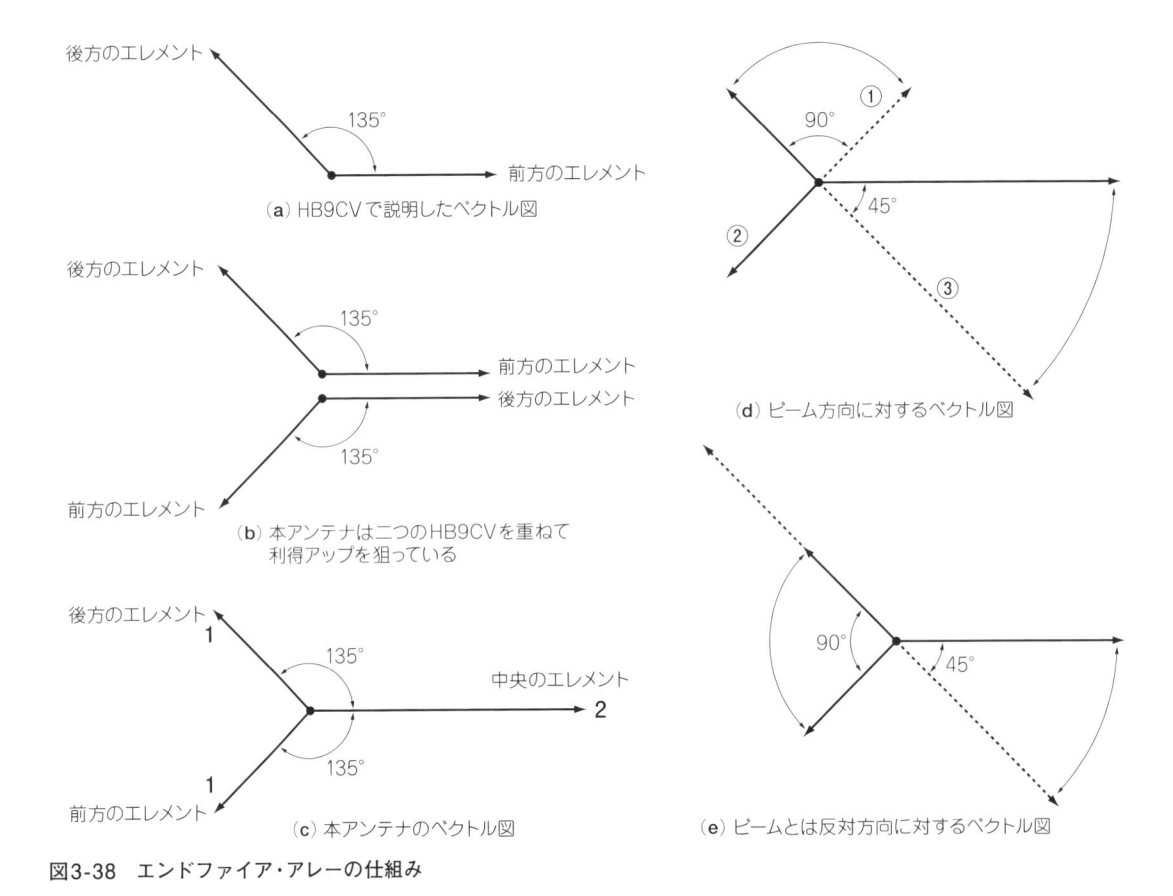

エンドファイア・アレーのポイント

HB9CVを理論どおりに働かせるためには，第2章でも述べたように，前方と後方のエレメントには等しい電力を供給することです．

図3-38(c)は電圧ベクトルなので，前方と後方のエレメントに1ずつの電力を加えるとすれば，中央のエレメントには4の電力を加えなければなりません．そこで，図3-37を詳しく調べて，電力が1：4：1の割合になることを確認してみましょう．

各エレメントへは，特性インピーダンス$Z_0 = 75\,\Omega$の同軸ケーブルで給電されています．1/2λダイポール・アンテナの入力インピーダンスは約73Ωなので，ここでは給電点の整合がとれているとします．

前方のエレメントは1/4λ，後方は1/2λ長の同軸ケ

ーブルで給電されています．つまり後方は前方より$\frac{1}{4}\lambda$（90°）長いので，これは図3-38(c)を実現しています．また，図3-37（p.59）のB点では75Ωが並列接続されているので，インピーダンスは半分の37.5Ωで，B点に供給された電力は半分ずつ前方と後方のエレメントに供給されます．

今度は図3-37（p.59）のA点からB点を見込むと，そのインピーダンスZ_aは$\frac{1}{4}\lambda$変成器の式$Z_0^2 = Z_a \cdot Z_b$から，Z_aは150Ωになります．

さて，A点からB点を見込むインピーダンスが150Ωであれば，アンテナに供給される電力は，A点から中央のエレメントとB点側へ2:1で分割されます．したがって，電力が1:4:1の割合に配分されるということになるわけです．

また，A点を見込んだインピーダンスは75Ωと150Ωの並列なので，ちょうど50Ωとなって，めでたく50Ωの同軸ケーブルで給電できるという仕組みです．

以上は，CQ ham radio誌の1979年12月号の記事（pp.255～258）を元にしています．当時，筆者はまだ学生で，理解するのに苦労したことを覚えています．

製作上の注意点

本アンテナは，144MHz用にスケール・ダウンされ，「アマチュア無線のアンテナを作る本［V/UHF編］」（CQ出版社）に，JA6DUA 田中OMの製作記事が載っています．また，JA2DI 佐野OMがご自身で指摘されている製作上のポイントは，各エレメントのインピーダンスをきちんと合わせるということです．

3エレメントのYAGIは，前項の2エレメントと同じように電流，電圧，インピーダンスの式で表すと次のようになります．

$$Z_{11} I_1 + Z_{12} I_2 + Z_{13} I_3 = V_1$$
$$Z_{21} I_1 + Z_{22} I_2 + Z_{23} I_3 = V_2$$
$$Z_{31} I_1 + Z_{32} I_2 + Z_{33} I_3 = V_3$$

ここで添え字の数字は，1：放射器，2：反射器，3：導波器とすれば，YAGIの場合，V_1以外はゼロです．しかし本アンテナは，中央のエレメントの電圧を2Vとしたとき，前方と後方のエレメントの電圧はそれぞれVで，位相差を考慮しなければなりません．

佐野OMの計算結果を示すと，次のとおりです．
前方エレメント：$17.6 + j12.8\,\Omega$
中央エレメント：$7.86 - j6.51\,\Omega$
後方エレメント：$11.9 - j11.9\,\Omega$

アンテナ・アナライザが普及してきたので，これらのインピーダンス調整は楽になりましたが，エレメントの近くで測定すると，周波数によっては人体の影響を受けて，測定値が安定しないことがよくあります．

そこで，測定したい周波数の波長の$\frac{1}{2}$，またはその整数倍の長さのケーブルを使って測定すると，アンテナの接続点のインピーダンスを知ることができます．このとき，測定ケーブルの特性インピーダンスは，理論的には何Ωでよいことになります．

製作上のノウハウとしては，所望の周波数のダイポール・エレメントに比べて，前方エレメントを約10%短く，中央を約2%長く，後方を約5%長くすると，ほぼベストな動作に近づくとのことです．

Column: SteppIRの多エレメントYAGIアンテナ

SteppIRは，ステッピング・モータを回して，帯状のベリリウム銅製エレメントの長さを伸縮させ，共振周波数を調整するというユニークなアイデアです．例えばDream Beam DB42は，7MHzから50MHz帯までをカバーし，3.5MHzのオプションも用意されている5エレメントYAGIです．

（日本総代理店：ビームクエスト…
http://www.beam-quest.com/）

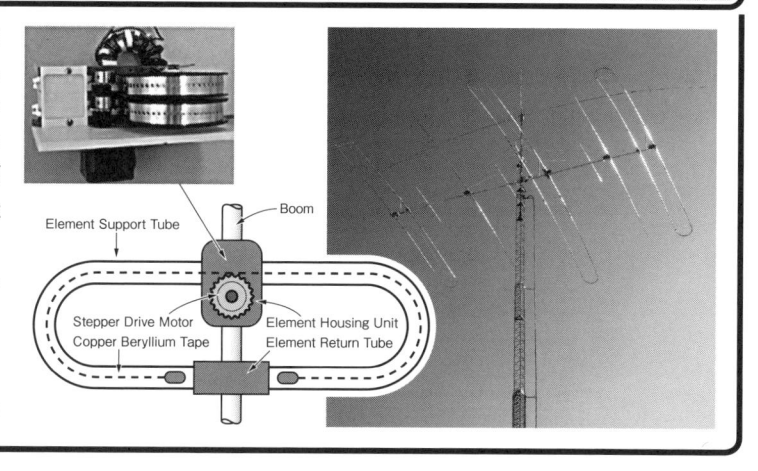

Element Support Tube
Boom
Stepper Drive Motor
Copper Beryllium Tape
Element Housing Unit
Element Return Tube

3-5 アンテナの最適化にチャレンジ

理想と現実の狭間で…

YAGIアンテナは,エレメント数が増えても,「放射器とほかのエレメントが作る電磁界が合成される」という仕組み(3-4節)は変わりません.

エレメント数が増えれば利得も増えますが,両者の関係は図3-39のように頭打ちになるので,実際に設置する場合には,特にHF帯では適当なエレメント数に止めたほうが賢明でしょう.

図3-39は測定値ではなく,エレメント間隔を0.2λ均一として導波器を加えていった場合の,自由空間における計算値です.実際に設置して運用する場合には,必ず周囲の影響や大地による反射波が合成されるので,考えていたほど飛びはよくないと落胆することもあるでしょう.

そこで,代表的なYAGIはどの程度の「実力」なのか,実測による評価を知っておくことは,冷静な判断の拠りどころになるかもしれません.

3エレメントYAGIのシミュレーション

図3-40は,21MHz用3エレメントYAGIの遠方界パターンで,21MHz用に最適化された寸法でシミュレーションしています(電磁界シミュレータXFdtdを使用).

図3-41は,エレメントの電流分布を観るために,パルス励振後5μ秒,10μ秒,20μ秒,30μ秒,40μ秒,50μ秒の磁界強度を表示しています(アンテナを含む平面).

表示のスケールは最小-70dB.アンテナの近くでは振動を繰り返し,1波長ほど離れたあたりから,押し出された電磁波の空間移動が始まるようすがよくわかるでしょう.給電エレメント(輻射器)から左(導波器)と右(反射器)のエレメントへ電磁エネルギーが移って,次第に左の方向へ強く押し出されています.

また,図3-42(p.64)はsin波(正弦波)を加えたときの電界と磁界の分布で,電界はエレメントの両端が強いこともよくわかります.モノバンドYAGIは,すでに最適化された寸法が発表されているので,自作でも十分な性能が得られるでしょう.

3エレメントYAGIアンテナの実測

図3-43(p.64)は,1967年に発表されたHF帯アンテナのフィールド測定のようすです.かなり大がかりな実測で,その後このような実験にチャレンジされたという報告がないので,これは今でも貴重な資料です(参考文献:JA3BRD/LDG 安藤定夫,JA3AUQ 長谷川伸二,JA3MD 大津正一,協力者;JA3BUO,JA3AZD,JA3KHB,JA3DDJ,JA3GAC,ビームアンテナの指向特性を解剖する,§5 トライバンド ビームアンテナ,pp.237-244,CQ ham radio,1967年6月号,CQ出版社).

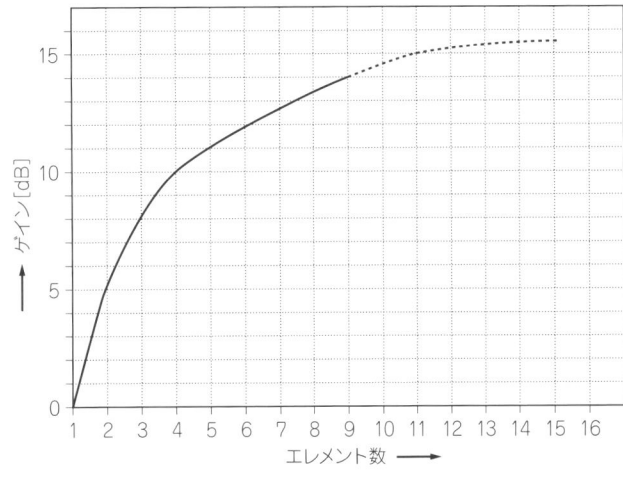

図3-39 YAGIアンテナのエレメント数と利得の関係
エレメント間隔を0.2λ均一として導波器を加えていった場合

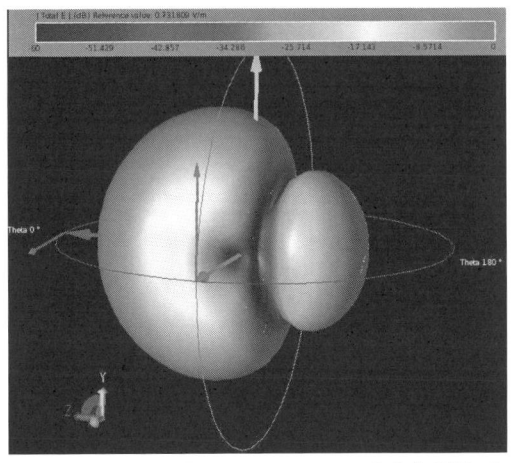

図3-40 21MHz用3エレメントYAGIの自由空間における遠方界パターン(電界による)
前方利得:7.5dBi(XFdtdを使用)

(a) 5μ秒後

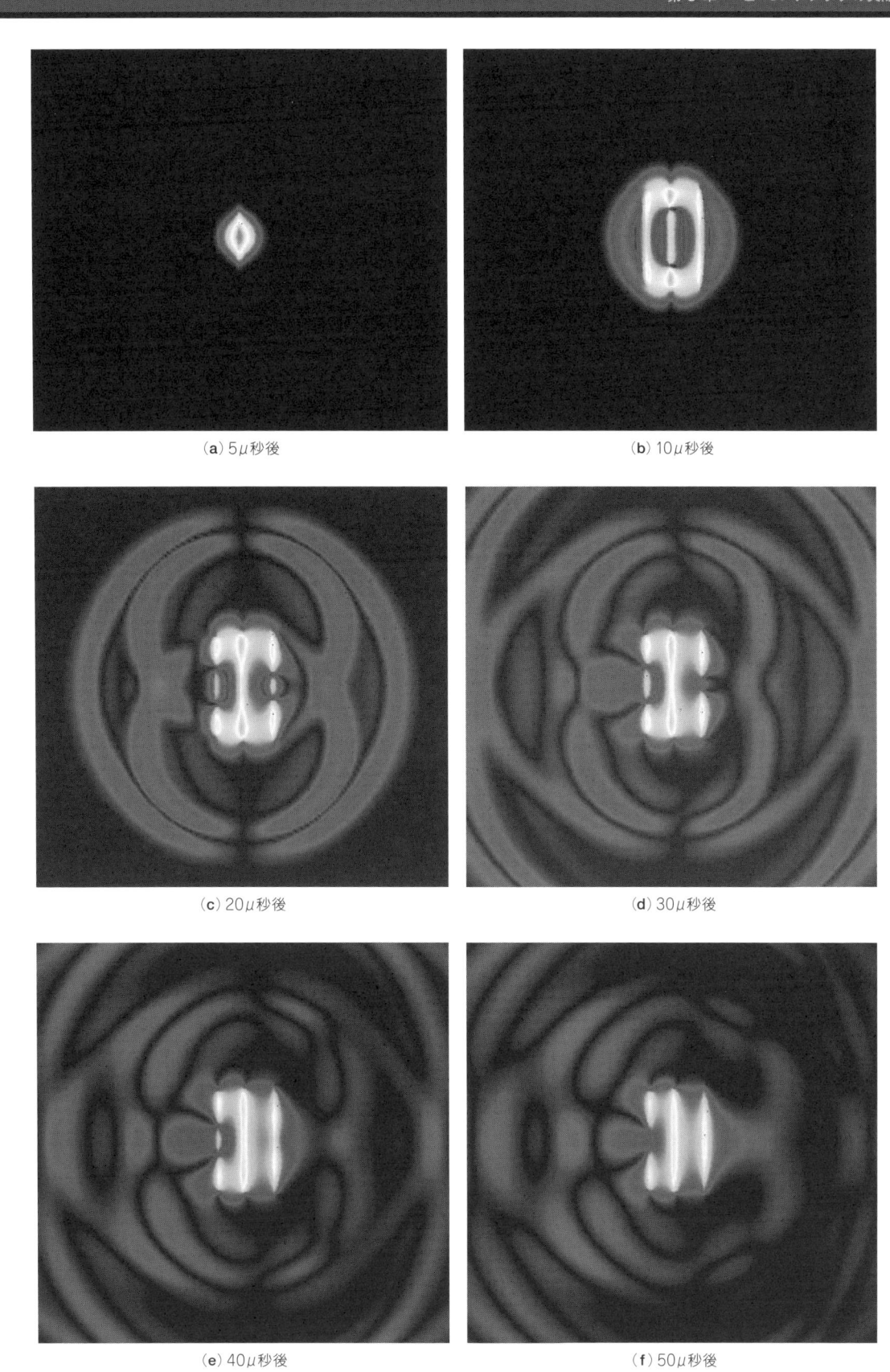

(b) 10μ秒後

(c) 20μ秒後

(d) 30μ秒後

(e) 40μ秒後

(f) 50μ秒後

図3-41 パルス励振後の磁界強度

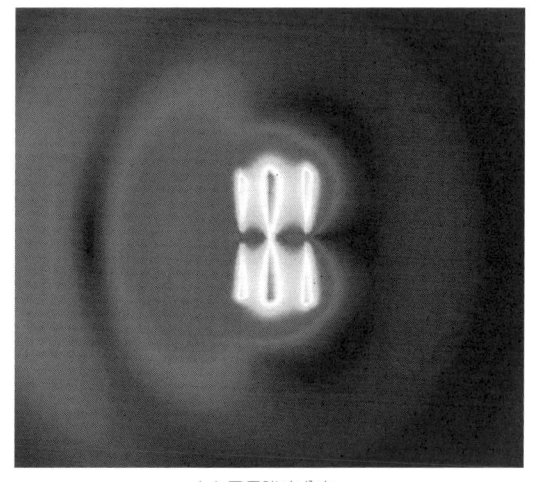

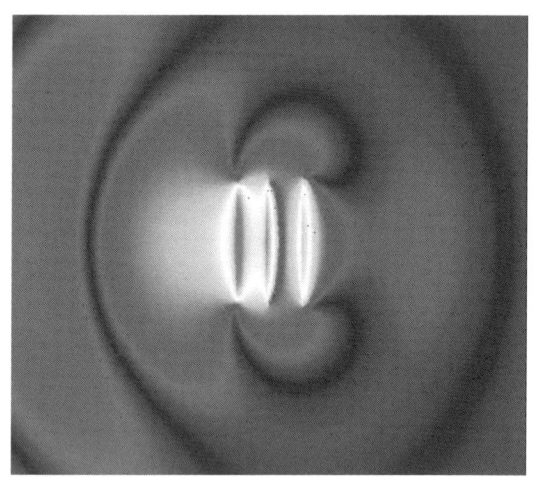

(a) 電界強度分布　　　　　　　　　　　　　　　　(b) 磁界強度分布

図3-42　電界強度と磁界強度の分布
位相角：0°，表示スケール：最小−70dB

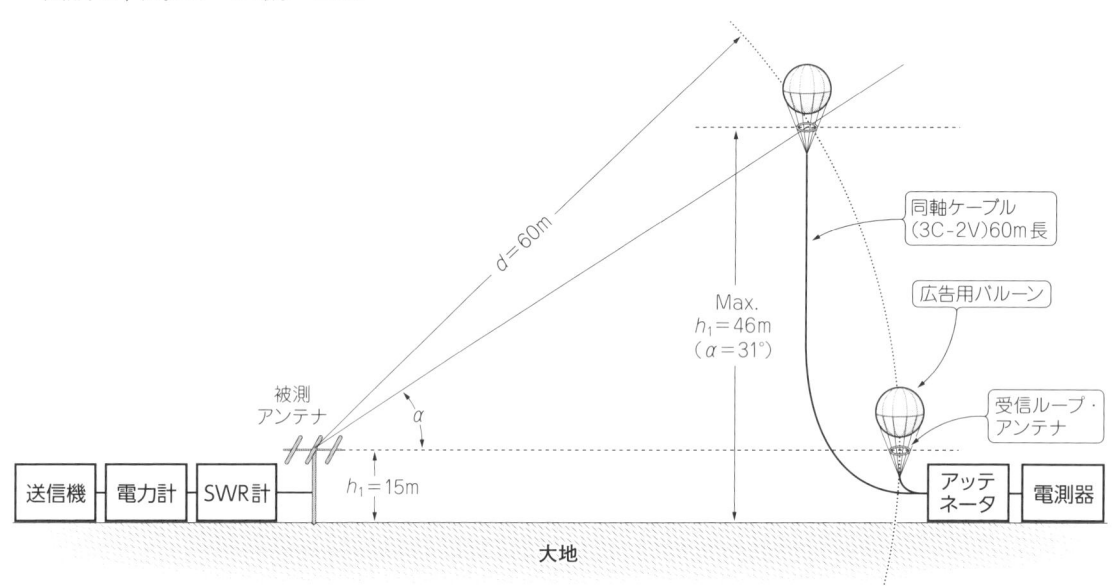

図3-43　フィールドでの指向性測定

また**図3-44**は，14MHz用3エレ・フルサイズYAGIの測定結果で，水平面放射パターンです．利得は約5.5dBと測定されました．メーカー製のトライバンダーの測定結果も発表されているので，**図3-45**で比較してみます．後方のローブ（突き出し部分）がやや大きいので，F/B（前後比）はよく調整されたモノバンダーよりやや劣るようです．

また，**表3-3**はトライバンダーの測定結果ですが，実際の使用感によく合っているように思います．利得（dB表記）は，基準アンテナが$1/2\lambda$ダイポールなので，dBdの意味で使われています．全方向性のアイソトロピック・アンテナを基準にした利得dBi値は，dBd値より2.15dB大きいので，最近のカタログではdBiの表記が多いことにも注意してください．

シミュレータによる最適化にチャレンジ

YAGIアンテナの放射パターンは，各エレメントの長さと間隔で決まります．

マルチバンド・アンテナ製品のエレメント間隔は，一つのバンドに対しては最適ですが，ほかのバンドでは不十分です．どのバンドに最適化しているかは製品によって異なり，一般に軽量タイプでは，ブーム長が十分ではありません．

そこで，市販のままで満足せずに，ブームを長く

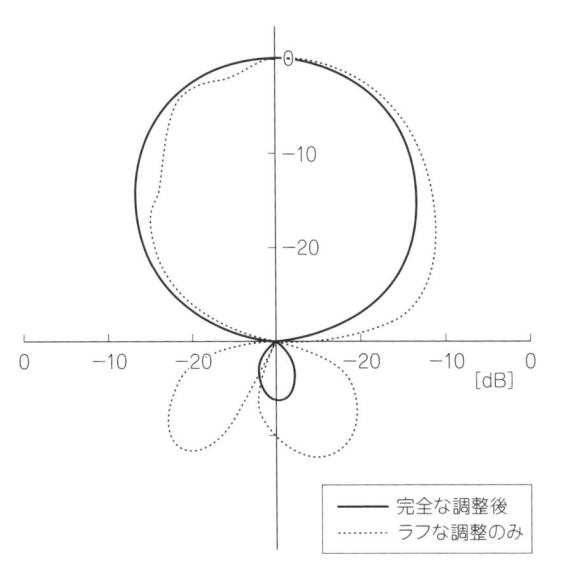

図3-44　14MHz用3エレ・フルサイズYAGI（ブーム長：8m）の水平面パターン

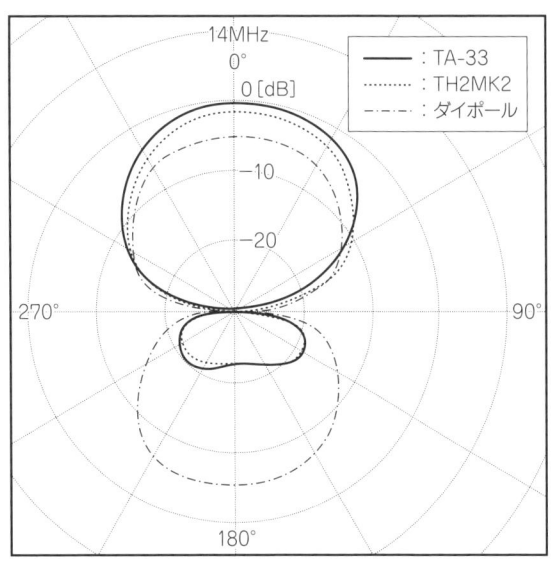

図3-45　メーカー製トライバンダーの水平面パターン

表3-3　メーカー製トライバンダーの実測値

項目＼型名	Mosley TA-33（3エレ）			HyGain TH3-JR（3エレ）			HyGain TH2MK2（2エレ）		
バンド [MHz]	14	21	28	14	21	28	14	21	28
前方利得 [dB]	4.5	4.5	4	4	4	4	3	3	3.5
F/B比 [dB]	20	20	15	19	17	12	21	11	12

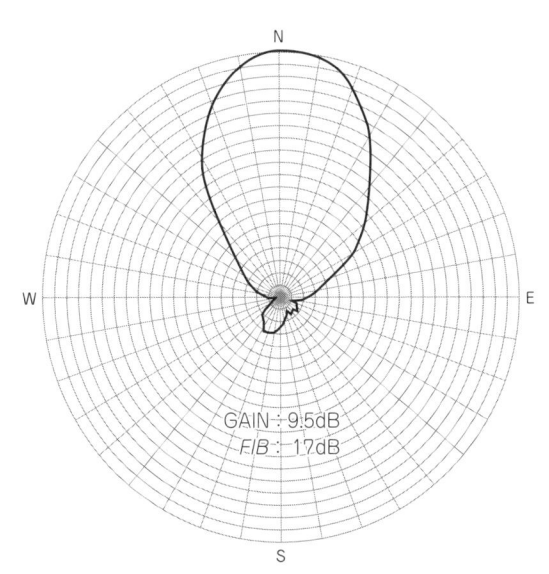

図3-46　21MHz用3エレメントYAGIのMMANA-GALによる3D表示
例えば地上高10m，大地の比誘電率5，導電率5mS/mで，利得：12.5dBi，F/B：18.3dB

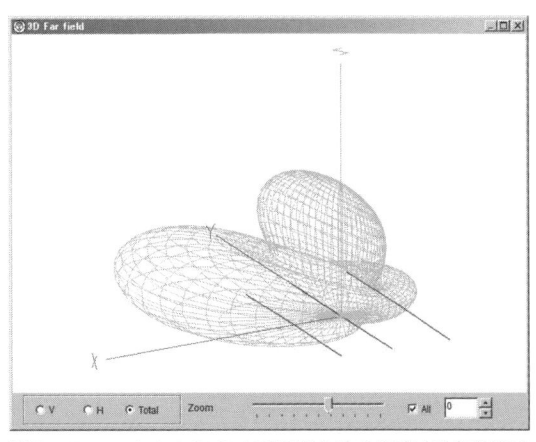

図3-47　4エレYAGIの水平面指向性の測定（測定環境は不明）

したOMもいるでしょう．最適化にはエレメント長も微調整が必要なので，MMANAを使って根気よくシミュレーションしてみる必要があります（**図3-46**）．

4エレメント，5エレメントYAGIアンテナ

図3-47は21MHz用4エレYAGIの測定結果で，利得は9.5dBです．また，**図3-48**（p.66）は5エレの結果で，利得は11dBです（参考文献：飯島 進；「アマチュアの八木アンテナ」，1978年，CQ出版社）．

MMANAに収録されているYAGIアンテナのサ

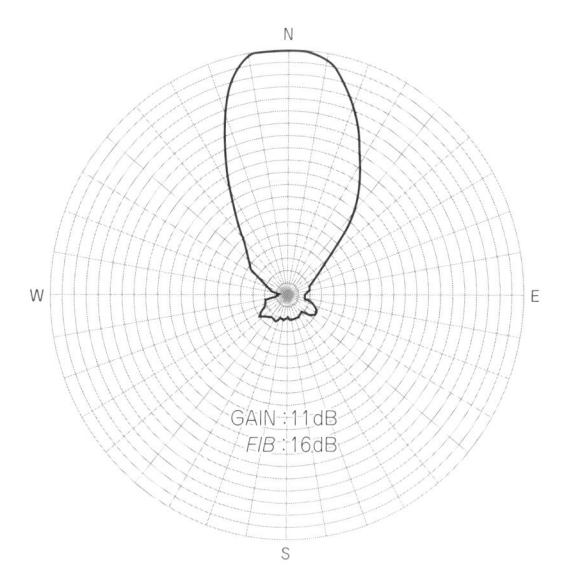

図3-48　5エレYAGIの水平面指向性の測定
（測定環境は不明）

ンプル・モデル（14MHz）は，自由空間の利得が4エレで8.7dBi，5エレで9.6dBiです．大地の反射を含む計算では，地上高20m，大地の比誘電率5，導電率5mS/mと設定すると，4エレの最大利得：13.7dBi，F/B：19.4dB，5エレの最大利得：14.6dBi，F/B：11.4dBです．

4エレメント，5エレメントYAGIの電磁界分布

図3-49は4エレYAGI，図3-50は5エレYAGIに正弦波を加えたときの電界と磁界で，これは定常状態の分布です（電磁界シミュレータXFdtdを使用し，見やすい位相角を選んでいる）．電気を加えてから電圧や電流が落ち着いた状態を定常状態といい，それまでを過渡状態といいます．これらの図から，アンテナから1波長程度離れた場所に電界の環が現れて，それが押し出されていくようすがよくわかります．

放射器は，中央給電の½波長ダイポール・アンテナとして動作しているので，これは共振型のアンテ

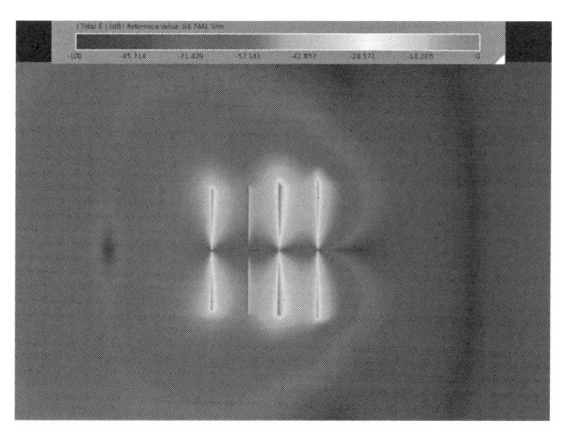

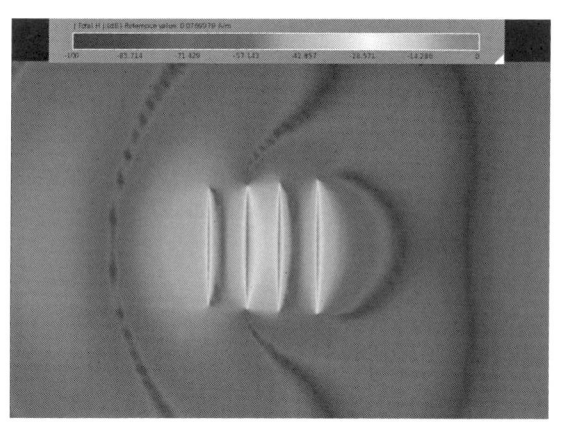

（a）電界強度分布　　　　　　　　　　（b）磁界強度分布

図3-49　4エレYAGIの強度分布（位相角：15°）

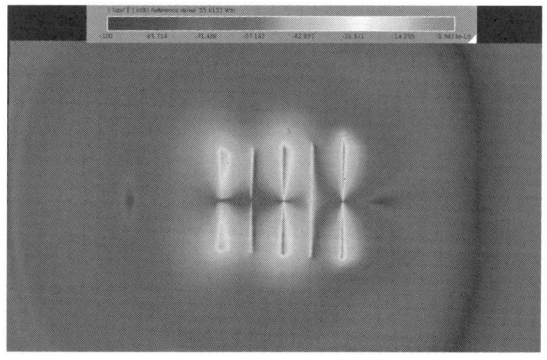

（a）電界強度分布　　　　　　　　　　（b）磁界強度分布

図3-50　5エレYAGIの強度分布

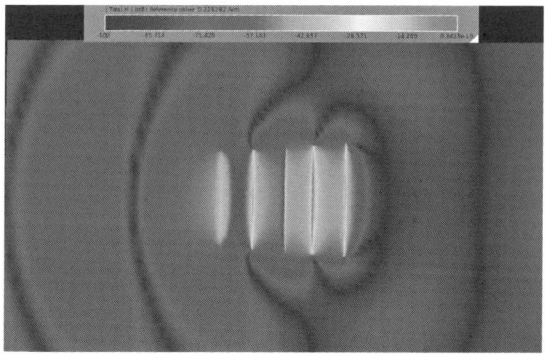

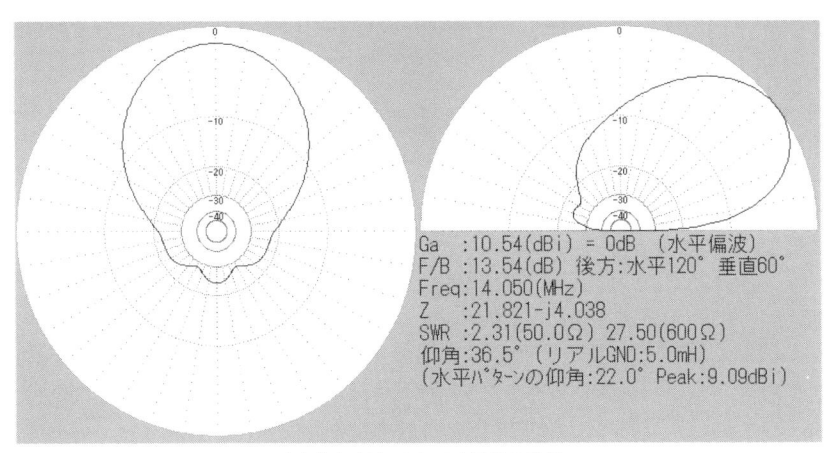

(a) 地上高5mの4エレYAGIの利得

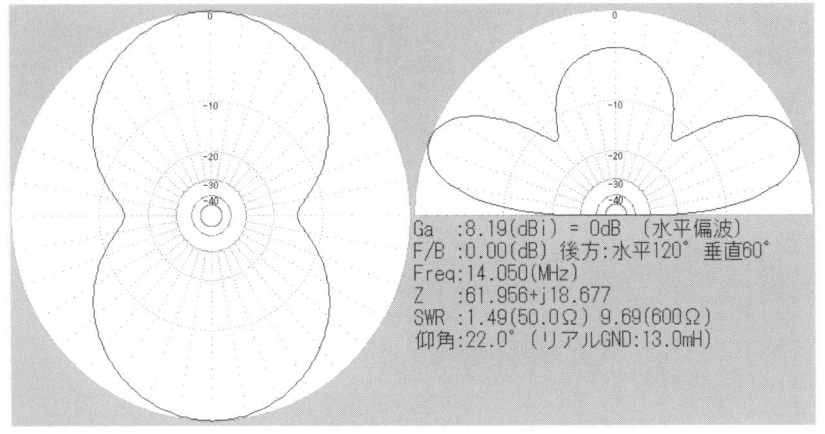

```
Ga   :10.54(dBi) = 0dB   (水平偏波)
F/B  :13.54(dB) 後方:水平120° 垂直60°
Freq :14.050(MHz)
Z    :21.821-j4.038
SWR  :2.31(50.0Ω) 27.50(600Ω)
仰角 :36.5°（リアルGND:5.0mH)
(水平パターンの仰角:22.0° Peak:9.09dBi)
```

(b) 地上高13mのダイポール・アンテナの利得

```
Ga   :8.19(dBi) = 0dB   (水平偏波)
F/B  :0.00(dB) 後方:水平120° 垂直60°
Freq :14.050(MHz)
Z    :61.956+j18.677
SWR  :1.49(50.0Ω) 9.69(600Ω)
仰角 :22.0°（リアルGND:13.0mH)
```

図3-51　4エレYAGIとダイポール・アンテナの比較

ナです．アンテナの近くには電磁エネルギーが蓄積されていますが，エレメントは共振しているので，電界と磁界の位相は90°の差があり，これは共振型アンテナの特徴でもあります．

YAGIアンテナの設置高も重要

アンテナを高く上げられない住環境では，YAGIアンテナの利得でカバーしようと考えるでしょう．YAGIアンテナも，ダイポール・アンテナと同じように，大地の状態や地上高の違いで利得やF/Bが異なります．

図3-51は，MMANAで地上高5m（約¼λ）の14MHz用4エレYAGIと，地上高13mのダイポール・アンテナの利得を比較しています（大地の比誘電率5，導電率5mS/m）．

4エレYAGIは，最大利得が仰角36.5°で10.5dBi，ダイポール・アンテナは22°で8.2dBiです．DXには低い打ち上げ角が有利ですが，4エレYAGIは，仰角22°では9.1dBiに低下してしまいます．地上高がとれないと，DXに対する利得がダイポール並ということもあるので，注意が必要です．

せっかくのビーム・アンテナですから，高利得を十分活かすために，波長程度は高く上げたいところでしょう．

Chapter 4

市販のビーム・アンテナ その1（フルサイズ編）

市販のビーム・アンテナで満足できるのは，何といってもフルサイズのエレメントでしょう．寸法は理論的な計算結果とよく合いますが，最も大きなアンテナともいえるので，HF帯では広い空間が必要です．3.5/3.8MHzのフルサイズ多エレメントYAGIも見かけるようになり，ハムのビーム・アンテナ熱も極まれりといえそうです．

クリエート・デザイン 4エレメント 18MHz YAGIアンテナ

4-1 YAGIアンテナ

モノバンドYAGI

第3章で調べたように，多エレメントのYAGIは，最大の利得を実現するために，細かい最適化の作業が必要です．市販のアンテナは，十分時間をかけて最適化を行って製品にしているので，設置しただけでカタログの性能は期待できます．

ここで注意が必要なのは，カタログの仕様が測定値なのか，あるいはシミュレーションの結果なのかをはっきりさせることです．

市販のビーム・アンテナでわかりやすいのは，フルサイズのモノバンドYAGIの利得でしょう．Innov Antennas製3エレメント28MHz OP-DES Yagi（写真4-1）のWebカタログの一部には，次のような記述があります．

> **Performance**
> Gain：7.47dBi@28.500MHz
> F/B：13.44dB@28.500MHz
> Peak Gain：7.50dBi
> Gain at 10m above Ground：12.64dBi
> Peak F/B：14.23dB
> Power Rating：5kw
> SWR：Below 1.3：1
>   from 28.000MHz to 28.800MHz

写真4-1 InnovAntennas 3エレメント28MHz OP-DES Yagi
放射器のエレメントが直角に曲がっている

Gainなどの数値が小数点以下第2位まであって，いかにも精度が高そうです．しかし，測定環境は明記されていないので，実測値ではないことがわかります．

Webの資料として図4-1のような画面が表示されるので，これは，右上に示されているEZNEC

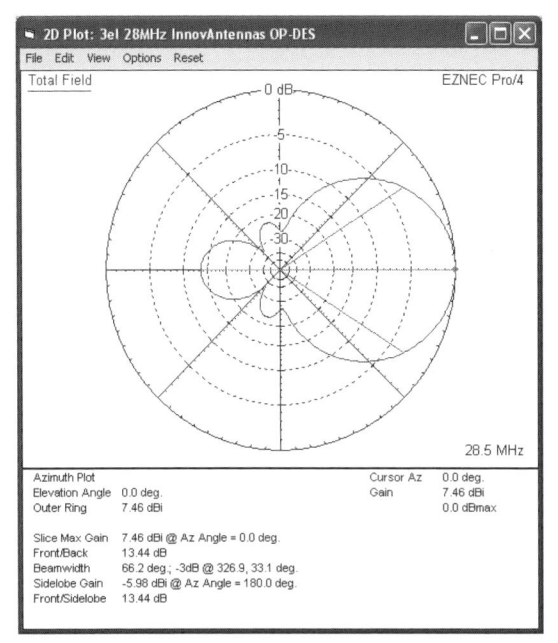

図4-1 シミュレーション結果のAzimuth Plot

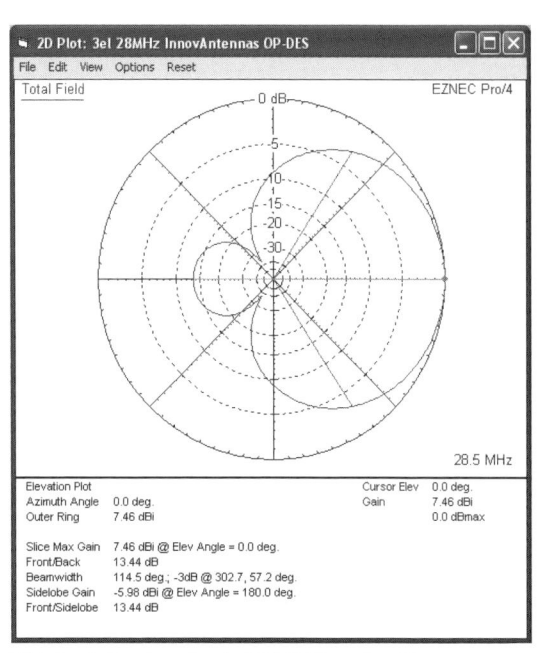

図4-2 シミュレーション結果のElevation Plot

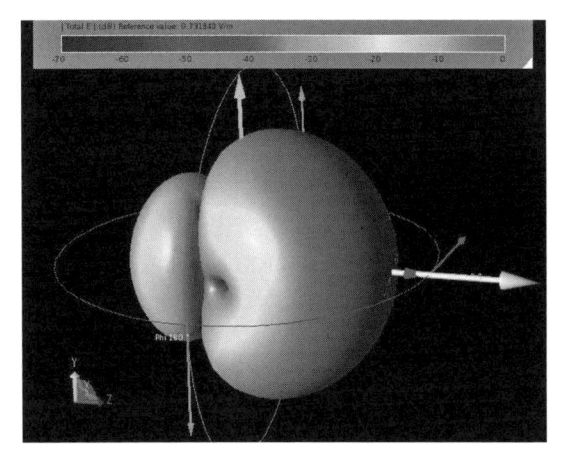

図4-3 別のシミュレータ（XFdtd）によるシミュレーション結果

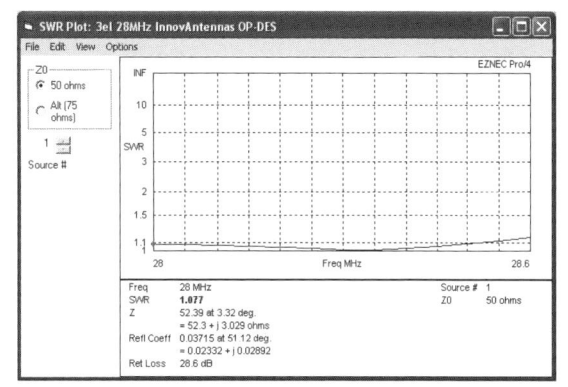

図4-4 3エレメント 28MHz OP-DES YagiのSWRカーブ

Pro/4という電磁界シミュレータの結果であることがわかります．

また，**図4-1**の放射パターンは，左上にTotal Fieldと表示されていますから，放射電磁界の垂直成分と水平成分を合成したプロットであることがわかります．

Azimuth Plotとあるのは，アンテナの指向方向を方位角方向に変化させたときのプロットです．Elevation Angleは0.0deg（°）とあるので，これは自由空間における水平面上のグラフ表示であることがわかります．また，**図4-2**はElevation Plotとあり，これはアンテナの中央を通る垂直面上のプロットです．

これらの2次元（平面）画像から立体的な絵はイメージしづらいかもしれませんが，慣れてくると**図4-3**のように想像できるようになるでしょう．

図4-4は，このアンテナのSWRカーブで，広帯域にわたって良好な値です．これもシミュレーション結果ですが，SWRは測定できるので実測値を知りたいところです．

なぜ折り曲げエレメントなのか？

ところで，**写真4-1**を見ると，放射器の両端がL

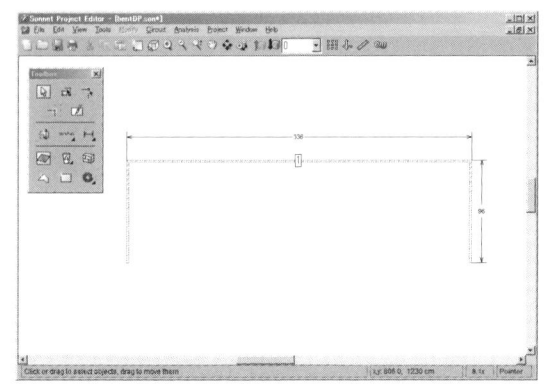

図4-5 折り曲げたダイポール・アンテナの電磁界シミュレーション・モデル
電磁界シミュレータSonnetを使用

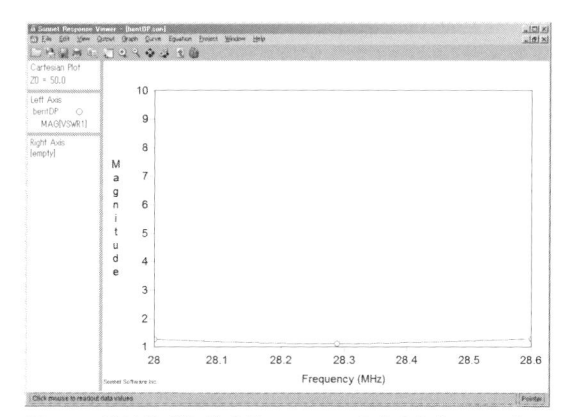

図4-6 折り曲げたダイポール・アンテナのシミュレーションによるSWRカーブ
図4-4に近い

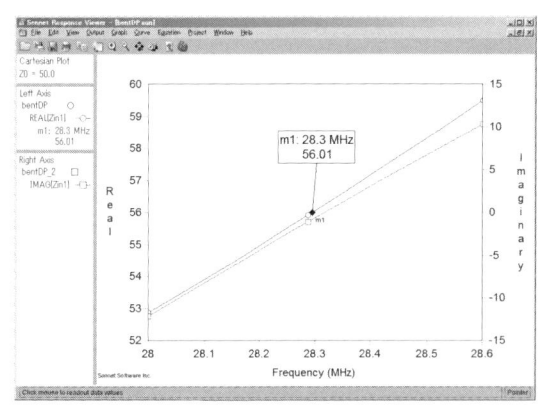

図4-7 折り曲げたダイポール・アンテナの入力インピーダンス

字形に曲がっていることに気づくでしょう．これは，真っ直ぐな$1/2\lambda$ダイポール・アンテナの入力インピーダンスは約73Ωなので，折り曲げることで50Ωに近づけているからだと思われます．

図4-5は，折り曲げたダイポール・アンテナの電磁界シミュレーション・モデルです．また，**図4-6**は，そのSWRの結果で，**図4-4**のように広帯域になっています．

図4-7は入力インピーダンスのグラフです．R（図ではReal）は，真っ直ぐな$1/2\lambda$ダイポール・アンテナの73Ωが，折り曲げると50Ωに近くなっていることがわかります．このエレメントを自作する場合は，**写真4-1**（p.68）のようにコの字を水平面で曲げるのではなく，**写真4-2**のように垂直面で曲げたほうが強度的には有利でしょう．

このエレメントだけに注目すれば，むしろ第5章のコンパクト編で解説するのがふさわしいのですが，ここでは入力インピーダンスを50Ωに近づけるための方策として取り上げています．

大地による反射の影響

図4-8は，大地による反射を含んだ結果で，Elevation Plotです．利得最大の仰角は14°で，利得は12.64dBiですが，**図4-1**（p.69）や**図4-2**に示す自由空間における値7.46dBiより大きな値です．

アンテナは地上高10m（約1λ）なので，大地から1波長ほど離すと，合成された放射波が最大になる

写真4-2
InnovAntennas 15m/10m/6m
three band DESpole

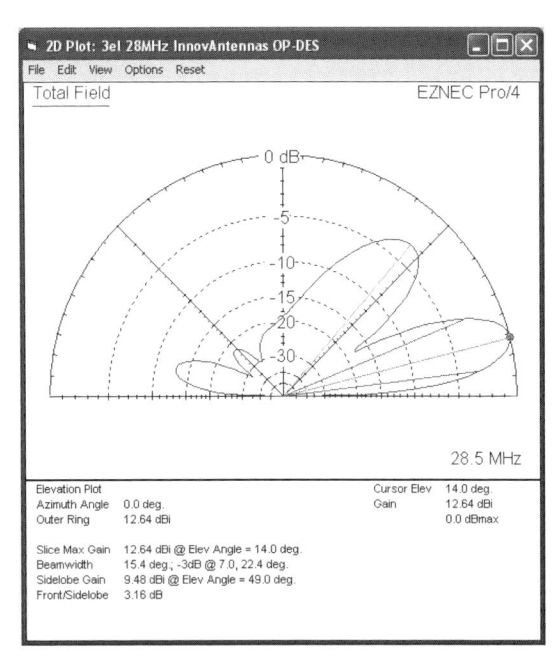

図4-8 大地による反射を含んだ結果で，Elevation Plot ①
地上高：10m，利得：12.64dBi

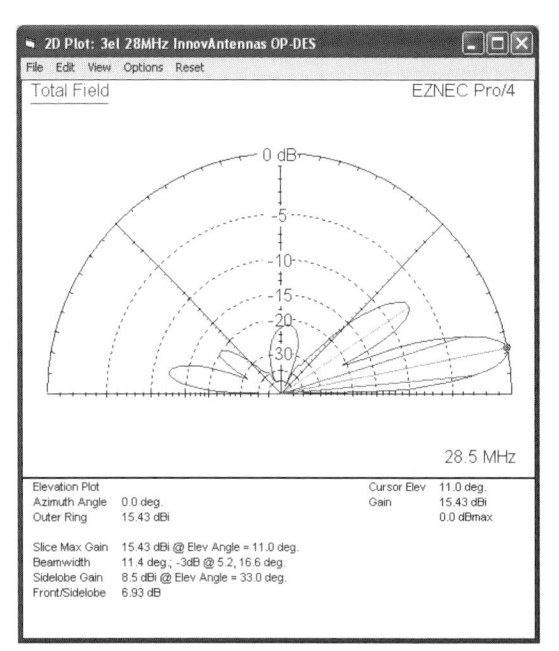

図4-9 大地による反射を含んだ結果で，Elevation Plot ②
地上高10mのアンテナの上6mに，さらに同じアンテナをスタック．利得：15.43dBi

仰角は14°と，DX QSOに有利になります．

例えば理想的な大地にあるダイポール・アンテナは，自由空間にあるものよりは下半分が足されて，3dB利得があります．また両脇がくびれて，そのぶんが前後に出るので，これによりほぼ3dBの増加となり，合計で最大6dBの増加になると考えられます．

図4-9は，10m高のアンテナの上6mに，さらに同じアンテナをスタックしたときのシミュレーション結果です．利得は15.43dBiとなってさらにアップされますが，12.64dBiからは3dB弱の差ですから，費用対効果は低いでしょう．しかし，仰角は14°から11°に低くなるので，DX QSOに向いているか，評価が分かれるところでしょう．

W1JRアンテナ

W1JRアンテナは，3エレメントYAGIの放射器の前方に，もう1本接近して配置して利得を上げ，さらに広帯域の特性に設計したFBなアンテナです．

図4-10（p.72）は，14MHz用のW1JRアンテナの寸法で，2種類のブーム長のデータです．また写真4-3は，JA1BRK 米村OM製作のW1JRアンテナです．W1JRアンテナの寸法は，コンピュータのシミュレーションで最適化されています．図4-10の寸法を使い，MMANAで実行してみました．

図4-11（p.72）は自由空間における放射パターン

で，左は水平面上のプロットです．また，同図の右はElevation Plot（垂直断面上）です．これらは，公表されている図に示された値とよく一致しています．

ここで注目すべきは，アンテナの入力インピーダンスです．図4-11（p.72）の右下に示されているように，14.175MHzにおいてRは約58Ω，Xはほぼゼロです．

これは，接近しているエレメントや，導波器，反射器の長さを調整することで得られた結果です．シ

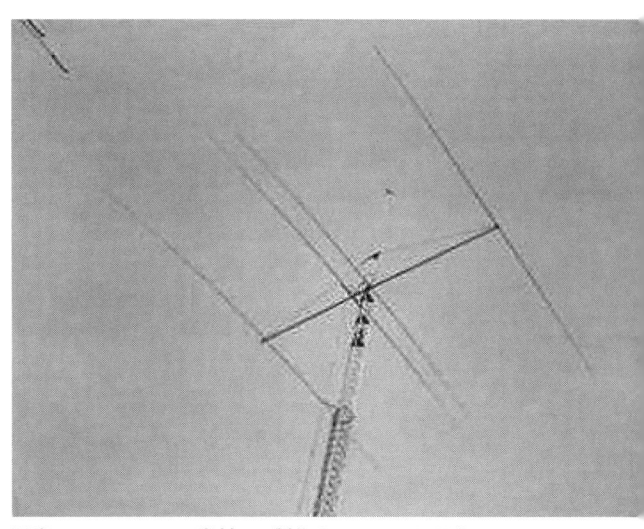

写真4-3 JA1BRK 米村OM製作のW1JRアンテナ（14MHz用）

図4-10
14MHz用のW1JRアンテナの寸法

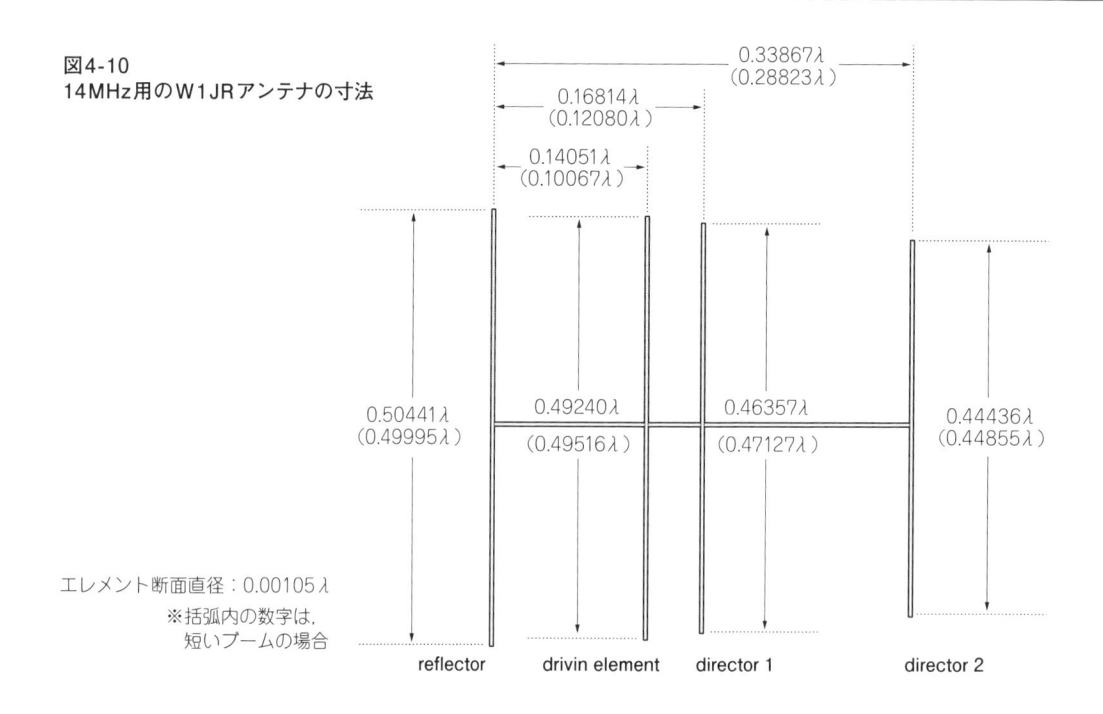

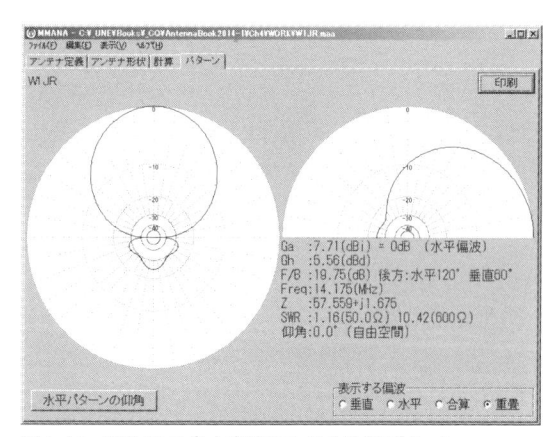

エレメント断面直径：0.00105λ
※括弧内の数字は，短いブームの場合

reflector　drivin element　director 1　director 2

図4-11　W1JRの自由空間における放射パターン
MMANAによるシミュレーション結果

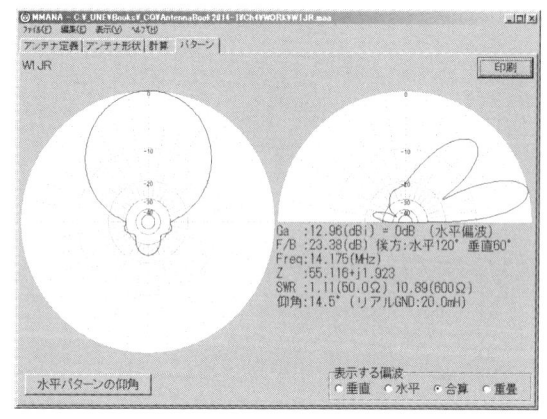

図4-12　地上高20m設置のW1JRの放射パターン

ミュレーション・プログラムを使えるようになったからこそ発見できたアイデアでしょう．

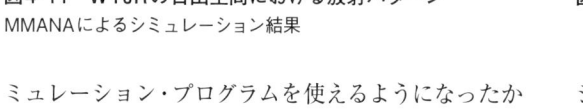

　一般にYAGIアンテナの給電には，ガンマ・マッチングなどの整合回路が必要になりますが，インピーダンス変換には損失があります．直接給電できれば給電ロスはなく，InnovAntennasと同じように，このアイデアは「シンプル・イズ・ベスト」という設計に基づいていると思います．特にHF帯のYAGIアンテナは，長い間常設して使うので，給電部分の構造はメインテナンス・フリーが理想的なのです．

　さて，実際には設置高と大地の状態によって利得や仰角が決まるわけですが，ここでは第3章でも用いた，大地の比誘電率15，導電率5mS/mを使って

シミュレーションしてみました．

　図4-12は，地上高20m（約1λ）の結果です．利得は7.71dBiから12.96dBiに向上しています．また，仰角は14.5°なので，DX QSOに向いていることがわかりました．前項のInnovAntennas製3エレメントは，地上高約1λで12.64dBiですから，コの字部分が堅牢であれば，給電点を50Ωにする技法としては，1エレメント少ないぶん，こちらに軍配が上がりそうです．

　14MHz用で同じ構造の3エレメント製品がないのは残念です．そこで自作したくなりますが，コの字形の放射器は，**写真4-2**（p.70）のように垂直面で曲げたほうがFBでしょう．

4-2 クワッド・アンテナ

安価なキット

　クワッド・アンテナは，古くからキットが販売されています．グラスファイバ・ポールや，クロス・マウントは手に入りづらいので，一式でそろうのは助かります．

　写真4-4は，第2章の**図2-3**（1975年の広告）で紹介したCUBEX社のキットを組み立てた例です．

　これはMKシリーズで，1970年代のSkymasterは現在でも販売されており，40年以上のロングラン製品です．1975年の広告では2エレメントSkymasterが99.95ドルでしたが，現在は428ドルで販売されています．

　他社製品に比べて安価なキットですが，CUBEX社のWebサイトには，なんとIce storm（凍った雨を伴う暴風）で無残な姿になったユーザー・レポートも正直に（？）載っています．

　この例でもわかるように，強風や積雪の被害を受けるロケーションでは，グラスファイバ・ポールの強度が重要な要素だと思います．市販品は，強度に関する情報も詳しく公表してもらいたいものです．

デルタ・ループ

　図4-13は，ワールド・ループ社が販売していた，ユニークなデルタ・ループ・アンテナです．

　クワッド・アンテナは，一般にエレメントの全長を約1λで動作させるので，多バンドにするためには，前項の正方形エレメントのように，入れ子構造にするアイデアが浮かぶかもしれません．

　しかし，すぐにわかるように，それではデルタ・ループのV字のグラスファイバ・ポールの数が増えてしまいます．そこで**図4-13**のデルタ・ループは，給電線に平行2線を用いて，専用のアンテナ・カプラ（整合回路）で多バンドの波を乗せてしまおうという，巧みなアイデアなのです．

多バンド化の技法

　図4-14（p.74）は，ワールド・ループ社の資料からの抜粋です．アンテナは平衡型ケーブルで給電して，室内にはバランとアンテナ・カプラ（ATU）を通してトランシーバに至ります．

　表4-1（p.74）は，販売当時に公表されていたワールド・ループ社デルタ・ループ・アンテナの仕様一覧です．超大型，大型，中型では，ループ系と八木系の周波数が書かれています．これは，**図4-14**でもわかるように，エレメントの上部から平行線が伸びており，その先端にあるリレーによって，ショートしたときにループ系，オープンにしたときに八木系として動作するようになっています．

2エレメントでビームを得る

　図4-15（p.75）は，もう一つのデルタ・ループを，

写真4-4　CUBEX社のキットMKシリーズ

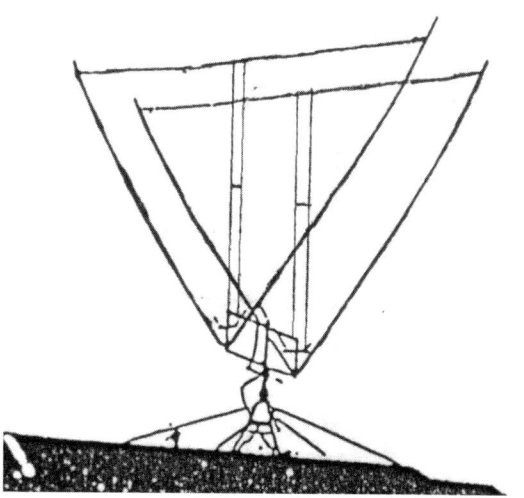

図4-13　ワールド・ループ社が販売していたユニークなデルタ・ループ

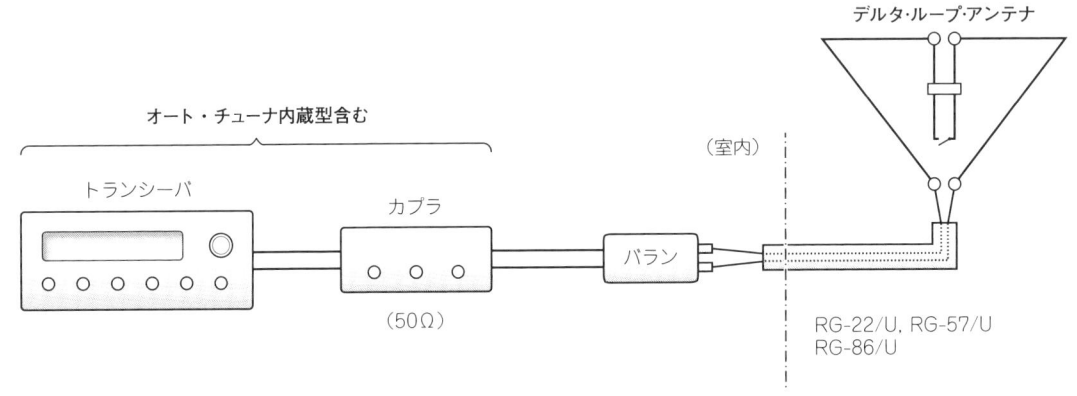

図4-14 平衡型ケーブルで給電する例

導波器または反射器として2エレメント化した例です。また図4-16は、やはり給電ケーブルが1本の例で、両エレメントを位相差ケーブルでつなげて、HB9CVのようにビームを得るというアイデアです。

給電ケーブルが2本の場合

図4-17は、給電ケーブルを2本使って、手元に置いた位相調整器（図4-18）で位相差給電を実現する

表4-1 デルタ・ループ・アンテナの仕様

型式	超大型 DL-107	超大型 DL-207E	大型 DL-114	大型 DL-214	大型 DL-314	大型 DL-314E	大型 DL-414E	中型 DL-221	中型 DL-321	中型 DL-421E	小型 DL-228	小型 DL-328	小型 DL-428
周波数[MHz]	\multicolumn{9}{c}{ループ系≒7/14/21/28MHz, 八木系≒3.5/3.8/10/18/24MHz}									14/21MHzおよび7/18/28MHz		
エレメント数	1	2	1	2	3	3	4	2	3	4	2	3	4
エレメント長	\multicolumn{9}{c}{約42m（基本周波数：ループ系…7MHz, 八木系…3.5MHz）}									約21m（変更可能）		
利得[Max]	3.5dB	9.0dB	3.5dB	9.0dB	11.0dB	11.0dB	12.5dB	8.5dB	10.5dB	12.0dB	7.5dB	9.5dB	10.5dB
F/B比[Max]	—	20dB	—	20dB	25dB	25dB	30dB	20dB	25dB	30dB	20dB	25dB	30dB
耐入力	\multicolumn{9}{c}{3kW}									1kW		
給電方式	\multicolumn{12}{c}{平衡2線式バランス給電}											
SWR	\multicolumn{12}{c}{SWR=1.0（オート・チューナまたはカプラ使用）}											
回転半径[m]	5.4	6.0	4.0	4.2	4.5	5.0	5.0	3.0	3.4	4.4	1.9	2.2	2.6
ブーム長[m]	—	5.0〜0.4	—	2.7	4.0	Max 6.0〜Min 0.4		2.7	4.0	7.0〜0.4	2.0	3.0	4.0
ブーム長可変セット	なし	装備	なし			装備		なし		装備	なし		
風速	\multicolumn{12}{c}{45m/s}											
受風面積[m²]	0.75	2.25	0.47	1.02	1.61	2.24	2.60	0.68	1.10	1.97	0.36	0.53	0.75
重量[kg]	16	55	10	19	31	46	55	12	20	44	8.0	12	17
エレメント	\multicolumn{9}{c}{3辺とも：2.0mm軟銅線}									上辺のみ：2.0mm軟銅線		
ロッド材質	\multicolumn{9}{c}{両辺：グラスファイバ・ロッド}									両辺：アルミ・パイプ		

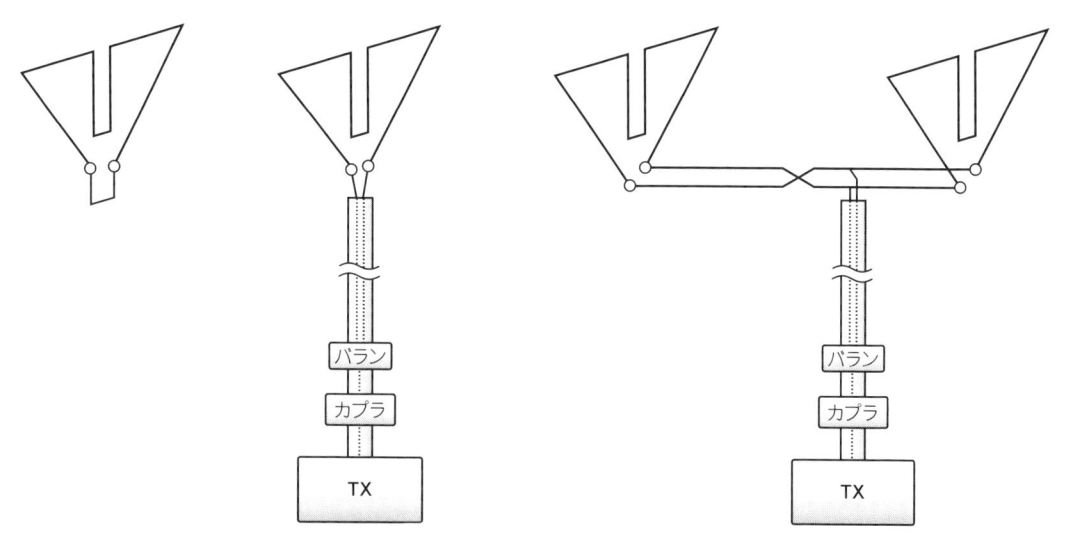

図4-15　もう一つのデルタ・ループを導波器または反射器として2エレメント化した例

図4-16　両エレメントを位相差ケーブルでつなげてHB9CVのようにビームを得る例

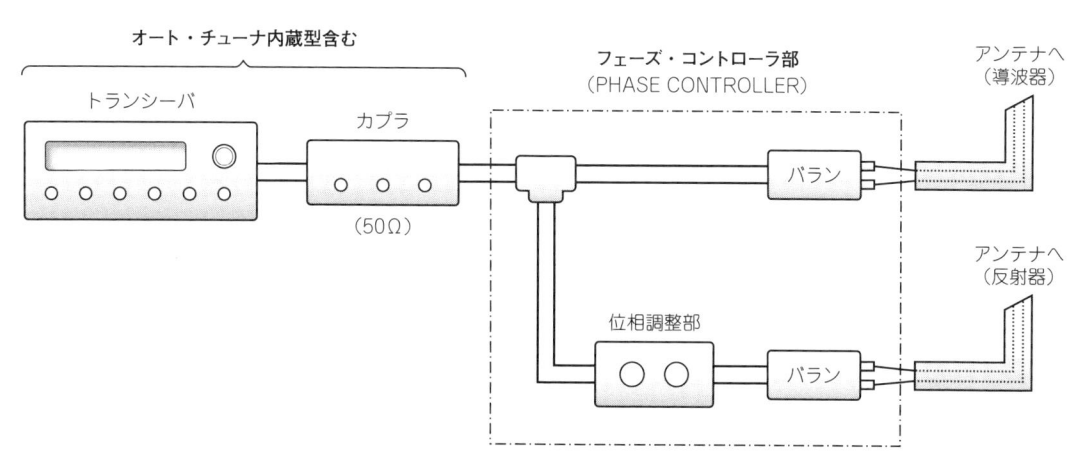

図4-17　給電ケーブルを2本使い，位相調整器で位相差給電する方法

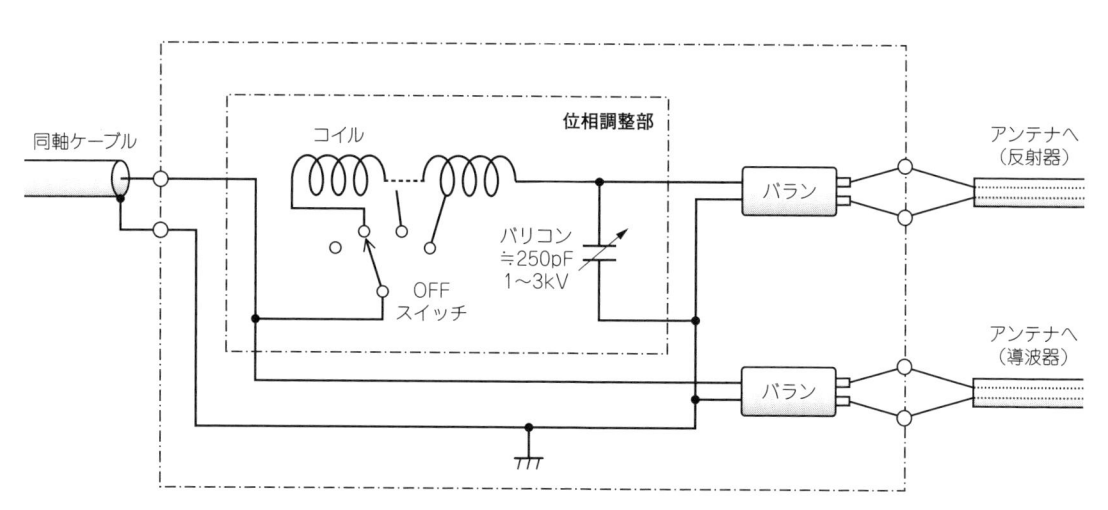

図4-18　位相調整器（フェーズ・コントローラ）の回路

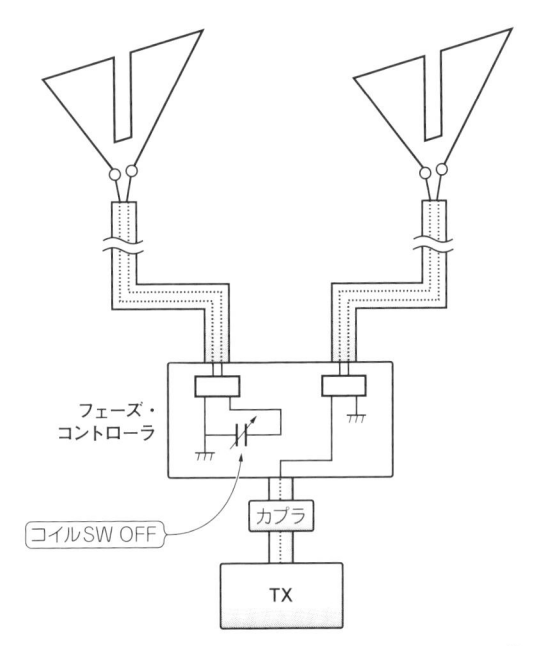

図4-19　片側を導波器または反射器として2エレメント化した例

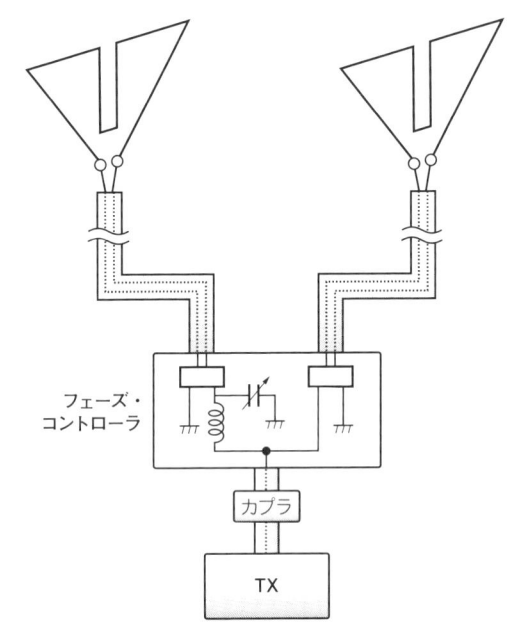

図4-20　フェーズ・コントローラで位相差をつけて，HB9CVのようにビームを得る例

という方法です．これは，第2章や第3章でも述べたとおり，バンドを切り替えたときに，それぞれ理想の位相差を調整できるので，最も確実にビームを得る方法なのです．

給電ケーブルを2本使う場合も，1本のときと同じように，2種類の方法があります．図4-19は，片側を導波器または反射器として2エレメント化した例です．

給電しないほうをパラスティック・エレメントとも呼び，パラスティック（parastic）とは寄生という意味があります．放射器からの電力の一部を吸い取るということから名づけられたようですが，ほとんどのエネルギーは再放射（二次放射）されるのですから，これはいわれなき命名（？）なのかもしれません．

本項で述べた製品（キット）はすでに手に入らないので，自作するための資料として供しました．RG-22やRG-86などの平衡型ケーブルも入手が困難なので，200Ωのフィーダ線（大雄電線，取り扱い：オヤイデ電気）などを代用するとよいでしょう．

このとき，アンテナ・エレメントを見込んだ入力インピーダンスを測定して，それに近いものを選ぶわけですが，エレメントの寸法によっては，インピーダンス変換器が必要になります．

また，大胆な発想（？）としては，フィーダ線（例えばMFJ MFJ-18H100 450Ω）とエレメントを直結して，フェーズ・コントローラの直前にインピーダンス変換器を付ける方法も考えられるでしょう．

その場合，フィーダ線とエレメントは整合がとれておらず，電磁界はフィーダ線の一部を頼りに広く分布して，放射に寄与することになります．

エレメント数と利得

HF帯のクワッド・アンテナは，寸法の関係から，4～5エレメントまでが現実的でしょう．製品としては，**写真4-5**のパーフェクト・クワッド社製7エレメントがあります．また50MHz用では，**写真4-6**の9エレメントなどもあります．

筆者はアパマン・ハムなので，ベランダでは430MHz帯25エレメントのクワッド・アンテナを使ったことがあります．エレメントの全長はほぼ1λですが，円形なので，クワッドというよりも多エレメントの円形ループ・アンテナです．これは古い製品で，**図4-21**はその組み立て図です．**図4-22**（p.78）に示すように利得が20dB以上とのことで，ベランダに小型ローテーターを付けて使っていました．

この製品はビーム・パターンが公表されていませんでしたが，友人とのQSOで確かめると，方向がわずかにずれただけでSが急激に落ちることで，そのシャープな特性は十分実感できました．

現在は，ベランダで1200MHz帯の9エレメント

第4章　市販のビーム・アンテナ その1（フルサイズ編）

写真4-5　パーフェクト・クワッド社製PQ320 14/18/21/24/28MHzの5バンド7エレメント

写真4-6　パーフェクト・クワッド社製50MHz 9エレメント（JH1LSJ局）

(a) 各エレメントの配置

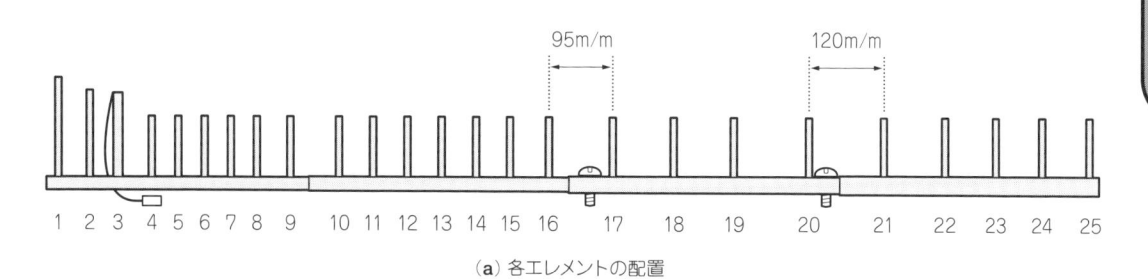

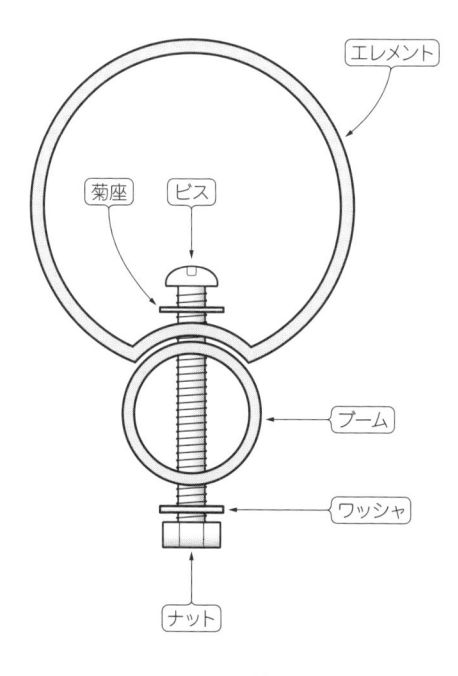

(b) エレメント取り付け

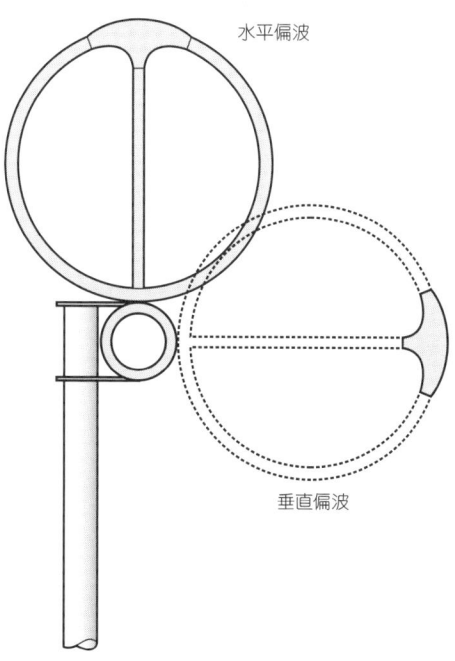

(c) 水平偏波と垂直偏波の設置法

図4-21　430MHz帯25エレメント・ループ・アンテナの組み立て図例（テレワンド製）

77

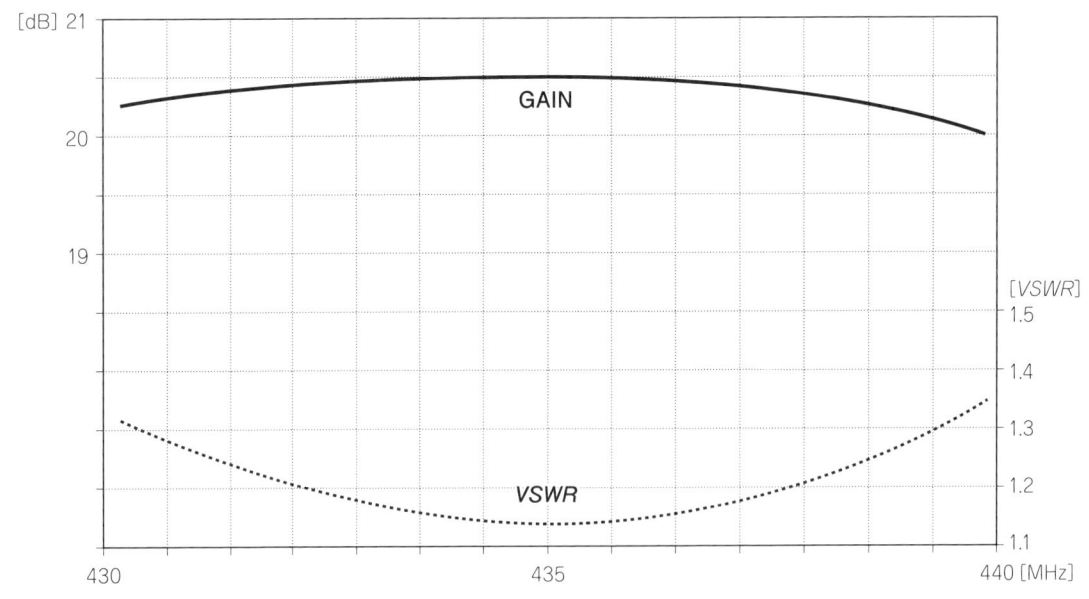

図4-22　430MHz帯25エレメント・ループ・アンテナの特性
利得（GAIN）とVSWR

YAGIを使っています．**図4-23**はその外観図です．この寸法になると電波暗室での測定は楽なので，指向性のパターンも公表されています．電波暗室で測定された結果とは明記されていませんが，カタログにある利得は15.1dBiです．**図4-24**にはE面指向性と書かれており，E面とは電界面のことです．

一般に，E面は大地に対して垂直な面上で指向性を描くときに使われるようで，これに対してH面（磁界面）は，大地に水平な面上での指向性をいいます．大地が理想的な無損失導体であると仮定すれば，電界（電気力線）は導体面に対して垂直で，磁界（磁力線）は導体面に平行に分布します．

アンテナの種類は異なりますが，多エレメントのクワッド・アンテナやYAGIアンテナの利得は，第3

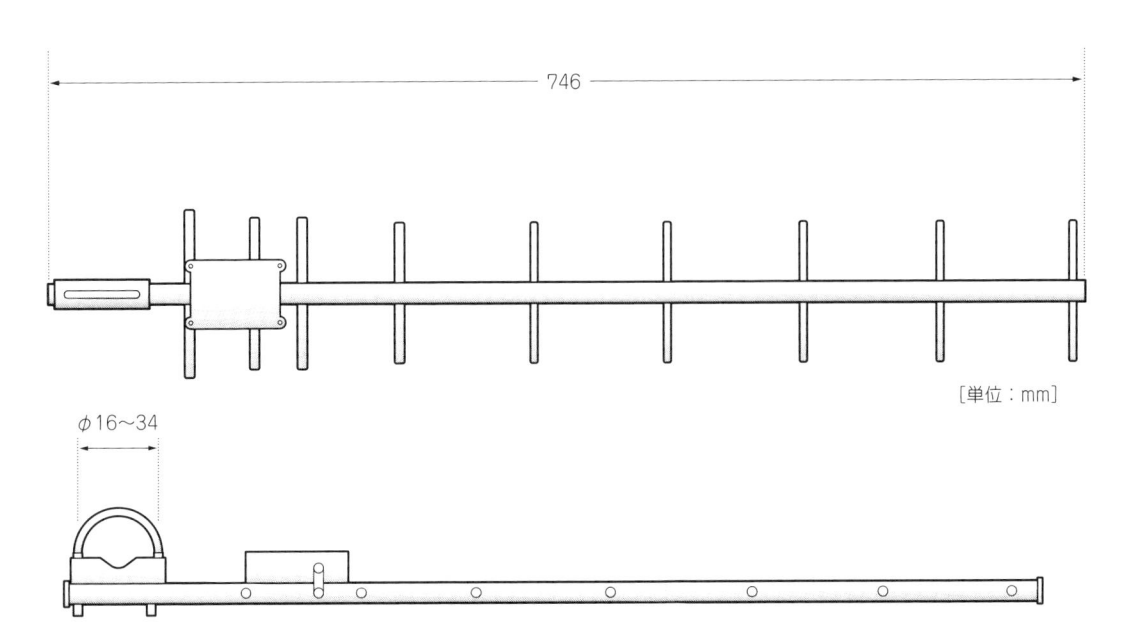

図4-23　1200MHz帯9エレメント・YAGIの外観図（NATEC製 NY1200X9）

章の図3-39（p.62）のプロットに示した傾向があります．図4-25に再録しますが，これは測定値ではなく，エレメント間隔を0.2λ均一として導波器を加えていった場合の，自由空間における計算値です．

そこで，エレメント数に応じた利得値を読んでも，すべての多エレメント・アンテナで一致するわけではないのですが，目安としては有用なグラフでしょう．点線をそのまま伸ばして考えると，25エレメントのクワッド・アンテナで20dB以上が得られるのか，きちんと測定してみたくなります．

いずれにせよこの図は，使用するバンドに応じた「経済的なエレメント数」を判断する，良い指標になると思います．

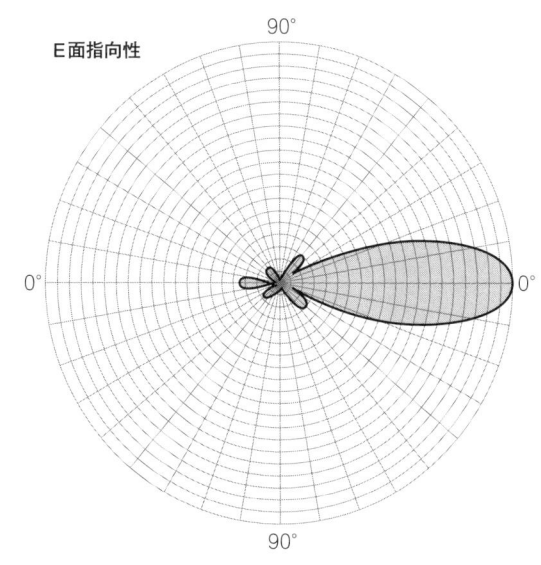

図4-24 NATEC製 NY1200X9の指向性パターン（同社提供の資料より）

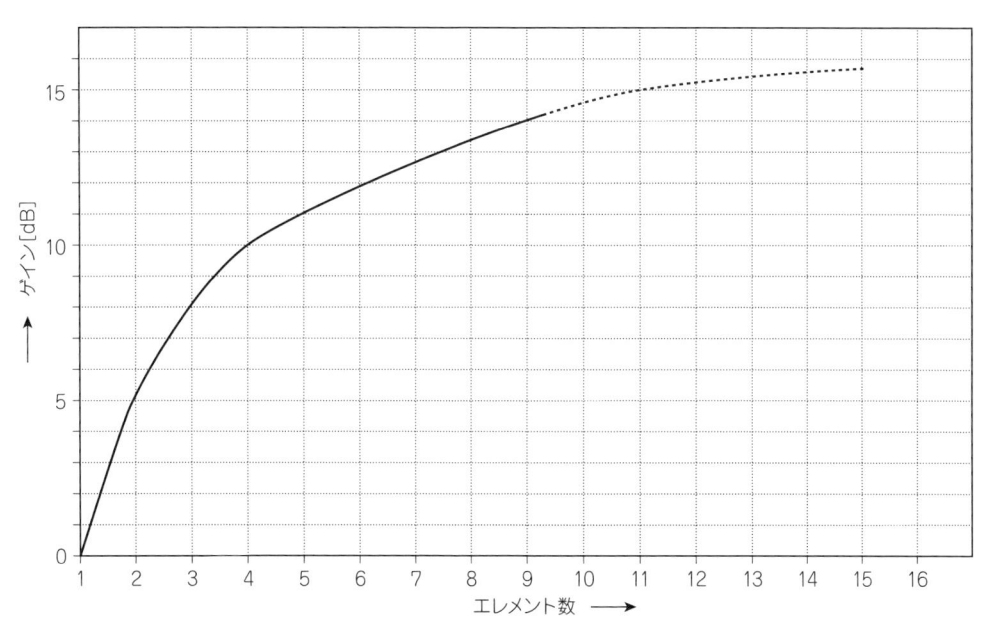

図4-25 YAGIアンテナのエレメント数と利得の関係
エレメント間隔を0.2λ均一として導波器を加えていった場合

Chapter 5 章 市販のビーム・アンテナ その2（コンパクト編）

HF帯用のビーム・アンテナは，どうしても広い設置スペースが必要です．そこで，前方利得はある程度犠牲にしても，F/Bが得られるコンパクト・ビーム・アンテナが数多く設計されています．エレメントの形状を工夫すれば専有面積を小さくできますが，エレメント同士が接近することによる悪影響も克服しなければなりません．

GW4MBNによる20m用垂直Moxonアンテナ
Moxonアンテナ・プロジェクトのWebサイト
（**http://www.moxonantennaproject.com/**）より

5-1　折り曲げビーム・アンテナ

Σビーム・アンテナ

省スペース化のために，エレメントを折り曲げる技法があります．本項ではその仲間といえるビーム・アンテナを順に紹介します．

少し自慢話のようになりますが，**写真5-1**は筆者（JG1UNE）が考案したΣ（シグマ）ビーム・アンテナです．1978年ごろ，会社の独身寮の屋上で運用し，その後，CQ ham radio 1980年2月号「Σ-Beamアンテナ＆V-Beamのバリエーション」に掲載されま

写真5-1
筆者（JG1UNE）が考案したΣ（シグマ）ビーム・アンテナ

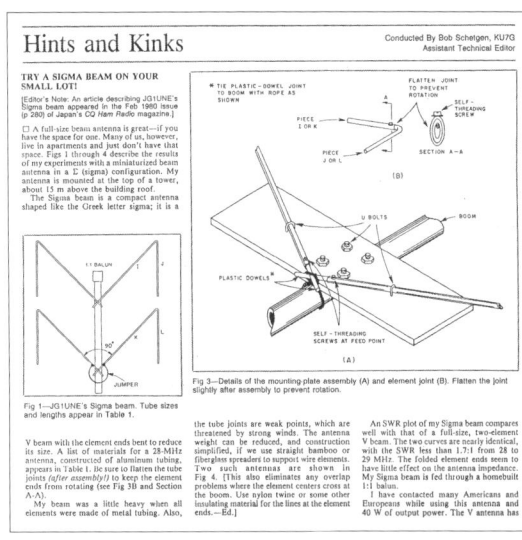

図5-1　ARRL発行のQST誌1987年3月号に掲載されたΣビームの記事（一部）

した．

V字形のダイポール・アンテナは，直線状よりもやや省スペースですが，V字形をΣの字形に折り曲げて，さらに小型化を図ったというアイデアです．

英文をARRLに送ったところ，QST誌1987年3月号（図5-1）にも載った記念すべきアンテナです．今ではMビームと呼ばれているようで，世界中のハムに試されています．

図5-2は，Σ形ダイポール・アンテナの電磁界シミュレーションの結果で，図5-2(a)電界強度と図5-2(b)磁界強度を表示した画面です（21MHz用）．

また，図5-3は放射パターンの結果で，直線状のダイポール・アンテナと同じように，太ったドーナツのようです．指向性利得は1.9dBiと，V形ダイポール・アンテナの1.8dBiよりわずかに高い値になりました．

2エレメント Σビーム・アンテナ

1エレメントのΣ形ダイポール・アンテナの特性は，一般的なダイポール・アンテナとほとんど変わらないことがわかったので，YAGIアンテナと同じように2エレメントにすれば，ビームを得ることができます．

図5-4（p.82）は，QST誌の記事を読んだDG0KW Klaus Warsowが6m用に自作したもので，彼はΣビームを「Doppel M Beam（ダブルMビーム）」と呼んでいるようです（**http://www.dl0hst.de/technik/DG0KW_Doppel-M-Beam.pdf**）．

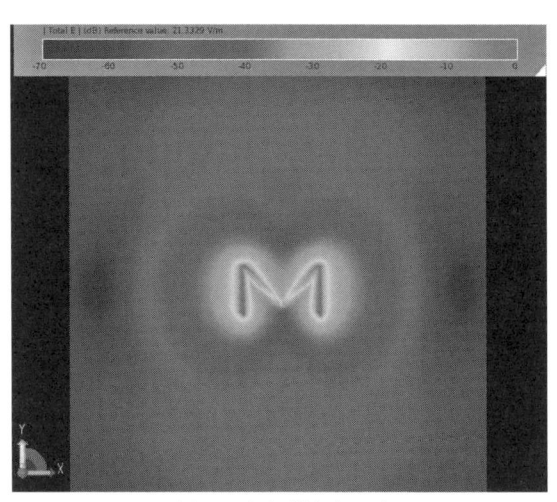

(a) 電界強度（位相角：0°）

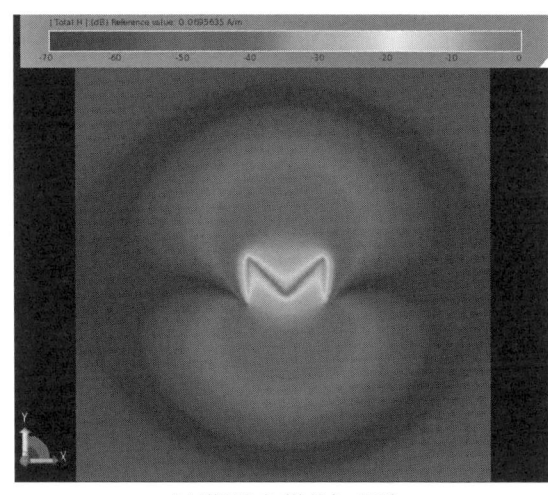

(b) 磁界強度（位相角：90°）

図5-2　Σ形ダイポール・アンテナの強度分布

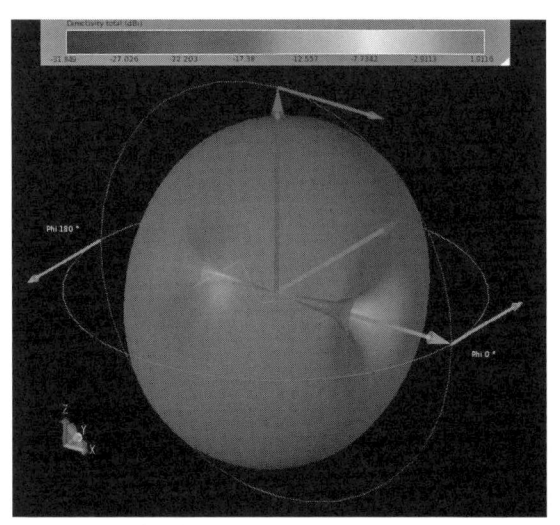

図5-3　Σ形ダイポール・アンテナの放射パターン

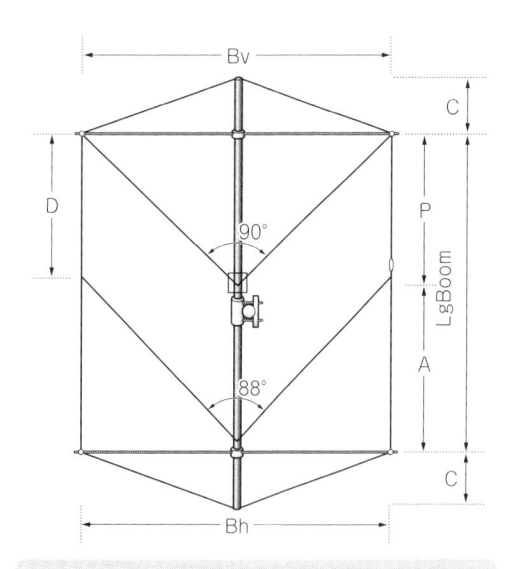

$$lD[\mathrm{m}] = \frac{163{,}00}{\mathrm{f}[\mathrm{MHz}]} \qquad lR[\mathrm{m}] = \frac{169{,}85}{\mathrm{f}[\mathrm{MHz}]}$$

$$A[\mathrm{m}] = 0{,}125\lambda \qquad Bv[\mathrm{m}] = 0{,}25\lambda \qquad Bh[\mathrm{m}] = 0{,}255\lambda$$

$$LgBoom[\mathrm{m}] = 0{,}25\lambda \qquad C[\mathrm{m}] = 0{,}042\lambda \qquad D[\mathrm{m}] = 0{,}1169\lambda$$

$$gesLGBoom[\mathrm{m}] = 0{,}25\lambda + (2*C) = 0{,}334\lambda$$

図5-5 DG0KW Klausの6m用Σビームの寸法をもとにした各部の寸法
数字の「，(カンマ)」は，ドイツでは小数点を表している

Σビームは，多バンド用の寸法も計算しなければと思っていたところ，なんとKlausが各部の寸法を波長（λ）で表現してくれました．図5-5のFBな式を使えば，ほかのバンド用にスケール変換できます．

Xビーム・アンテナ

図5-6は，2エレメントのYAGIアンテナを水平面

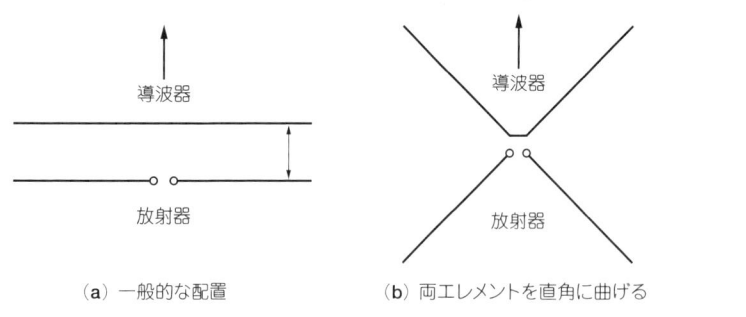

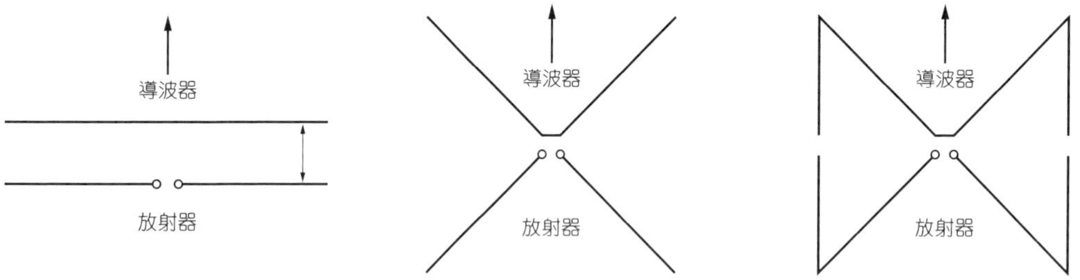

f=50.2MHz, λ=5.976m, lD=3.247m, lR=3.383m
A=0.747m, Bv=1.494m, Bh=1.524m, D=0.699m
LgBoom=1.494m, C=0.25m, gesLgBoom=1.996m

図5-4 DG0KW Klausによる6m用Σビームの寸法図

(a) 一般的な配置　　(b) 両エレメントを直角に曲げる　　(c) さらに先端部を折り曲げる

図5-6 2エレメントのYAGIアンテナを変形してXビーム・アンテナへ至る

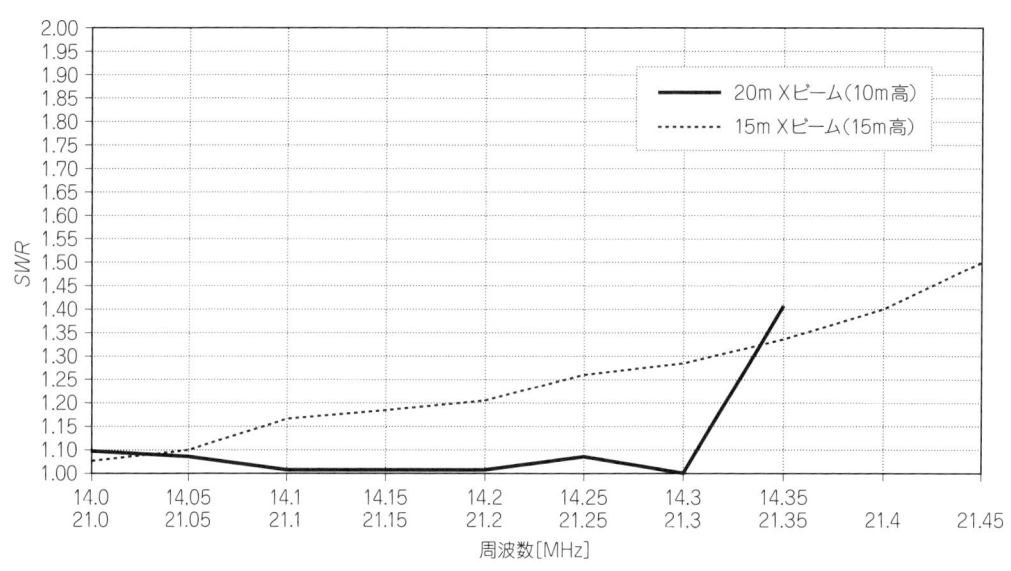

図5-7 Xビーム・アンテナのSWR特性

で小型化したアンテナで，W9PNE Briceによって設計されました（参考文献：QST, March, 1983）．

図5-6(a)は一般的な2エレメントの配置ですが，図5-6(b)は両エレメントを直角に曲げています．しかし，これでは省スペースというわけにはいかないので，図5-6(c)のように先端部を折り曲げて小型化しています．

前項のΣビームに似ていますが，片側のエレメントが逆向きになっています．給電点が導波器に極めて接近しているので，入力インピーダンスが気になります．図5-7のSWR特性を見るかぎり，50Ωに近いのではないかと思われます．エレメントの寸法は図5-8のとおりで，図5-9に示すように，木製の板で工作したクロス・マウントに取り付けています．

HEXビーム・アンテナ

HEX-BEAMアンテナは，N1HXA Mike TraffieのTraffie Technologyが設計・販売しているアンテナで，図5-10（p.84）に示すように，二つのΣビーム（Mビーム）を向かい合わせた構造の，2エレメント・ビームです．または，Xビームのエレメントをhexagon（六角形）に沿わせて，多バンド化した設計とも考えられます．

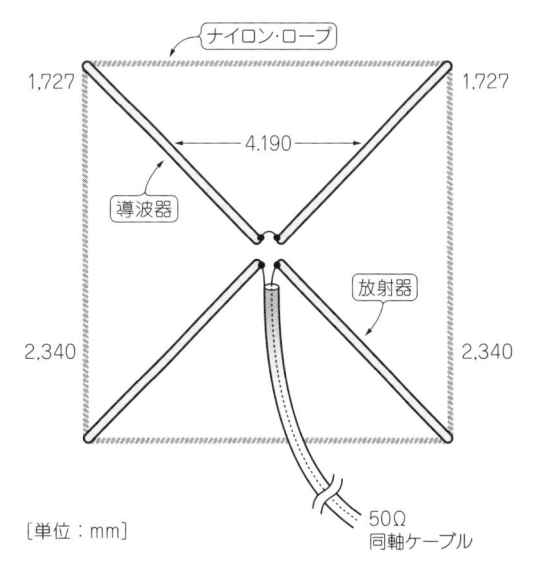

図5-8 Xビーム・アンテナの寸法（21MHz用）

このほかに，DX Engineering, KIO Technology, G3TXQ Broadband Hexbeamsなどから，同じような製品が販売されていますが，グラスファイバのブームを支える金具に違いがあります．いずれにしても，HF帯マルチバンドの製品は，かなりトップヘビーになるので，強風時にはマストに強い力が加わ

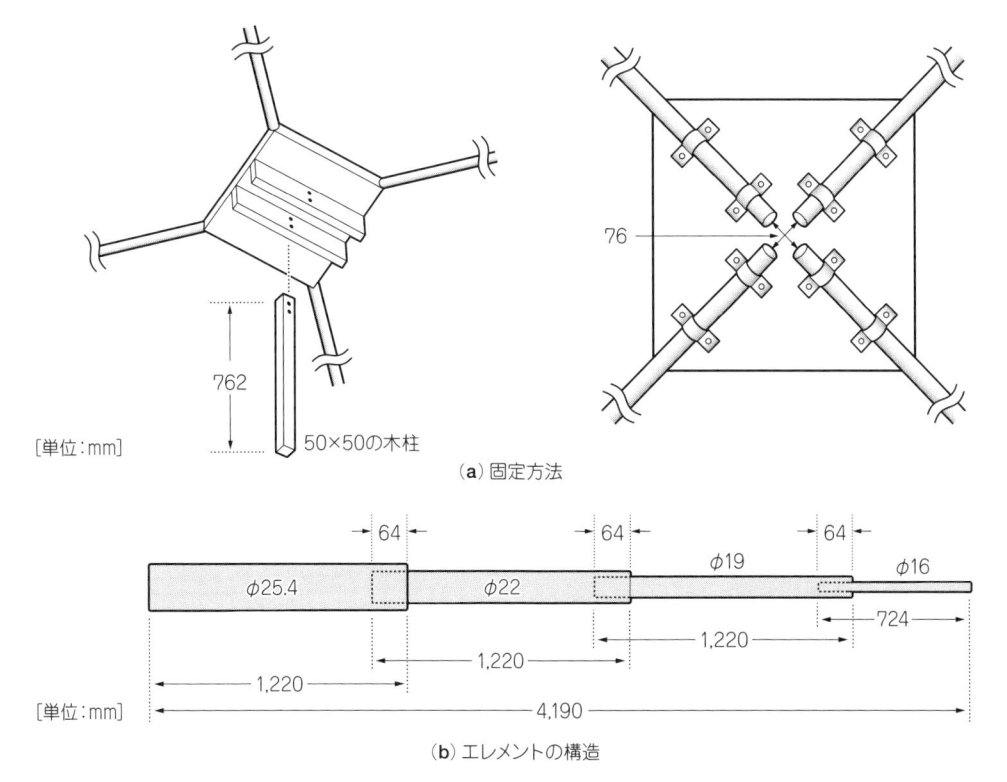

(a) 固定方法

(b) エレメントの構造

図5-9 給電部の固定方法とエレメントの構造

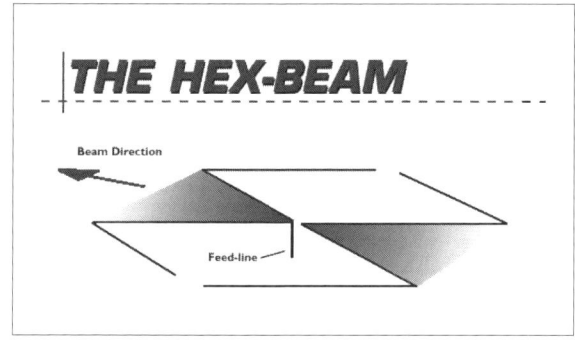

図5-10 HEX-BEAMアンテナ
Traffie TechnologyのWebサイト
（**http://www.hexbeam.com/**）より引用

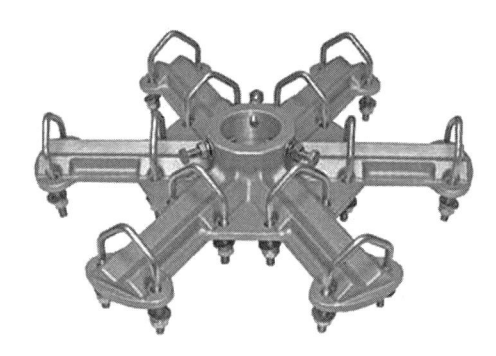

写真5-3 DX Engineeringのマウント金具 DXE-HEXX-1HBP

るでしょう．
　エレメントの形状からは，Wビーム（？）と呼んだほうがふさわしいかもしれませんが，いずれも2エレメントYAGIアンテナの動作原理が元になっています．**写真5-2**は，5バンド用の製品です．
　図5-9のエレメントを支える構造は堅牢とはいえません．**写真5-3**は，DX Engineeringのマウント金具DXE-HEXX-1HBPです．この部分だけ104.95ドルで販売されているので，自作したくなります．これは見るからに丈夫そうですが，トップヘビーなアンテナなので，マストの強度は十分に確保する必要があります．
　写真5-4は，同社のDXE-HEXX-5TAP-2を組み立てた例で，20/17/15/12/10mの5バンド用です．

写真5-2
5バンドHEX-BEAM
W2FBS Richard J VuillequezのQRZ.comより引用

写真5-4
DX Engineeringの
DXE-HEXX-5TAP-2を組み立てた例
20/17/15/12/10mの5バンド

5-2 ツイギー・ビーム

2エレメント ツイギー・ビーム

図5-11は，G3PTN Zygmunt C. Chowaniceが考案した2エレメントのコンパクト・アンテナです．彼の名前から，ZYGI Beamと呼ばれていますが，1960年代にミニスカートの女王といわれた細身のス

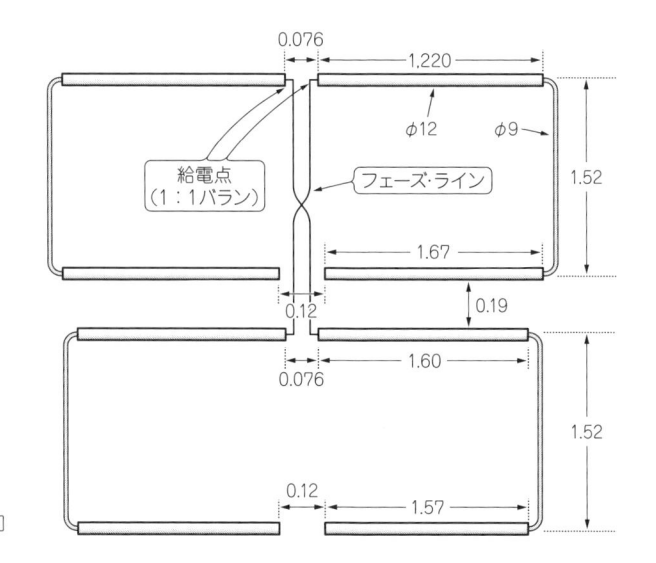

(a) 構造と寸法

品 名	仕 様	数 量
アルミ・パイプ	φ12，2mもの	8本
	φ9，2mもの	4本
アルミ板	80×300mm，2mm厚	2枚
塩ピ板（アクリル板）	100×400mm，5mm厚	4枚
Uボルト	12mmR	16個
	18mmR	8個
塩ピ棒（円柱）	φ9，1mもの	1本
TVフィーダ線	300Ω	約2.5m
セルフ・タッピング・ビス		8個
ボルト，ナット	φ3，25mm長	4本

(b) 主なパーツ・リスト

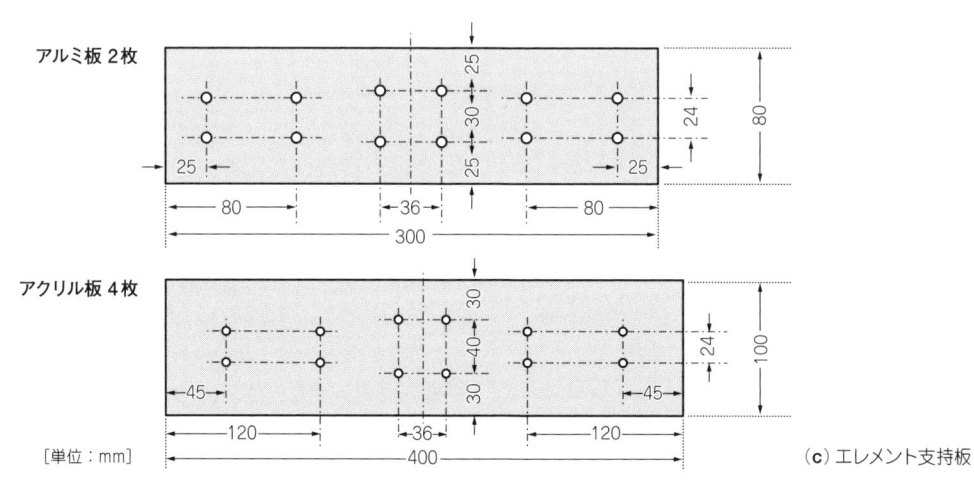

(c) エレメント支持板

図5-11 G3PTN Zygmuntが考案した2エレメント ツイギー・ビーム

写真5-5　2エレメント　ツイギー・ビームを調整中の筆者（1978年ごろ）

写真5-6　2エレメント　ツイギー・ビームのTwiggy（小枝のような）エレメント

(a) エレメントのジョイント部

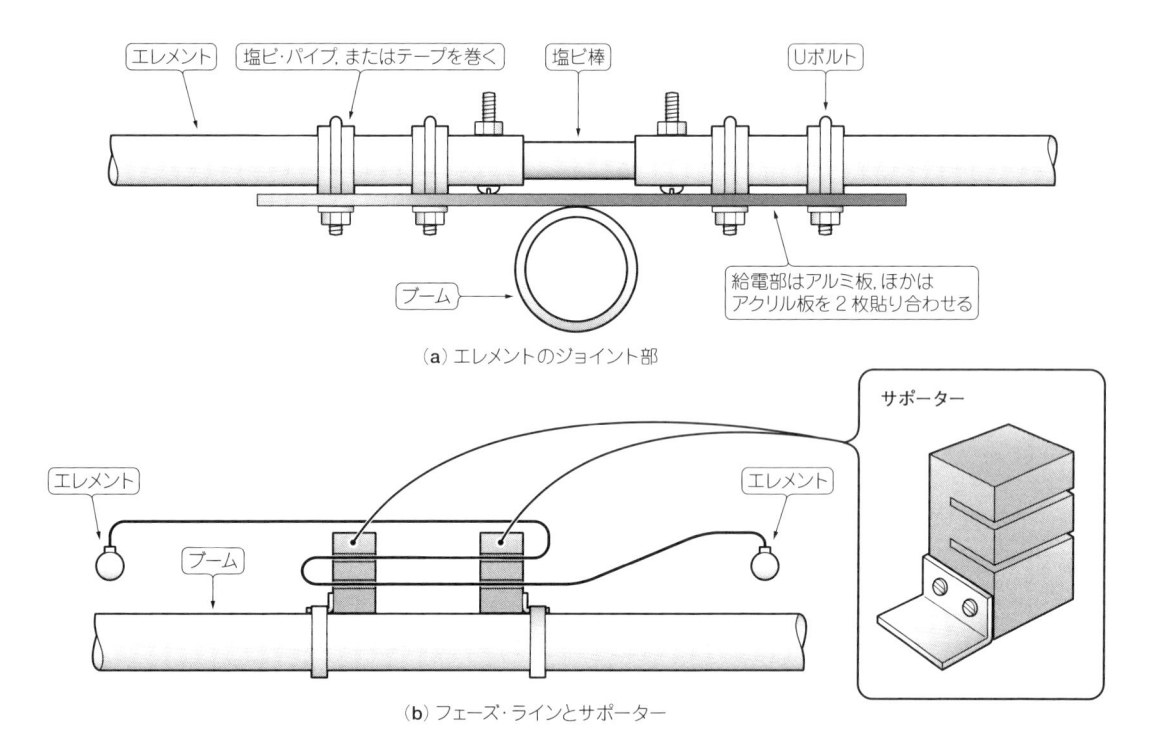

(b) フェーズ・ラインとサポーター

図5-12　ツイギー・ビームのエレメントとフェーズ・ラインの固定

ーパー・モデル，Twiggyを思い出してしまいます．

写真5-5，写真5-6は，筆者が1970年代に作った14MHz用です．細いアルミ・パイプを使ったので，まさしくTwiggy（小枝のような）アンテナでした．また，図5-12(a)は，エレメントのジョイント部，図5-12(b)は位相差をつけるフェーズ・ラインとそのサポーターです．

ツイギー・ビームも折り曲げエレメントですが，ここまで大胆に折り曲げたアンテナは，前項とは別に分類したくなります．これだけコンパクトにしても，性能はそれほど低下しないので，DX QSOも楽しめます．

完成した当時，ちょうどIARUのコンテスト中で，米国東部やカナダ北東部ともらくらくQSOできました．また，コルシカ島のFC9UCとも悪コンディションの中，なんとか1st QSOができました．

給電点のインピーダンスは，第4章の折り曲げエレメントで説明したとおり，ダイポール・アンテナの73Ωではなく，50Ωに近くなるので，50Ω同軸ケーブルがそのまま使えます．しかし，YAGIアンテナ

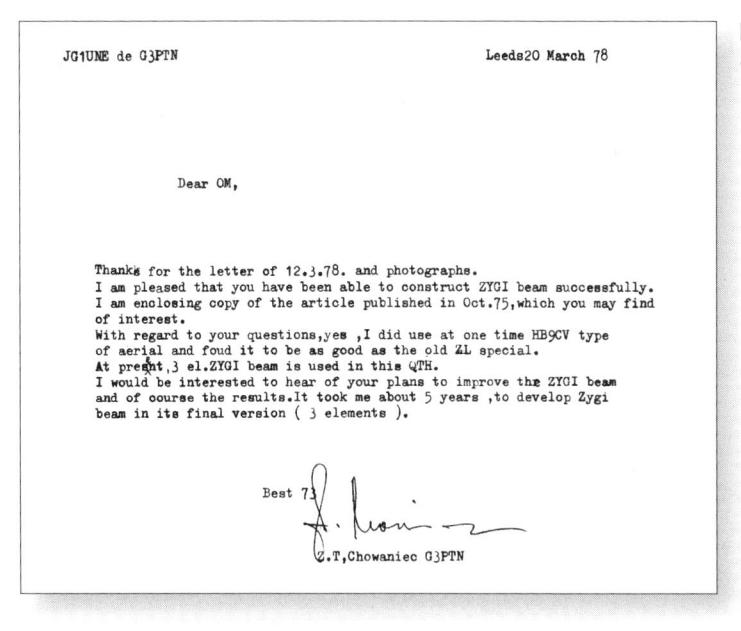

図5-13
Zygmuntからの返事

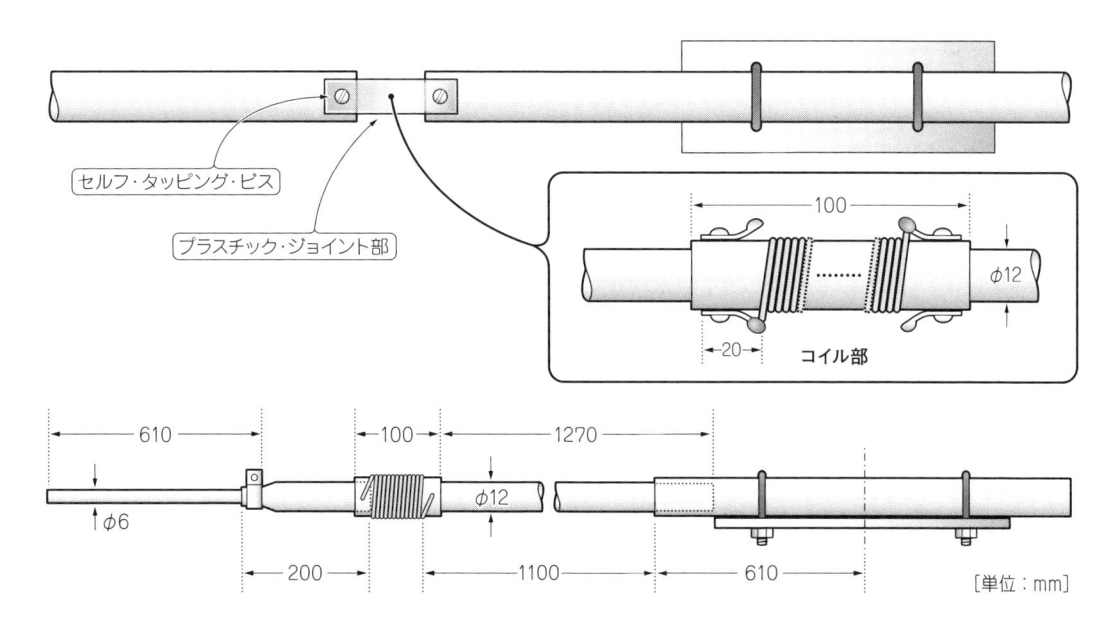

図5-14　2エレメントの後ろに付ける反射器の構造と寸法

と同じようにエレメントは平衡回路なので，自作の1：1バランを付けました．

3エレメント ツイギー・ビーム

筆者が最初にこのアンテナを知ったのは外誌だったと思いますが，論文にZygmuntの住所が載っていたので手紙を書きました．彼はすぐに返事を送ってくれ（**図5-13**），さらに現在3エレメント化して使っていると，その論文のコピーまで同封してくれました．

図5-14は，2エレメントの後ろに付ける反射器の構造と寸法です．ツイギー・エレメント自体がコンパクトなので，反射器もローディング・コイルで小形化を図っています．

図5-15（p.88）は，彼が測定して発表した3エレメントの指向性です．ここで，放射方向と2エレメントの寸法の関係を見ると，前方のエレメントのほうが大きいので，一般的なHB9CVやZLスペシャルとは異なっています．

YAGIアンテナの場合，通常は前方の導波器エレ

メントのほうが短いのですが，第3章の図3-27でわかるように，両エレメントからの波を合成すると，エレメント長とブーム長の違いによって，前方にも後方にもビームを生じることになります．

シミュレーションによる確認

位相差給電の場合は，図5-11のようにフェーズ・ラインでひねって180°の位相差をつけて，さらにエレメント間とフェーズ・ラインの長さによる位相のズレが加わるので，彼が行った当時の調整はかなり面倒だったと思われます．

現在は，MMANAのようなシミュレーションによって，ベストな状態に追い込むことができます．図5-16は最適化した後の電流分布で，図5-17は3D（立体）の放射パターン表示です（MMANA-GALを使用）．リアル・グラウンドの設定は，第3章や第4章で用いた大地の比誘電率5，導電率5mS/mです．地上高15mの利得は8.5dBiなので，うまく調整できればコンパクトなビーム・アンテナです．

図5-18は，Zygmuntによる各バンドのデータで

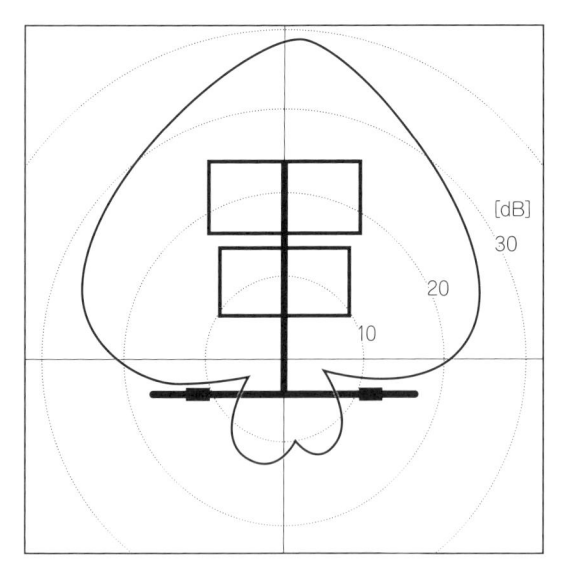

図5-15　発表された3エレメントの指向性

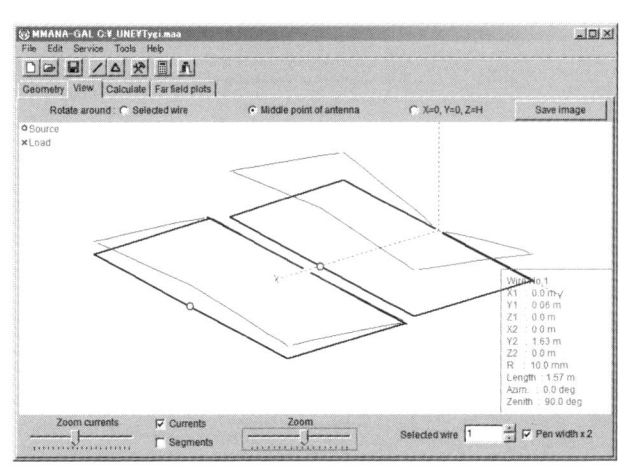

図5-16　最適化した後の電流分布

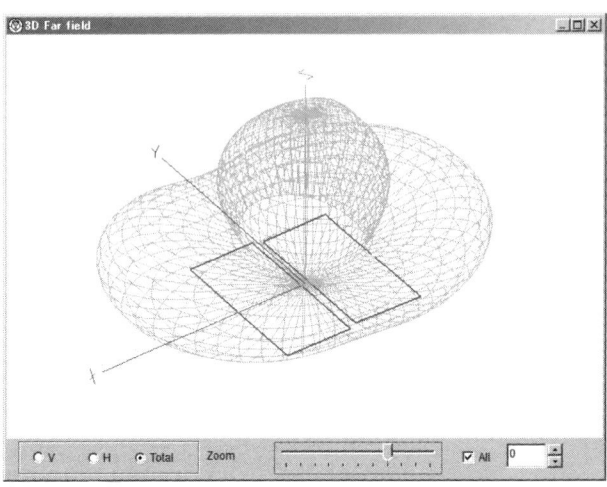

図5-17　放射パターン表示
地上高：15m，大地の比誘電率：5，
導電率：5mS/mで，利得：8.5dBi

バンド [MHz]	a	b	c	d	e	f	フェーズ・ライン
14	1.70	1.52	1.67	0.19	1.60	1.57	2.18
7	3.40	3.04	3.35	0.38	3.20	3.14	4.37
21	1.27	1.14	1.26	0.125	1.19	1.18	1.64
28	0.85	0.76	0.84	0.086	0.799	0.788	1.09

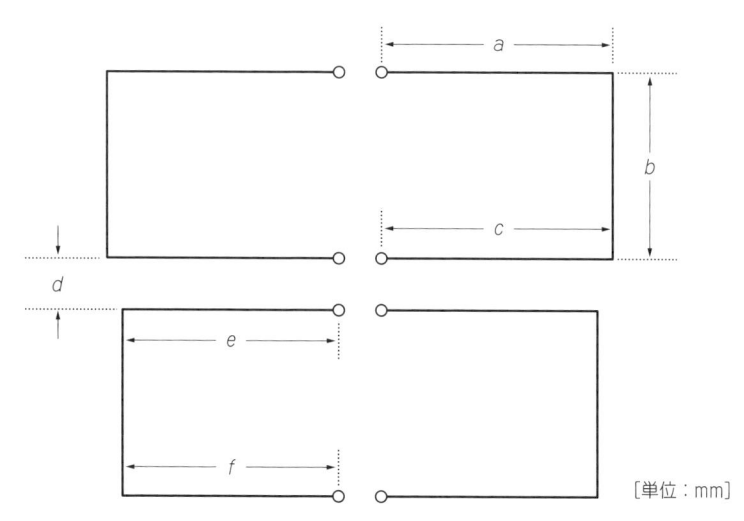

図5-18　G3PTN Zygmuntによる各バンドでの寸法

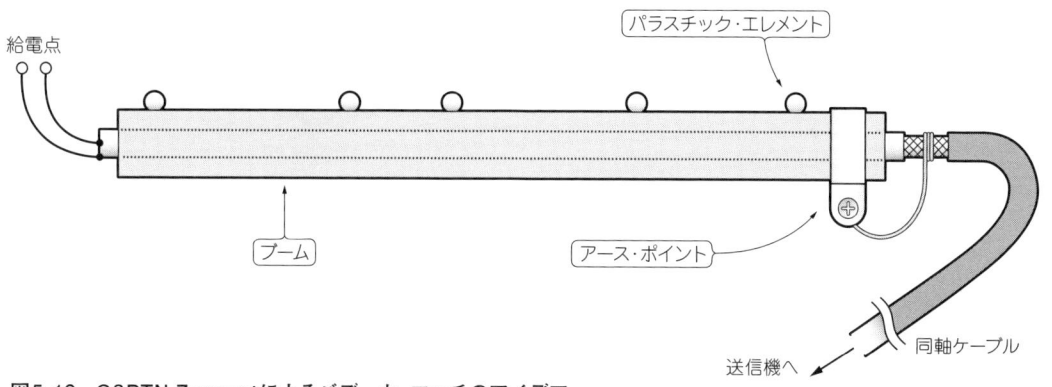

図5-19　G3PTN Zygmuntによるバズーカ・マッチのアイデア

す．フェーズ・ライン長2.18mは，例えば14.05MHzでは約0.1λ（36.7°）です．これを300Ωのリボン・フィーダで180°反転しているので，後方は前方よりも$180 - 36.7 = 143.3°$進むことになります．

MMANAのシミュレーション結果は，最適化すると位相差は133°でしたが，利得はほとんど同じです．実際にシミュレーションしてみるとよくわかるのですが，このアンテナはエレメント長をわずかに変えると，ベストな位相差も微妙に調整する必要があります．そこで実際の工作では，フェーズ・ラインの長さを丹念に変えて，最適化を図る必要がありそうです．

また，F/Bは2エレメントでは小さいので，Zygmuntは3エレメント化で改善したのだと思います．図5-19は，Zygmuntによる整合器の提案です．ブームが$1/4\lambda$に近いことから，これをスリーブに使ってバズーカ・マッチで給電するというFBなアイデアです（参考文献：G3PTN Zygmunt C. Chowanice；The three-element Zygi beam aerial, RADIO COMMUNICATION Oct. 1975 および JG1UNE 小暮裕明；14MHzツイギー・アンテナ，CQ ham radio 1979年10月号，CQ出版社）．

5-3 MOXONアンテナ

2エレメント MOXONアンテナ

G6XN Les A. Moxonは，RSGB（英国無線協会）発行のコンパクト・アンテナの本「hf antennas for all locations」の著者として有名です．

図5-20は，MOXONアンテナの元になったVK2ABQ Fred Catonの考案したビーム・アンテナです．クワッド・アンテナのエレメントに見えますが，これは水平置きなので，Sideways Quad（横向きのクワッド）とも呼ばれています．

前半分（図では上半分）の給電エレメントはコの字形に折れ曲がっているので，これは第4章で述べた入力インピーダンスを50Ωにする技法を用いています．また，後ろの半分（図では下半分）は，反射器として動作する2エレメントの折り曲げYAGIアンテナです．

両エレメントの先端は互いに接近していますが，Fredの図にはコートのボタンで絶縁すると書かれており，いかにもハムのアイデアです．しかし，エレメントの先端は電圧が高いので，丈夫なボタンを使いましょう（hi）．

図5-21は，Moxonの書籍にあるアイデアです．図5-21(a)は，逆Vアンテナのようなエレメントを3組，低インピーダンスの平行線でつないでいます．中央のマスト1本で支え，各エレメントは，逆Vのように斜めに降ろすと，ビームは固定されます．

また，図5-21(b)は図5-20のアイデアと同じ，コの字形の配置で，この構造がMOXONアンテナと呼ばれています．これはクワッド・アンテナのXマウントを使えば，図5-20のようにローテーターで回転できます．

図5-21のXは50Ωに見える給電点で，1:1バランを付けています．また，Tの位置は，28MHzのトラップ機構（図5-22）を挿入するのが望ましいとしています．これは，28MHzのエレメントが共振しているときに，近くのエレメントにも強い電流が流れないようにするためです．

図5-22のトラップは，マルチバンドYAGIで用いられる並列共振回路で，共振周波数では入力インピーダンスが極めて高くなることを利用しています．

(a) 逆V型

(b) MOXONアンテナ

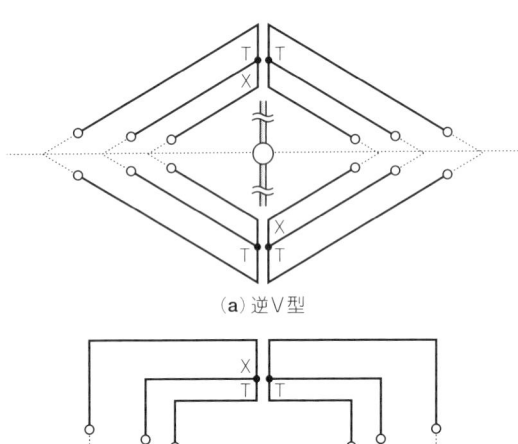

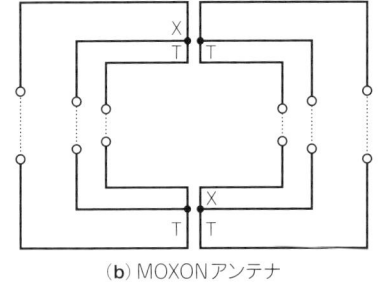

図5-21　Moxonの書籍にあるアイデア

図5-20　VK2ABQ Fred Catonの考案したビーム・アンテナ
14/21/28MHzのマルチバンド

（寸法：11'-7"，7'-9"，5'-11"，約 $\frac{248}{freq}$ フィート）

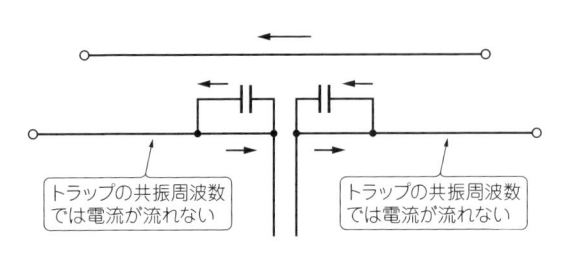

図5-22　トラップ機構の構造

トラップの共振周波数では電流が流れない

5-4 マルチバンド・コンパクトYAGI

トラップの定義

市販のビーム・アンテナは，いわゆるトラップを用いて複数のバンドで共振する，マルチ（多数の）バンドYAGIが人気です（トラップの仕組みについては第2章を参照）．

使用周波数が異なるアンテナの寸法は，スケール変換の考え方で計算できます．したがって，3バンド用YAGIのブームも，最適な長さはそれぞれ異なることがわかります．しかし，運用に応じて移動させるのは面倒なので，どれか一つの周波数で最高の性能が発揮できるような設計になっています．

図5-23は，MMANA-GALのサンプル・モデルとして用意されているW3DZZアンテナの定義です．これはマルチバンドのダイポール・アンテナですが，トラップを設定する方法を調べてみましょう．図5-23の右下には，アンテナのエレメントに挿入するコイルLやコンデンサCを定義する欄があります．この例では，7.05MHzで並列LC共振するトラップを設定していることがわかるでしょう．

LC共振の周波数f[Hz]は，次の式で計算できます．

$$f = \frac{1}{2\pi\sqrt{LC}}$$

ここで，それぞれの単位はL[H]，C[F]です．

また，MMANAのプルダウン・メニュー［表示］→［オプション…］で表示される［共振］タブの画面では，この式の計算結果が得られます．図5-23の画面で実際に入力してみるとわかりますが，トラップはCの値を入力してから周波数を入れると，Lが自動的に計算されるので便利です．

図5-24は，W3DZZアンテナのシミュレーション結果で，7.05MHzにおける電流強度の分布を示しています．トラップが効いて，そこからエレメントの両端へはほとんど電流が流れていないことがわかります．また，3.55MHzではトラップ部で電流がやや不連続に分布していますが，ほぼフルサイズのダイポール・アンテナの電流分布に近くなっていることがわかります．

図5-23の右下の欄から，コイルのQは300に設定されていることがわかります．値が小さいほど損失抵抗が大きいので，アンテナの放射効率を低下させます．

市販されているマルチバンド・アンテナのトラップ・コイルのQは，おそらく200～300程度だと思います．コイルの抵抗Rは次の式で計算できるので，図5-23のアンテナでは約1.4Ωになり，全体ではその2倍になります．

$$R = \frac{2\pi fL}{Q}$$

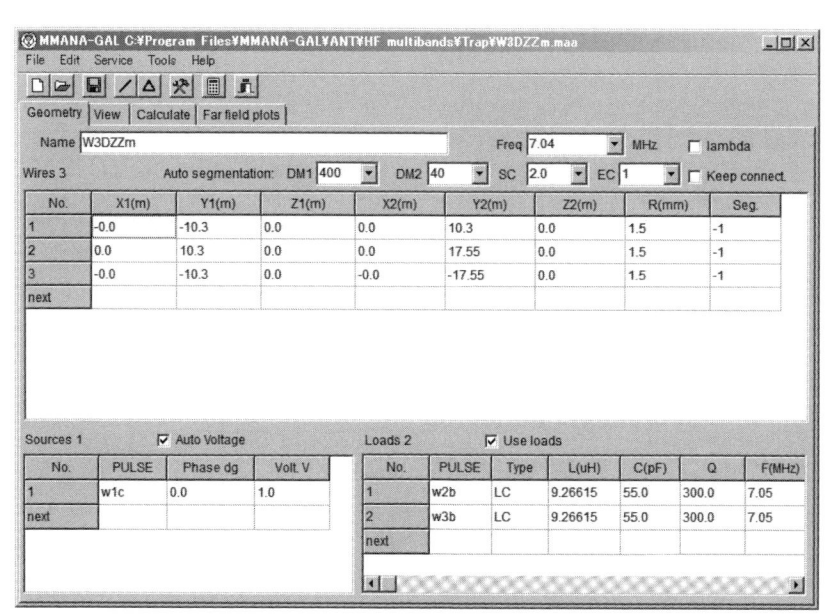

図5-23 W3DZZアンテナの寸法とトラップの定義

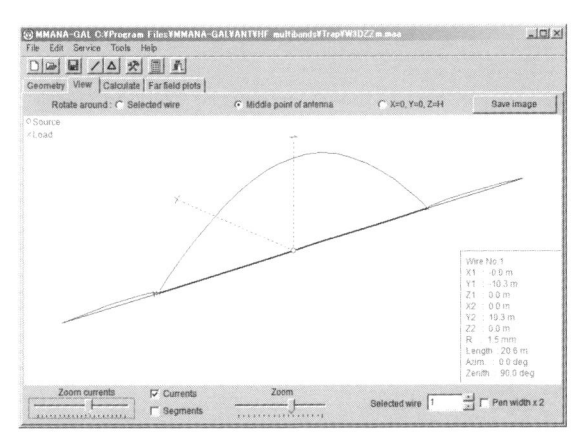

図5-24　W3DZZアンテナのシミュレーション結果①
7.05MHzにおける電流分布

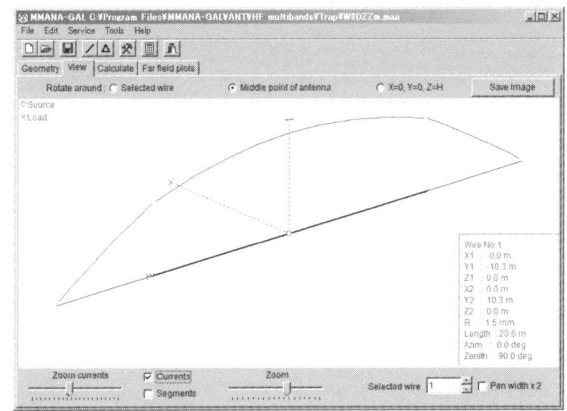

図5-25　W3DZZアンテナのシミュレーション結果②
3.55MHzにおける電流分布

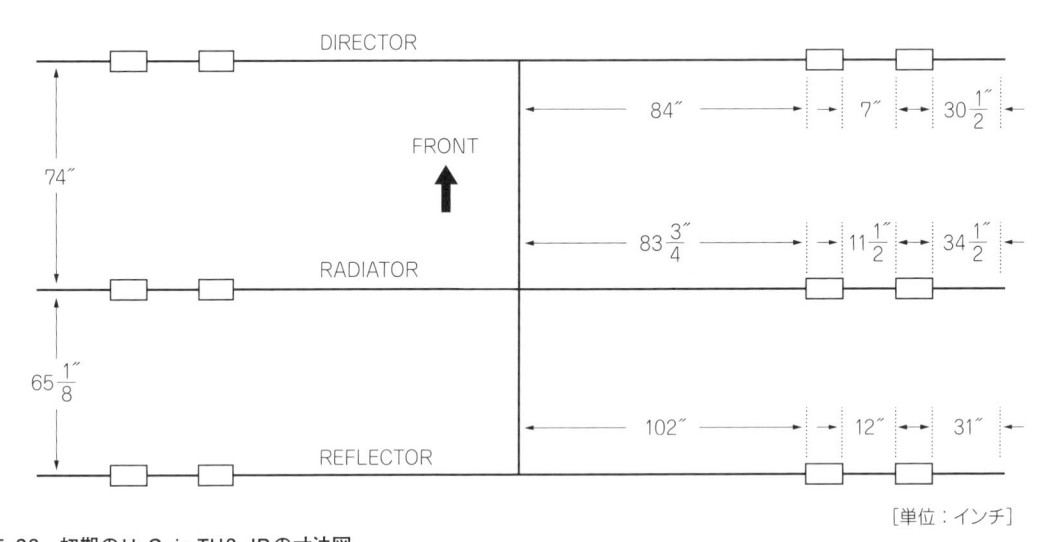

図5-26　初期のHyGain TH3-JRの寸法図
次のWebサイトの図は1970年代のもので，寸法がやや異なる．**http://www.qsl.net/wb4kdi/Antennas/TH3jr/**

マルチバンドYAGIの場合

図5-26は，マルチバンドYAGIの代表格の一つ，HyGain TH3-JR（**写真5-7**）の寸法図です．このままMMANAで定義したいところですが，トラップの寸法が1フィート（30.48cm）近くあるので，これをどのように処理すればよいのか悩みます．

とりあえず，**図5-26**のエレメント寸法を忠実に入力して，ズレを覚悟の上でシミュレーションしてみました．いきなりすべてのエレメントを入力するのは大変なので，**図5-27**は，28MHz用のトラップと，その先のエレメントを付けたモデルです．コイルは7.5μHですが，これは次の手順で求めました．

まず28MHz用のエレメント長と，さらにその先のエレメント長を足した，長さ2.42mのエレメントをモデリングします．さらにトラップ部に$Q = 300$のLを付けて，21.5MHzで共振させるように，つまり，この周波数で電流を最大にするようにLを最適

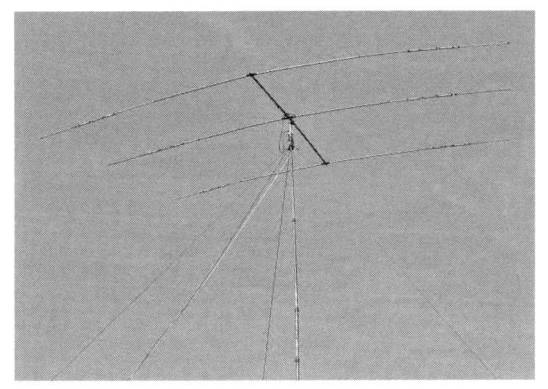

写真5-7　HyGain TH3-JR

図5-27 TH3-JRの寸法とトラップの定義
ただし，28MHzのトラップのみを入力

化したときの値は，7.5μHで収まりました（実際の値とは異なっていると思われる）．

図5-28は，図5-27の設定で計算したときの電流分布です．当然ながら，トラップの先にはほとんど電流が流れていません．また図5-29は，28.5MHzにおける放射パターンで，利得は約13dBiです．

すべてのトラップは難しい

トライバンドYAGIなので，さらに21MHzで共振するトラップをモデリングする必要があります．しかし，前節のLをそのまま使って21MHz，さらに14MHzで共振させるためには，なかなか所望の共振が得られず，調整作業は保留にしました．

そこで代替案（？）として，図5-27のCをとりあえず取り除いて，Lをローディング・コイルとして計算してみました．

図5-30（p.94）はそのときの電流分布です．トラップ部で不連続ではありますが，エレメントの先端まで電流が流れています．また，図5-31（p.94）は放射パターンです．F/Bはあまりよくありませんが，利得は約10dBiです．地上高は15mで，もちろん設定を変えれば，放射パターンは変化します．この方法で14MHzも評価できますので，チャレンジしてみてください．

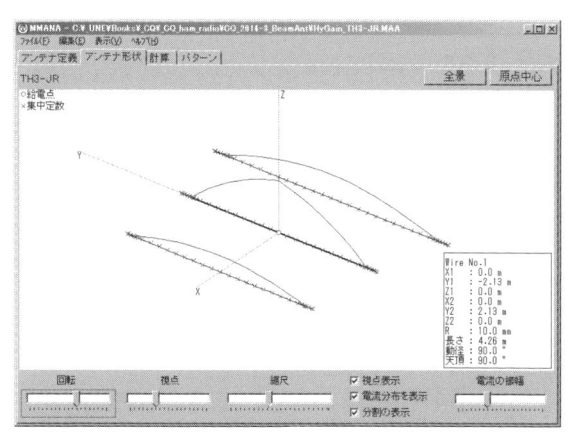

図5-28 TH3-JRの28.5MHzにおける電流分布
ただし，28MHzのトラップのみをモデリングしている

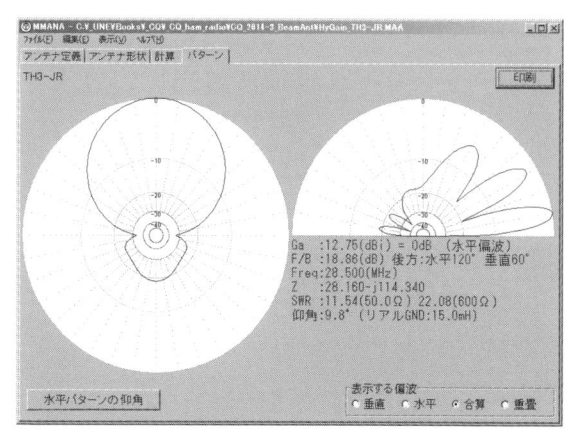

図5-29 TH3-JRの28.5MHzにおける放射パターン
地上高は15mで，大地の設定は図5-17と同じ

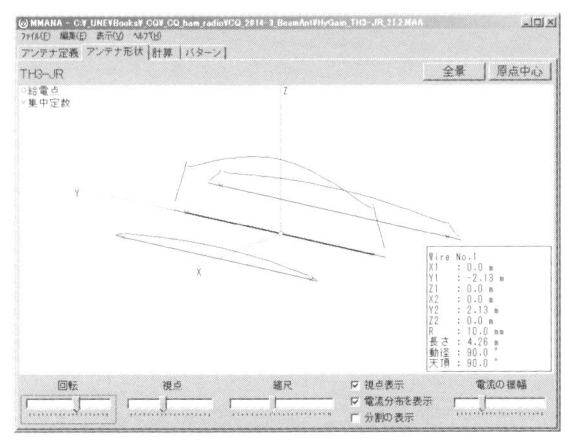

図5-30　TH3-JRの21.2MHzにおける電流分布

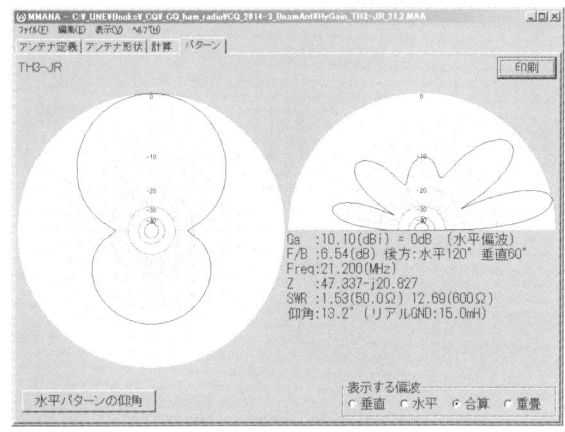

図5-31　TH3-JRの21.2MHzにおける放射パターン
地上高は15mで，大地の設定は図5-17と同じ

5-5　Hybrid-Quadアンテナ

クワギなのか？

写真5-8は，T.G.M. Communications社のコンパクト・ビーム・アンテナMQ-1で，20/15/10/6mバンドで運用できます．6mバンドはチューナが必要とのことで，3バンドのハイブリッド・クワッドと呼ばれています．

構造だけ見ると，給電エレメントは短縮コイル付きのダイポール・アンテナ，後方の反射器はクワッド・エレメントのようです．しかし菱形のエレメントは，放射器と同じようなエレメントに付いています．

YAGIとクワッドのハイブリッド（混成）・アンテナは，クワギ（Quagi）と呼ばれており，図5-32のような構造です．図5-32(a)はクワッドが放射器と反射器で，YAGIは導波器として働きます．また図5-32(b)は，YAGIの導波器と反射器でサンドイッチしており，JA1AEA 鈴木OMの名著「キュービカル・クワッド」にも載っています．

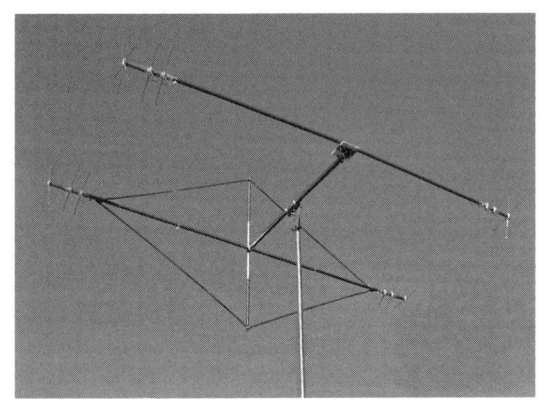

写真5-8　T.G.M. Communications社のコンパクト・ビーム・アンテナMQ-1

MQ-1の動作

まず，MQ-1のエレメントは，第2章の図2-4に示した構造で，キャパシティ・ハットが付いています．このアンテナは，1970年代にHQ-1という型名で

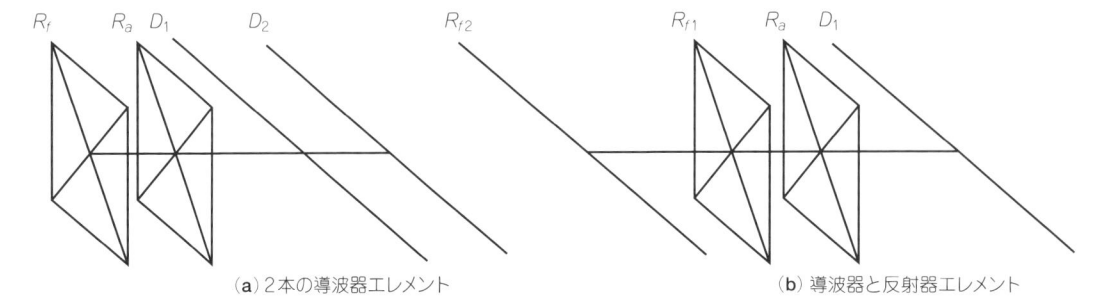

(a) 2本の導波器エレメント

(b) 導波器と反射器エレメント

図5-32　YAGIとクワッドのハイブリッドであるクワギ（Quagi）の例

Mini-Products社から販売されていました（**図5-33**）．

第2章で述べたとおり，筆者が1975年に使っていたミニマルチアンテナは，やはり同じアイデアでコンパクト化しており，その後MFJ社でも採用しています．反射器の菱形エレメントにはもちろん電流が流れますが，ループとして働くわけではないので，クワギではありません．

公表されている利得は，6dBd（10m），5.5dBd（15m），4.4dBd（20m）ですが，アンテナの設置条件は明記されていません．また，dBdはダイポール・アンテナとの比較ですから，シミュレーション結果で使われる絶対利得のdBi値よりは2.15dB低くなります．

エレメント長11フィート（3.4m），ブーム長4.5フ

図5-33 Mini-Products社からはHQ-1という型名で販売された
1975年のQST誌の広告より

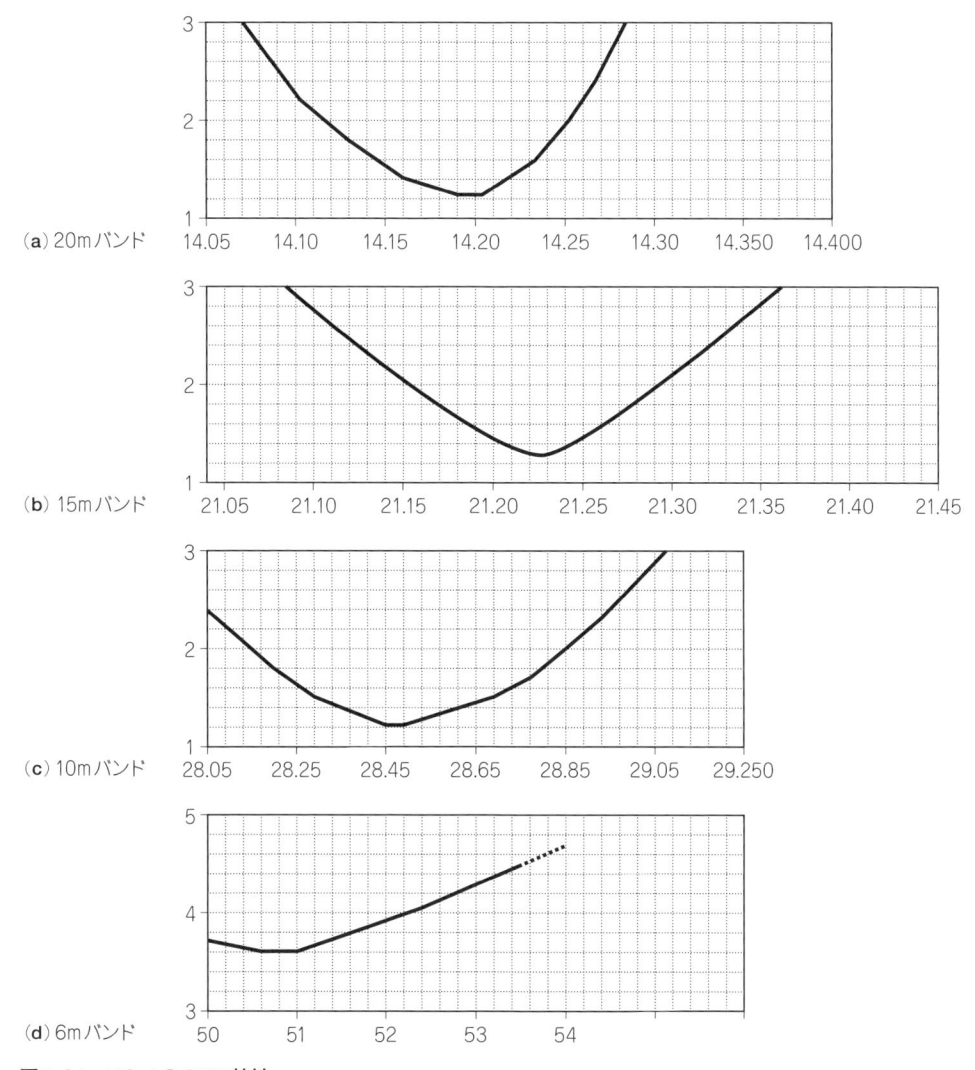

(a) 20mバンド

(b) 15mバンド

(c) 10mバンド

(d) 6mバンド

図5-34 HQ-1のSWR特性

ィート（1.4m）とコンパクトで，帯域幅は図5-34（p.95）に示すように，バンド内をフルにカバーするというわけにはいきません．

図5-33（p.95）には，1975年の価格がUS94.5ドルとありますが，40年後のMQ-1の価格はUS493.95ドルです（**http://www.tgmcom.com/**）．

5-6 D2T-Mアンテナ

超広帯域アンテナ？

Giovannini Elettromeccanica社のD2T-Mアンテナは，2エレメントのYAGIアンテナに見えますが，なんと1.5MHzから200MHzまで運用できる，超広帯域で超コンパクトのアンテナです（**写真5-9**）．エレメントの寸法が6m，ブームが2mで，波長160mの波が乗るというのは，いったいどんな仕組みなのでしょうか？

図5-35は，このアンテナの構造を示す概略図です．給電部とは反対側のエレメントの中央には，終端抵抗が挿入されています．エレメントはフォールデッド・ダイポール（折り曲げダイポール）・アンテナのような構造で，しかもHB9CVのようにブームの中央で反転しています．ZLスペシャルに終端抵抗を挿入したようにも見えますが，このアンテナは，いったいどのように解釈したらよいのでしょうか？

進行波アンテナとは？

先端に終端抵抗があるアンテナは，第1章で調べたビバレージ・アンテナや，ロンビック・アンテナが有名です．ビバレージ・アンテナは主に受信用で使われますが，高周波回路としてのアンテナに抵抗器を入れることで，送信電力はほとんど熱に変換されて放射が極めて少なくなるからです．

一方，図5-36は先端に終端抵抗はありますが，途中の菱形に開いた線路（エレメント）から電界（電気力線）のループが押し出されて，加えた電力は抵抗器で消費される前に，その多くが放射されます．このアンテナはロンビック・アンテナと呼ばれてお

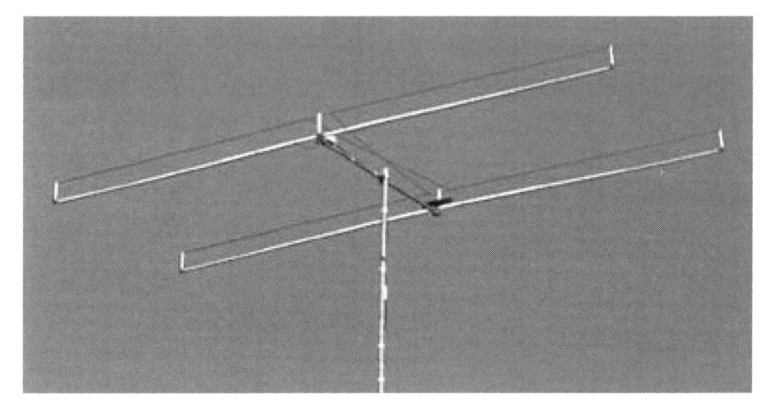

写真5-9
Giovannini Elettromeccanica社の
D2T-Mアンテナ

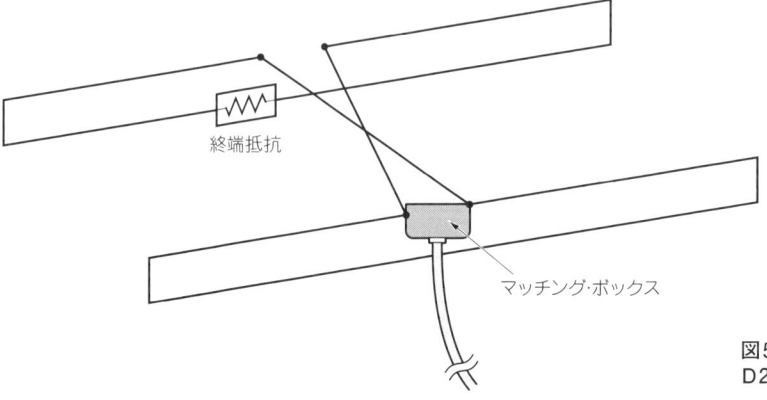

図5-35
D2T-Mの構造を示す概略図

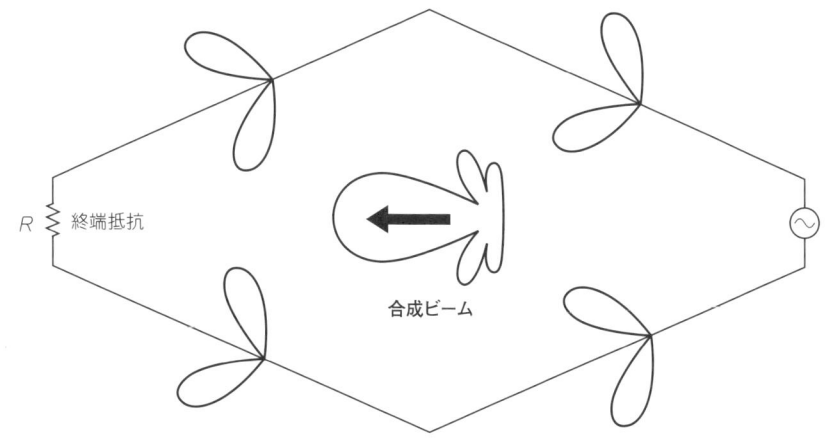

図5-36 ロンビック・アンテナの合成ビーム

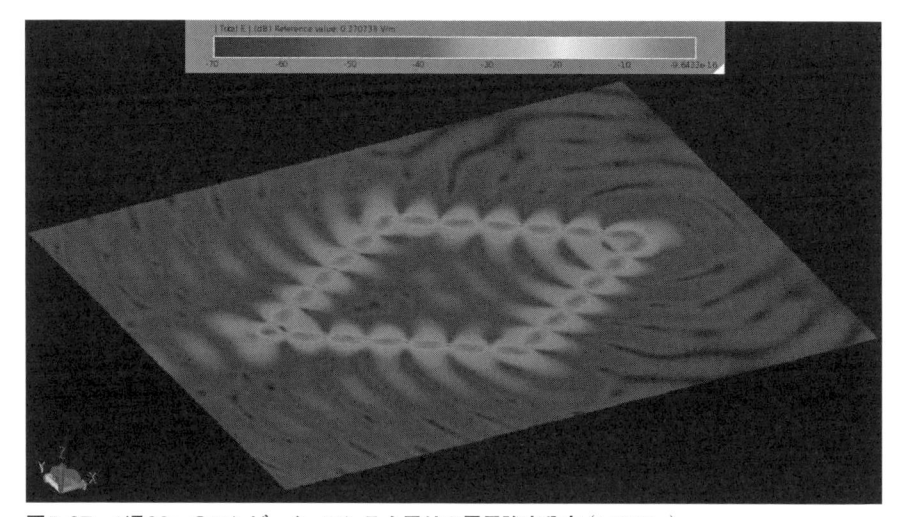

図5-37 1辺60mのロンビック・アンテナ周りの電界強度分布（14MHz）

り，実用的な広帯域アンテナです．
　配線路として使われる平行2線路は，終端が適切であれば反射波はなく，負荷側へ向かって一方的にだけ進む進行波が伝わります．このときは加える電気の周波数によらず反射波は発生しないので，定在波は立たないことになります．
　そこで，図5-36のように線路をひし形に開いて，途中から電波を効率良く放射できれば，広い周波数帯で使えるアンテナが実現できるというわけです．しかし，ひし形の1辺は使用する波長の数倍の長さが必要で，一般にローバンド用では，大地に対して水平に設置されます．
　図5-37は，1辺が60mのロンビック・アンテナ周りの電界強度分布（14MHz）です．また，図5-38は

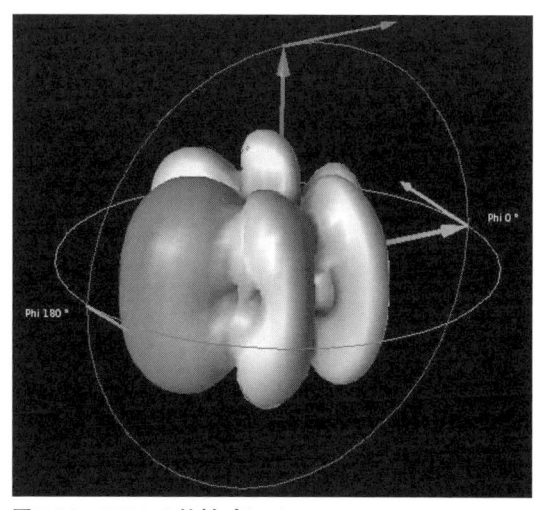

図5-38 7MHzの放射パターン

(a) 電界　　　　　　　　　　　　　　　　　　　(b) 磁界

図5-39　平行2線路の周りに分布する電界と磁界
いずれも線路長：1m，終端抵抗：500Ω，50Hz

7MHzにおける放射パターンです．主ビーム以外にも放射されており，利得（Gain）は9dBiあります．

共振しなくても電波は放射される？

適切に終端されている平行2線路（リボン・フィーダ）では，同相の電界と磁界が負荷側へ進み，この電磁波を「進行波」と呼んでいます．負荷で反射がないので，このときには最も効率良く電力を負荷へ運ぶことができるわけです．

図5-39（a）は平行2線路の周りに分布する電界で，線路に対して垂直な平面内の電界ベクトルは，線路の表面から垂直に出て他方の線路表面に垂直に入っていることがわかります．また，図5-39（b）は磁界ベクトルで，線路導体の表面に対して平行であることがわかります．図5-39は50Hzの電気を加えていますが，図5-40は100MHz（波長3m）の場合の電界強度分布で，線路長の1m内に波の節が見えています．

また，図5-41では1GHzの正弦波を加えています．線間10cmは波長30cmに近く，互いに逆向きの電流による電磁波のキャンセル効果が少なくなっていることがわかるでしょう．これはアンテナではなく線路ですが，図5-42のような放射パターンが得られ，このときの放射効率ηは52%でした．

D2T-Mアンテナの放射パターンと利得

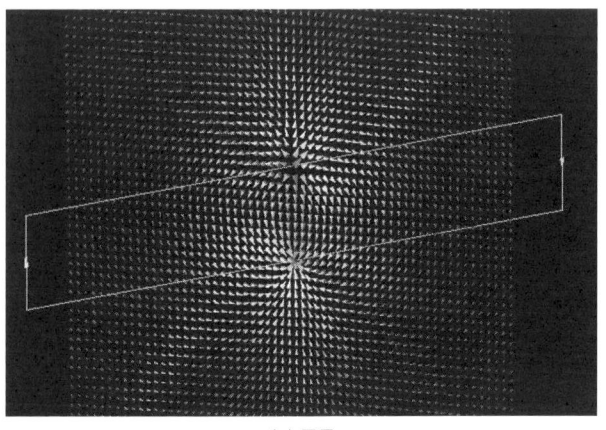

ある線路（D2T-Mエレメント）の先端に終端抵抗を挿入したときに無反射にするための条件は，線路の特性インピーダンスと同じ値の抵抗を使います．

D2T-Mアンテナは線路ではないので，1.5MHzから200MHzまでの超広帯域にわたって無反射にできる，唯一の抵抗値はないでしょう．D2T-Mは800Ωの抵抗器が使われているようで，シミュレーションでも800Ωで終端しました（図5-43の奥側エレメントの中央）．

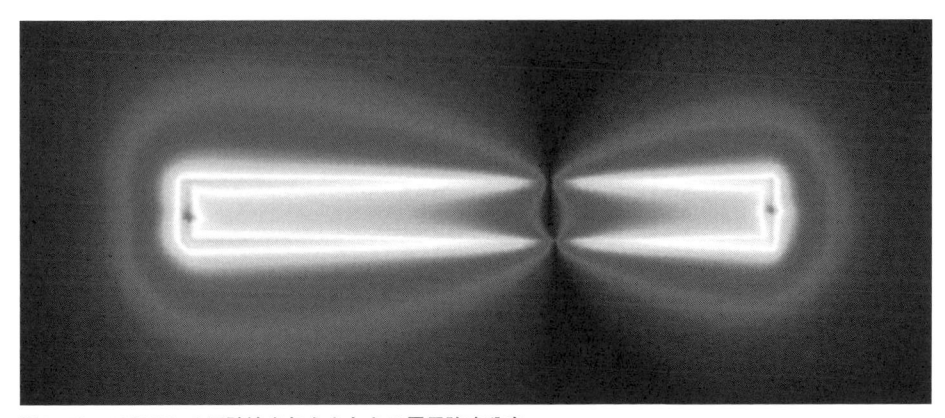

図5-40　100MHzの正弦波を加えたときの電界強度分布
ある瞬間の表示

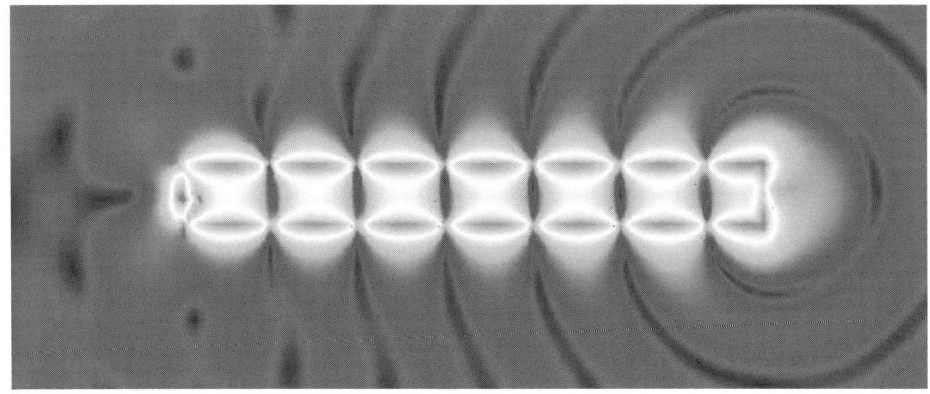

第 5 章　市販のビーム・アンテナ その2（コンパクト編）

図5-41　1GHz（波長30cm）を加えたときの電界強度分布
放射が観測される

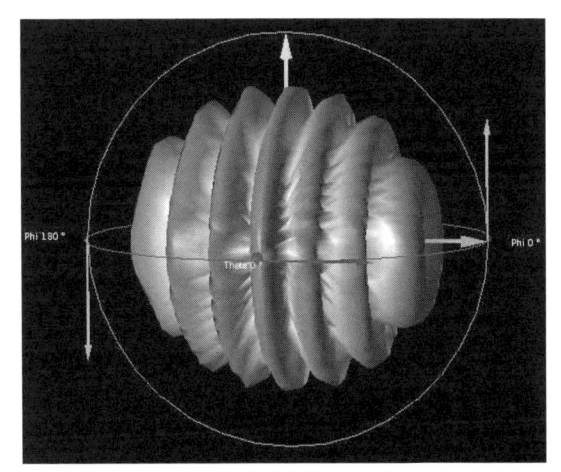

図5-42　1GHzにおける放射パターン

のインピーダンスを450Ωに設定したときの値です．

それは，図5-35（p.96）のマッチング・ボックスに1:9のマッチング・トランスが使われているからですが，シミュレーションによる給電点インピーダンスは，図5-45（p.101）に示すようにフラットではありません．

しかしメーカーによれば，アンテナに給電する同軸ケーブルは60m以上の長さが必要で，そのときのSWRは，超広帯域になるとのことです．これは，明らかに同軸ケーブル外導体の外側にコモンモード電流を流して，同軸の一部をアンテナにすることで，放射効率をアップしているのだと思われます．

外観はビーム・アンテナのように見えますが，一部のバンドを除き，残念ながら特定方向へ強く放射するタイプのアンテナではなさそうです．また，実際には長さ60m以上の同軸ケーブルで給電するように推奨されているので，外導体の外側からの放射も加えると，ダイポール・アンテナのような8の字パタ

図5-44（p.100）は，1.8MHzから50MHzまでの各バンドにおける放射パターンのシミュレーション結果です（大きい白矢印は最大放射方向を示す）．利得の値も表示されており，励振ポート（給電点）

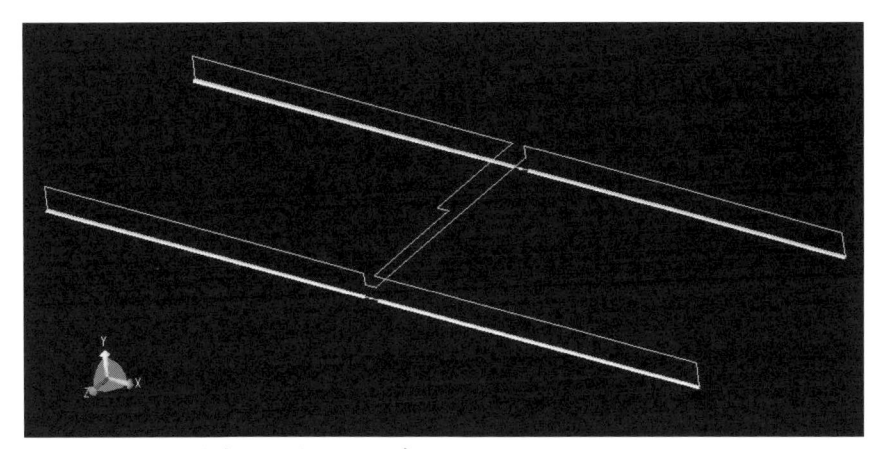

図5-43　D2T-Mのシミュレーション・モデル
手前が給電点，奥側のエレメント中央で800Ω終端

Chapter 5

99

(a) 1.8MHz（利得：−58.9dBi）

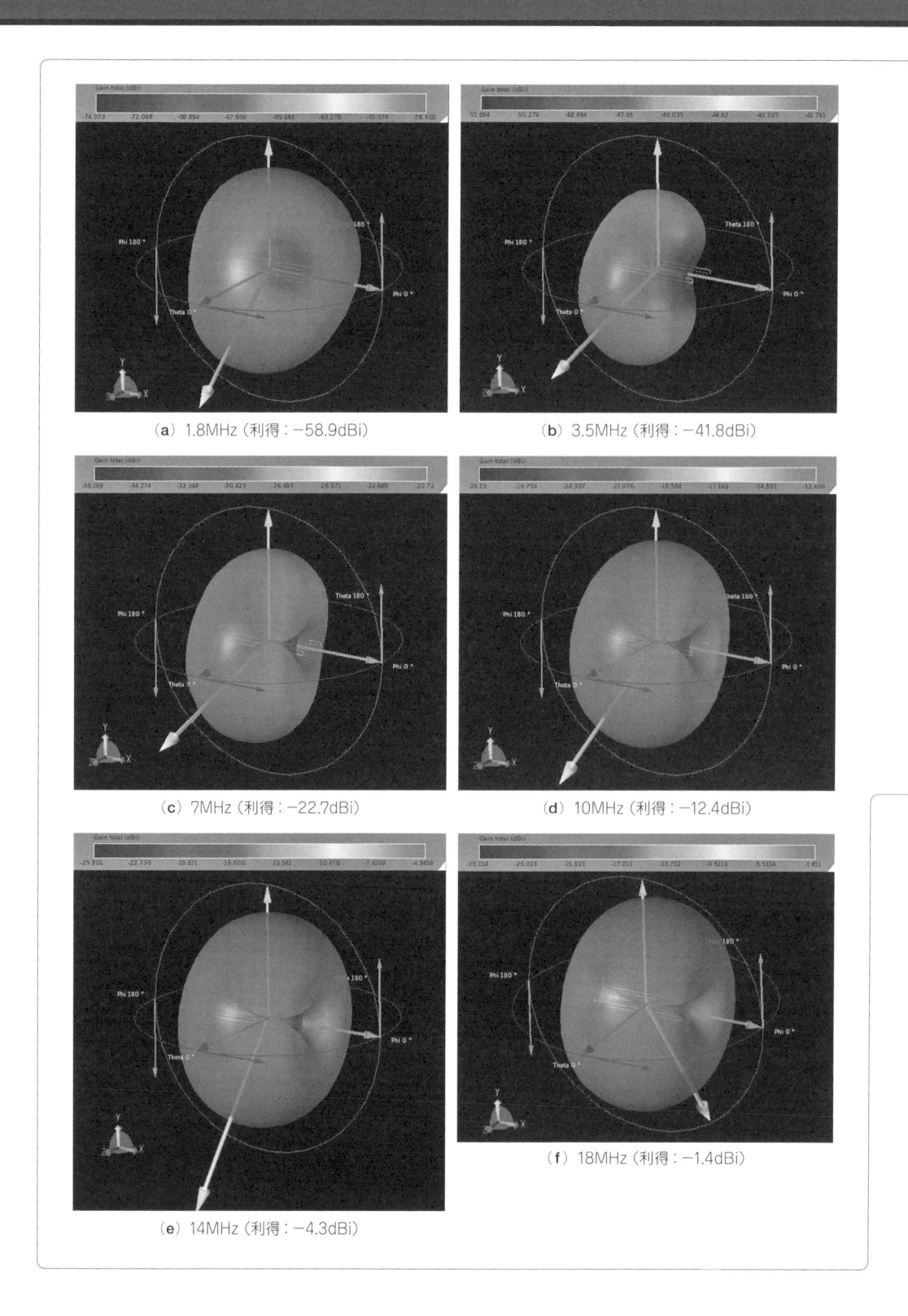

(b) 3.5MHz（利得：−41.8dBi）

(c) 7MHz（利得：−22.7dBi）

(d) 10MHz（利得：−12.4dBi）

(e) 14MHz（利得：−4.3dBi）

(f) 18MHz（利得：−1.4dBi）

ーンはややつぶれると考えたほうがよさそうです．

　放射効率は，それぞれの利得から推測すれば10MHz以下で数％以下，21MHz以上でダイポール・アンテナかそれ以上といったところでしょうか．

　ロンビック・アンテナのような進行波アンテナは放射効率が高いのですが，D2T-Mは，狭い設置スペースからなんとか多くのバンドで運用したいというニーズを満たしてくれるアンテナだと思います．

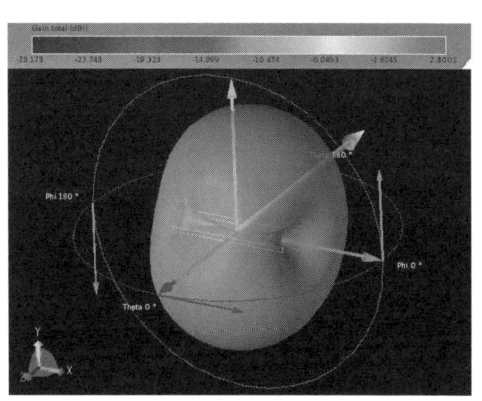

(g) 21MHz（利得：2.8dBi） 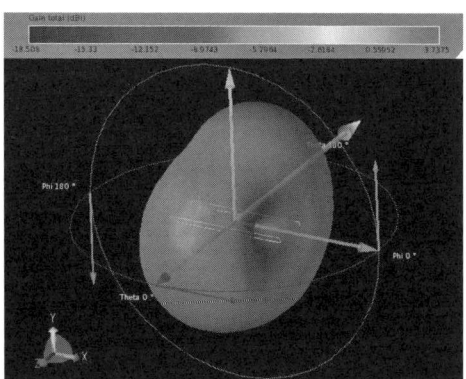 (h) 28MHz（利得：3.7dBi）

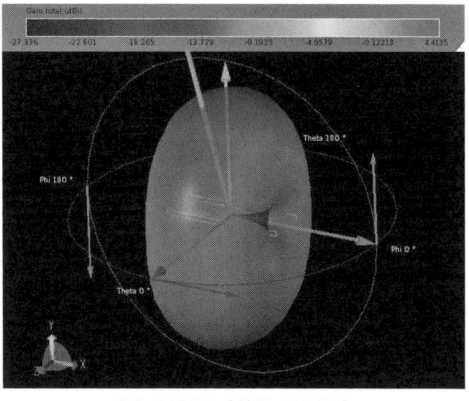

(i) 50MHz（利得：4.4dBi）

図5-44
各バンドにおける放射パターンの
シミュレーション結果

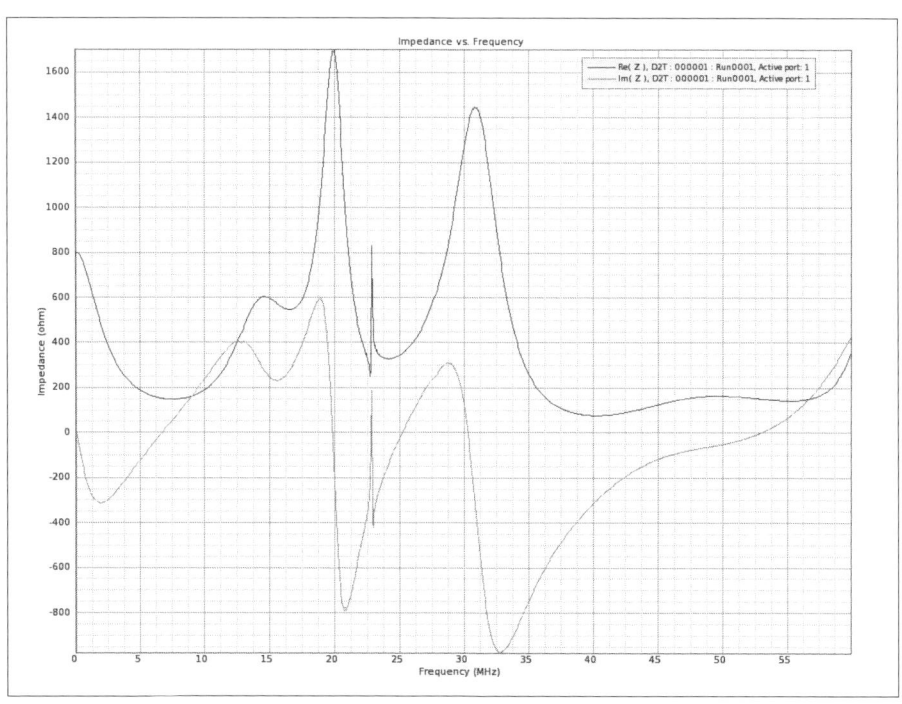

図5-45　シミュレーションによる給電点インピーダンスの変化
60m長の同軸ケーブルを含まないので，フラットなカーブではない

Chapter 6 ビーム・アンテナのシミュレーション

本章では，電磁界シミュレーションを使ってビーム・アンテナの特性を解説しています．YAGIアンテナは，給電エレメントに流れる電流によって発生する電磁界が，近くにあるほかのエレメントに誘導電流を流すため，空間を伝わる電磁界を正確に計算する必要があります．また，大地は電波を反射するので，その特性に応じた反射波も合成する必要があります．

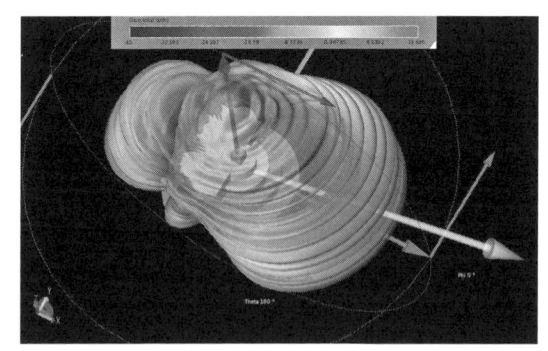

ビルの屋上に設置されたYAGIアンテナからの放射パターン（XFdtdを使用）

6-1 電磁界シミュレーションとは

電波は電界と磁界の波

アマチュア無線は，アンテナなしでは話になりません．それだけ重要なわりには，国試のアンテナ（空中線）の問題数は限られています．

図6-1は昭和34年の電話級（4アマ相当）の国試問題の一部です．筆者は中学生のときにこれを勉強しましたが，(**A**)と(**B**)はまったく別のアンテナ（装置？）に思えました．

図6-2は，やはり当時の国試問題です．アンテナ

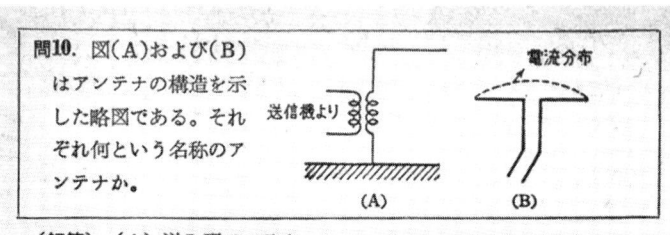

問10. 図(A)および(B)はアンテナの構造を示した略図である．それぞれ何という名称のアンテナか．

(解答) (A) 逆L型アンテナ
(B) 半波ダイポール・アンテナ（または半波ダブレット・アンテナ）

図6-1
昭和34年の電話級国試の問題と模範解答
当時は記述式試験だった

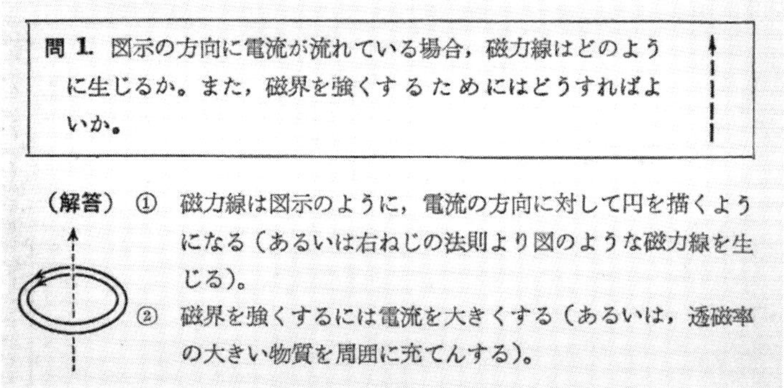

問1. 図示の方向に電流が流れている場合，磁力線はどのように生じるか．また，磁界を強くするためにはどうすればよいか．

(解答) ① 磁力線は図示のように，電流の方向に対して円を描くようになる（あるいは右ねじの法則より図のような磁力線を生じる）．
② 磁界を強くするには電流を大きくする（あるいは，透磁率の大きい物質を周囲に充てんする）．

図6-2
もう一つの問題と模範解答
初級とは思えない解答記述

線には電流が流れるので，解答のように磁力線を生じるのはわかりましたが，それが図6-1のアンテナ線と，いったいどのように関係しているのか，過去問を前に考え込んでしまいました．

さて，これまで述べてきたように，電波は電磁波の仲間です．電磁波は，マクスウェルが予言してヘルツが実証した「電界」と「磁界」の波です．その大元はもちろん電気なのですが，電気回路では「電圧」と「電流」を扱うので，これらの関係がどうなっているのかわからないと，電磁波や電波の本質はつかめません．

電波の定義はあいまい？

電波の定義は，日本の電波法には「3THz（テラヘルツ）以下の電磁波」と書かれています．電波の定義の中に「電磁波」というキーワードが入っているので，辞書を孫引きしなければなりません．そこで電磁波とは何かという，マクスウェルの発見にまでさかのぼることになるのです．

さて，今度は電磁波の定義になります．広辞苑には「電磁場の周期的な変化が真空中や物質中を伝わる横波．マクスウェルの電磁理論によって，光やX線が電磁波にほかならないことが示された」とあります．

以上から具体的な事例を示せば，身近な商用の100Vの電源ケーブルを伝わる電気は，電圧（電位）がかかっている線間とその周りに50Hzまたは60Hzの周期的な電界（電気力線）の変化が伝わっています．同時に，電源ケーブルに流れる電流の周りには磁界（磁力線）の周期的変化が伝わり，上記の定義を満たしていることがわかるでしょう．

しかし一般には，電源ケーブルに電波（3THz以下の電磁波）が伝わっているという認識はないでしょう．ハムが考える電波は，やはり空間を旅して遠くの局までたどり着いてくれる電磁波のことでしょう．

電線を伝わる波

筆者（JG1UNE）の所属するJH1YMC 横浜みどりクラブでは，年間テーマ「マクスウェルさんと友達になろう!!!」を掲げ，特別講演を開催しました．

友人のJF1DMQ 山村英穂OMは，真っ直ぐな電線に電源がある場合の電圧・電流の波，さらには有限長の電線の定在波や，ダイポール・アンテナの動作に至るまで自作のアニメーションで，わかりやすく解説してくれました．

図6-3は，直線の電線中央に給電しているときの電圧を波で表しています．電線の長さは½波長ですが，図6-3(a)は反射がない非現実的な絵なので，進行波だけが両端へ向かって進みます（上下の波は極性の違いを示す）．

次に図6-3(b)は，両端で反射した反射波も描いています．そしてこれが続くと，図6-3(c)に示す合成波が振動します．ここで進行波や反射波は，時間とともに位置が変化しますが，合成波は動かずに振動するので定在波と呼ばれています．

図6-4は，同じ電線の電流のようすです．図6-3(b)は，先端で波の上下が逆転していますが，電流は反射すると，＋と−が逆転しています．電圧と同

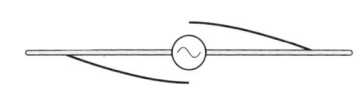

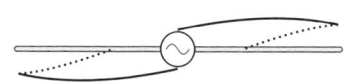

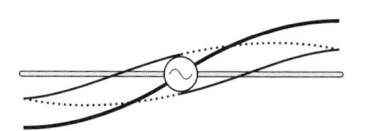

(a) 反射がない場合の進行波のある瞬間
(b) 反射がある場合の進行波と反射波．先端で反射している
(c) 進行波と反射波と合成波（中央の太い線）

図6-3 直線の電線中央に給電しているときの電圧

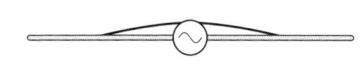

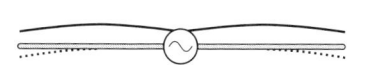

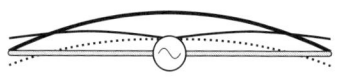

(a) 反射がない場合の進行波のある瞬間
(b) 反射がある場合の進行波と反射波．先端で反射している
(c) 進行波と反射波と合成波（上部の太い線）

図6-4 直線の電線中央に給電しているときの電流

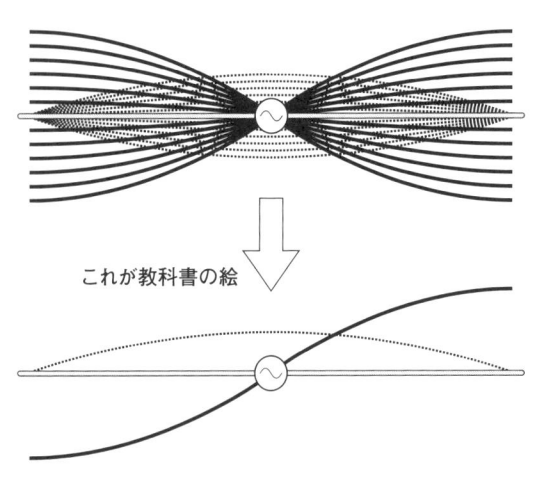

図6-5　½波長ダイポール・アンテナの電圧・電流の定在波

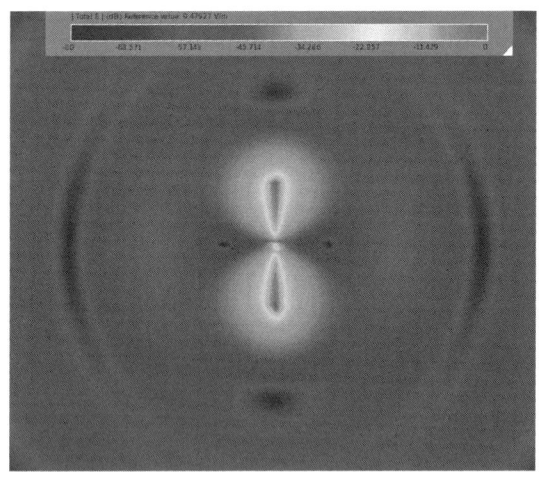

図6-6　ダイポール・アンテナ周りの電界強度分布
エレメントの近くは強く，濃い色の表示部分は弱い

じように，これが続くと，図6-4(c)に示す合成波（定在波）が振動します．

さて，長さ½波長の電線は，交流の電気を加えると，図6-5のように電圧と電流の定在波ができ，共振（共鳴）現象が発生します．共振は，電線の長さで決まる固有の振動数を持ち，その周波数で強く電磁波（電波）を放射するので，これがハムにおなじみのダイポール・アンテナというわけです．

どちらがホント？

ハムが交信をしながらイメージする電波は，もちろん空間を旅して遠方の局まで届く「電磁波」でしょう．そこで，電波はアンテナのどこから出るのか？という疑問が湧きます．

図6-6は，特別講演で筆者が説明したダイポール・アンテナの周りの電界強度分布です．エレメントに沿って強い電界が観測されていますが，電界のもとは電位（電圧）ですから，図6-5と対応させると，エレメント両端の広範囲に強い分布が認められます．

しかし「移動する電界」は，エレメントの給電部から少し離れたところに電界（電気力線）のループ（環）ができていることに注意してください．

一方，山村OMは，「同軸ケーブル内にすでに電磁波があって，アンテナから自由空間に電磁波が広がる」という説明です．ここで「電波」ではなく「電磁波」なのは，マクスウェルの電界と磁界の波動が，すでにケーブル内で移動しているということを意味しています．

さて，どちらがホントなの？　との疑問には，どちらも正しそうであるとしか答えられません．電磁波は見えないので，人間が直接確かめるわけにはいかないからです．ただし，マクスウェルの方程式を使って計算すると実際の現象とよく一致するので，現時点ではどうやら正しそうだというわけです．

そこで登場するのが，そのマクスウェルの方程式をコンピュータで解く電磁界シミュレーションです．デジタル・コンピュータで計算するので，空間を十分細かく分けても誤差は生じます．しかし，頭の中でアナログ的に（？）考えた勘違いも気づかせてくれるので，怪しげな理論を後輩に垂れてしまうといった過ちが未然に防げるというだけでも，活用する価値はあると思います．

6-2 アンテナのシミュレーション法

電磁界シミュレータでできること

電磁界シミュレータは，アンテナや線路，基板などをCAD入力するだけで，マクスウェルの方程式を使って電磁界を高精度で解いてくれます．しかし答えの数値やグラフィックスが得られるだけなので，なぜそうなるのか？ という理由は，本書のさまざまな事例に照らし合わせて考察してください．

電磁界シミュレータで得られる結果を，表6-1にまとめます．

モーメント法の仕組み

モーメント法は，周波数領域の手法といわれています．信号源にsin波（正弦波）を加えて，一つの周波数で電流分布やSパラメータなどを求めます．

必要な帯域に渡って，各周波数で同じシミュレーションを繰り返すので，一般的に，広帯域のデータを得るために周波数ステップを細かくすると，より多くの計算時間が必要になります．

モーメント法は，マクスウェルの方程式から積分方程式を導出するところから始まります．これは，積分方程式を離散化して行列演算で連立方程式を解く一般的な解法なので，電磁界問題以外の分野，例えば数理統計学などでも使われています．

モーメント法の電磁界シミュレーション・プログラムSonnet Liteは，AJ3K Dr. James C. Rautioによって開発されたSonnetの無償版です．

図6-7（p.106）に示すように，導体表面を細かく分けたそれぞれの要素（サブ・セクション）の表面電流を求めるのがゴールで，図6-8（p.106）に示すように，導体表面をN個のサブ・セクションに分割します．

図6-7（p.106）の$J(x', y')$は微小な電流要素で，別のサブ・セクションを観測点としたときの電界Eは，マクスウェルの方程式を含む式で表されます．図6-8（p.106）のサブ・セクションiに置いた既知の電流によってサブ・セクションjの電界が得られるので，サブ・セクションjの電圧は，電界を積分して求められます．

図6-8（p.106）のように一つのサブ・セクションだけに既知の電流を置いてほかはゼロとし，すべてのサブ・セクションの電圧を求めます．これをすべてのサブ・セクションについて繰り返し，最後にこれらの電流をすべてのサブ・セクションに置いたとき，電圧の合計がゼロになる条件（境界条件）を使って，図6-9（p.106）のような実際の表面電流分布が決定されます．

モーメント法は，アンテナのエレメントなど，導体に流れる電流を求めていますが，アンテナの電流分布を求められれば，放射パターンは別途計算することで得られます．

モーメント法とその仲間たち

ワイヤで作るアンテナは，フリーソフトのMMANA

表6-1 電磁界シミュレータでできること

ビジュアル化の機能による
● 導体表面の電流分布（アニメーション機能は有用）
● 近傍空間の電界，磁界分布（ベクトル表示，実効値表示等），電力分布，エネルギー分布
● 遠方界の放射パターン
高精度の解析データが得られる
● S, Z, Yパラメータ（直交グラフ，スミス・チャート）
● 線路の特性インピーダンス，実効比誘電率
● SPICEファイルの生成
● 観測点の電界，磁界変化（直交グラフ，dB表示　EMC問題の電界強度規格値の評価）
● 線路の電流，電圧変化

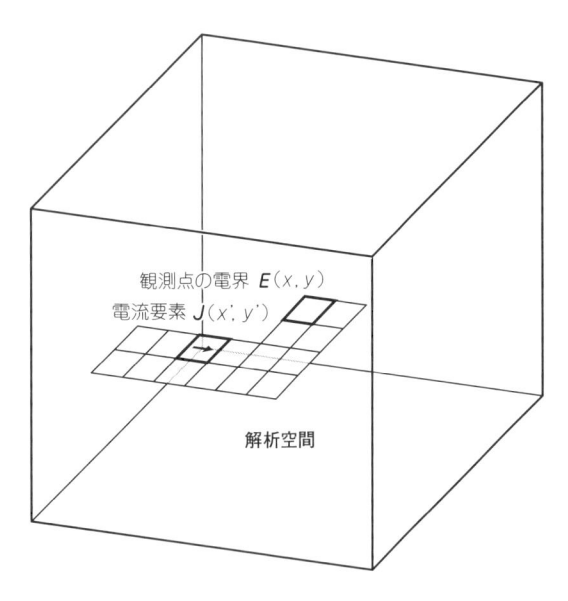

図6-7 モーメント法の解析空間
導体表面を細かく分けた要素の表面電流を求める

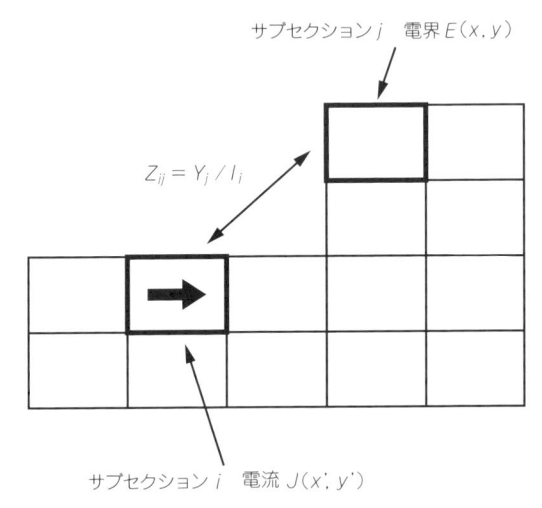

図6-8 導体表面をサブ・セクションに分割する
サブ・セクションiに置いた既知の電流によってサブ・セクションjの電界が得られる

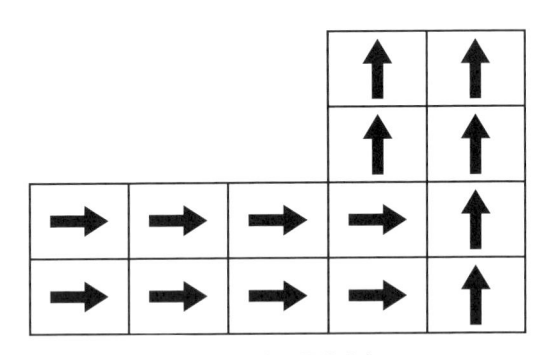

図6-9 最終的に得られた表面電流分布 サブ・セクションiに置いた既知の電流によってサブ・セクションjの電界が得られる

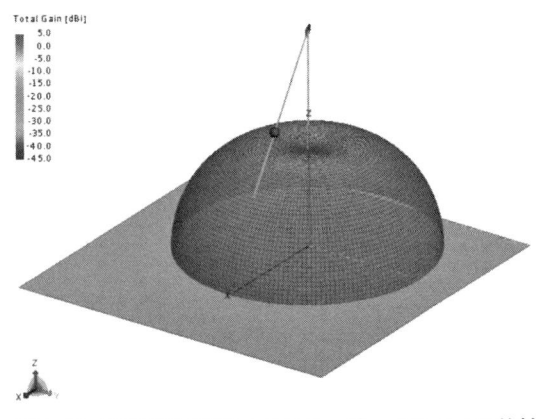

図6-10 完全導体GND上のスローパー・アンテナの放射パターン（EMSS社FEKOを使用）

で設計できます．これは，JE3HHT 森 誠OMが作成されたモーメント法によるアンテナ解析ソフトで，ワイヤやパイプで構成されるアンテナを解析できます（**http://www33.ocn.ne.jp/~je3hht/**）．

基本マニュアルによれば，MMANAは米国政府研究機関で開発された「MININEC（ミニネック）Ver.3」を元に作成したアンテナ解析ソフトです．解析の主要プログラムは，BASIC言語のソース・ファイルがPDS（Public Domain Software：著作権を放棄した上で配布されるソフトウェア）として公開されており，それをC++に移植し，独自のGUI（グラフィカル・ユーザ・インターフェース）で操作できるようになっています．

MININECは，筆者も1980年代にソース・コードを入手して，当時のパソコン用に移植して使っていました．

プロ用のソフトは高価なので，ハム向きではありません．Sonnet（米国Sonnet Software社）やS・NAP-Field（MEL社）は，導波管内のモードを巧みに利用する解法で，閉じた領域の解法とも呼ばれています．

一方，IE3D（米国Zeland Software社）やMomentum（米国Agilent Technologies社），FEKO（南アフリカEMSS社）などは，開いた領域の解法です．

FEKOはモーメント法の解法がベースですが，大規模な問題に対しては高速多重極展開法（MLFMM：Multilevel Fast Multipole Method）という解法が使えるようになっています．また，FEKOではモー

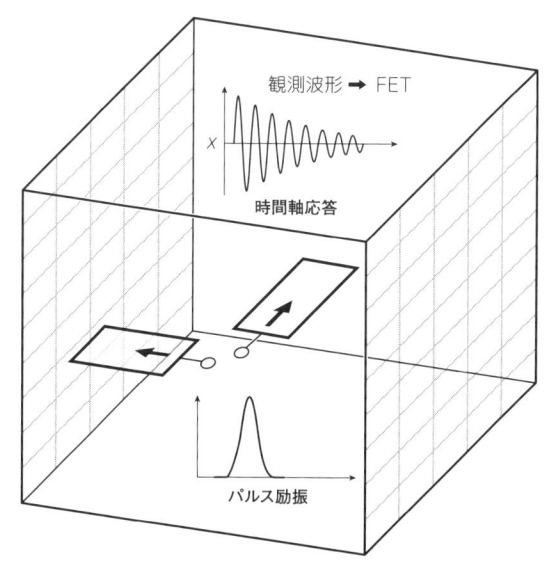

図6-11 FDTD法やTLM法の解析空間
時間変化する電磁界を空間に逐次伝搬させる

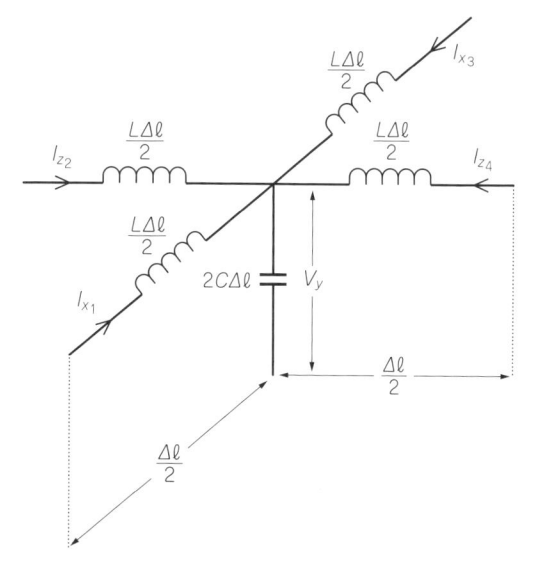

図6-12 TLMメッシュの一つを分布定数回路で表現（2次元セルの場合）
1セルに相当するTLMメッシュ（等価回路）の電圧と電流を次のセルに伝えて逐次的に解く

メント法とともに有限要素法（FEM）や物理光学（PO），幾何光学（GO），一様散乱理論（UTD）を利用することができるユニークな製品です（**図6-10**）．

FDTD法とその仲間たち

FDTD法やTLM法は，時間領域の手法と呼ばれています．この手法は，モーメント法のように方程式を解くのではなく，文字どおり時間変化する電磁界を空間に逐次伝搬させていく方法なので，本来のシミュレーション（模擬実験）手法ともいえます（**図6-11**）．

これらは空間を細かいメッシュに離散化して，各メッシュに伝搬する電磁界を，マクスウェルの方程式の差分表現式を使ってシミュレーションします．

CADは任意形状の3次元構造を描けるので，携帯機器の人体への影響をシミュレーションするための精密な人体モデルも開発されています．

信号源は，広帯域の周波数成分を持つガウス・パルスなどを一個だけ励振します．導体や誘電体，空間など，すべての空間がメッシュで離散化されているので，パルス波はすべてのセル（メッシュの最小単位）に伝搬されます．十分長い時間をかけて，パルス応答データをフーリエ変換（FFT）すると，広帯域な周波数軸のデータが一度に得られます．

FDTD法は有限差分時間領域法とも呼ばれ，空間に伝搬する電磁界を，マクスウェルの方程式の差分表現式を使って直接シミュレーションします．XFdtd（米国Remcom社）は，最も早く商用化されたFDTD法のソフトですが，このほかにも多くの製品が普及しています．

一方，TLM法は伝送線路法とも呼ばれ，空間の離散点間を1次元線路（TLMメッシュ）と仮定し，**図6-12**に示すように，TLMメッシュで構成したセルで，構造全体を離散化します．

一つの節に与えられたインパルスは，ホイヘンスの原理（一つの波面上のすべての点がそれぞれ2次波を出し，次の波面が作られる）に従って，次々に隣接する節に伝搬します．この過渡応答をコンピュータで逐次的に計算するので，電圧・電流で解いて電界・磁界を得るというユニークな手法です．

6-3 MMANAによるアンテナのシミュレーション

垂直設置のダイポール・アンテナ

　垂直設置のダイポール・アンテナは，半波長ダイポールを大地に対して垂直に設置したアンテナです．アンテナから放射される電波は，直接波と反射波（大地に誘導される電流による2次放射または再放射）との合成で指向性が決まります．そこで，設置高によって放射パターンが異なりますが，大地は導電性のある誘電体として定義されるので，その状態によってもアンテナからの放射特性は大きく変動します．

　MMANAを起動して，「ファイル」→「開く」でMMANAフォルダ内のANTフォルダに入っている多くの例題ファイルが使えます．

　図6-13は，VDP40.MAAを開いて，アンテナのデータを読み込んだところの画面です．このアンテナ定義のタブには，すでに上半分の領域にワイヤを描く始点と終点の座標が入っています．画面の左下は給電点の位置や信号の位相，電圧が設定されています．またその右には，コンパクト・アンテナの設計に使えるLやCの集中定数の種類や値，装荷位置が設定されています．

　アンテナ形状のタブをクリックすると，図6-14の

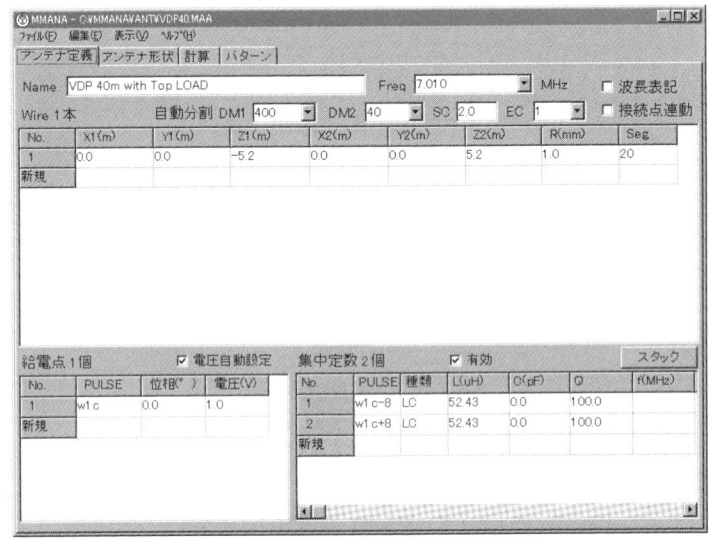

図6-13
VDP40.MAAを開いて表示される画面

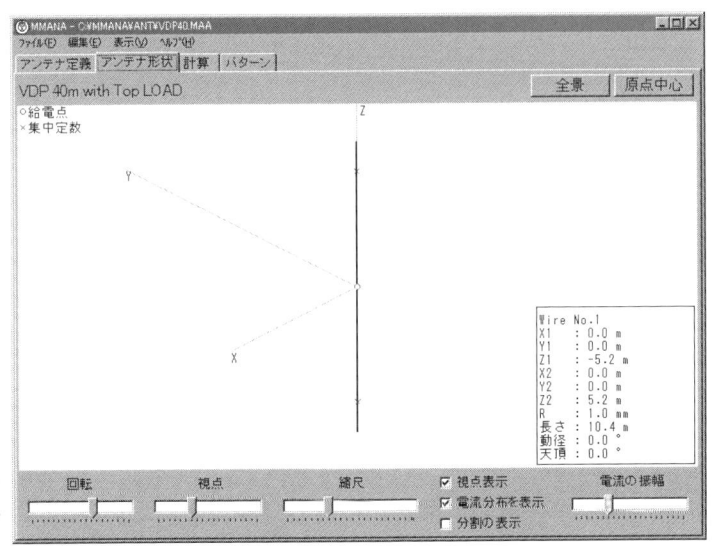

図6-14
7MHz用垂直ダイポール・アンテナVDP40.MAA

第6章 ビーム・アンテナのシミュレーション

図6-15 VDP40.MAAを計算するタブ

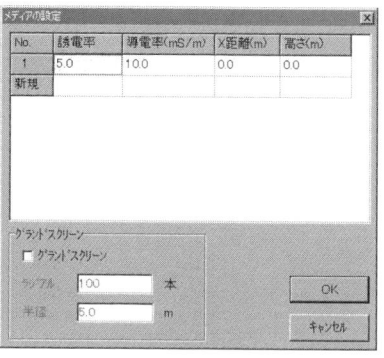

図6-16 メディアの設定画面

ような7MHz用垂直ダイポール・アンテナが表示されます．ここで中央にある○印が給電点で，エレメントの先端付近にある×印が装荷する集中定数（それぞれ52.43μH，$Q=100$のコイル）です．座標の原点が給電点になっていますが，これはアンテナ定義のタブで入力するアンテナ・エレメントの座標をそのまま3次元表示しています．

次の図6-15は計算タブで，周波数や周囲の環境を設定します．また，アンテナの地上高やワイヤの金属材料もここで定義できます．計算条件は，自由空間，完全導体グランド，リアルグランドの中から選びます．リアルグランドを選択したら，その右の

「メディア」ボタンをクリックして，図6-16に示すダイアログ・ボックスで，大地の比誘電率ε_rや導電率σ（単位：ミリシーメンス/メートル）などを設定します．目安となる値は，次のとおりです．

海　水：$\varepsilon_r=80$，$\sigma=1000\sim5000$ [mS/m]
湿　地：$\varepsilon_r=5\sim15$，$\sigma=10\sim1$ [mS/m]
乾燥地：$\varepsilon_r=2\sim6$，$\sigma=0.1$ [mS/m]

計算タブ画面の左下の計算ボタンを押すと，図6-17のように結果が表示されます．右上の大きな枠内には，アンテナの入力インピーダンスやSWRの計算結果が表示されており，No Fatal Error(s)とあ

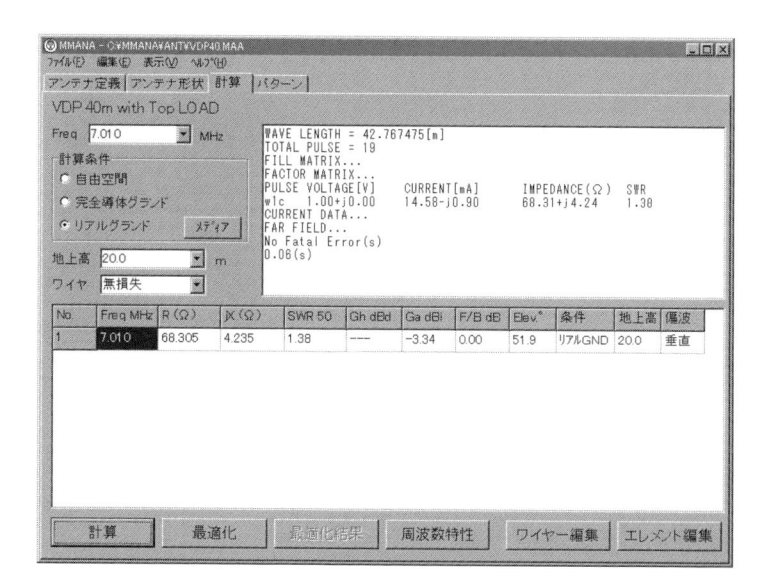

図6-17
計算結果の表示画面

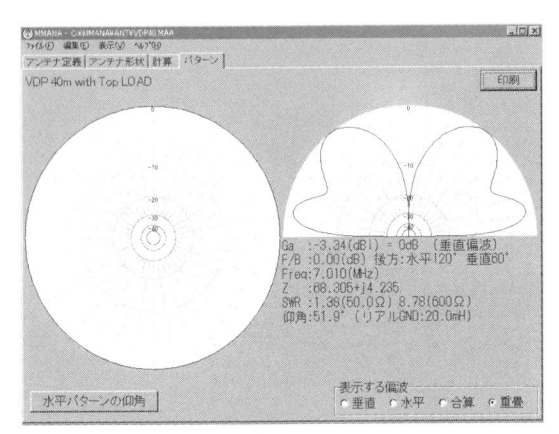

図6-18 放射パターンの表示画面

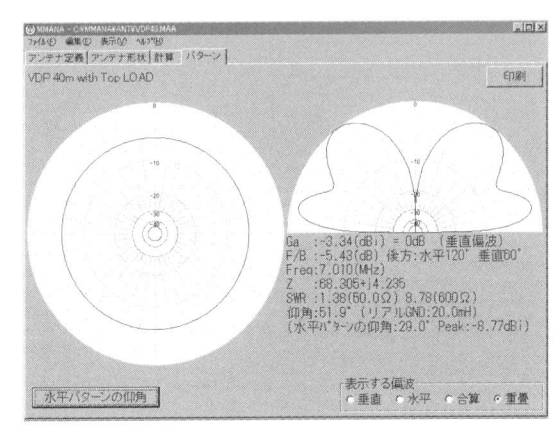

図6-19 仰角29°に変更したときの放射パターン

るので，問題なく計算が終了したことがわかります．

次にパターン・タブをクリックすると，図6-18のような放射パターンのグラフィックス表示が現れます．右側の半円は，水平方向から見た断面（x-z面）の放射パターンです．その下の行にある情報は，次のとおりです．

1行目のG_a：−3.348（dBi）＝0dB（垂直偏波）の意味は，等方性アンテナと比較した絶対利得Gaが−3.348dBで，半円の外周を0dB（中心が−∞dB）として垂直偏波成分のグラフを表示しているという説明です．

2行目のF/Bはフロント・バック比で，最も強い放射の方角をフロント（前方），その反対方向をバック（後方）としたときの放射電力比のことです．この例では全方向で同じ値なので，比率は1すなわち0dBです．

また，F/Bを計算する際の後方の範囲が表示されていますが，その設定は「表示」→「オプション」→環境設定タブで変更できます．水平が例えば±60°の範囲をチェックしたい場合は，120°を設定します（0〜359まで設定できるので，例えば270°でバックを設定できる）．垂直は0以外の値を設定すると，後方を0°として指定した角度までをチェックします．

6行目の仰角51.9°は，最も強い放射の仰角です．これは自動的に設定されますが，左下の「水平パターンの仰角」ボタンを押すと，設定変更ができるダイアログ・ボックスが現れます．図6-19は，パターンがくびれている29°に変更したときのパターン・タブ表示です．仰角の行の括弧内は，リアルグランド（比誘電率と導電率を設定した実際の大地）のシミュレーションであることを示しています．「20.0mH」は20ミリヘンリーではなく，20メータ高（high）の

設置位置という意味です．

画面右下の選択は，表示する偏波の成分を指定しますが，垂直成分や水平成分のみのグラフ表示ができます．合算は垂直と水平の両成分を合計したグラフで，重畳は垂直成分のみのグラフと水平成分のみのグラフを重ねて表示します．

計算が正常に終了した後でアンテナ形状のタブをクリックすると，図6-20のような電流の分布が表示されます．これは正確な表示というより目安として表示されているようです．

エレメントの両端は電流がゼロで，中央の給電点付近が最大になりますが，途中にコイル（インダクタンス）が装荷されているために，その位置で不連続なカーブになっています．装荷されないフルサイズのダイポールでは，滑らかなサイン波が描かれます．

MMANAに慣れてくると離散化度（分割の度合い）を設定変更して計算精度を調整できるようになります．画面の下にある分割の表示をチェックすると，×印で分割点が表示されます．

セグメントの調整

モーメント法は，ワイヤをセグメントという単位で分割して，各セグメントに流れる電流を計算するので，分割の度合いが計算精度に大きく影響します．

ダイポール・アンテナやYAGIアンテナのように1本の直線で構成されるアンテナでは，均等に分割しても大きな誤差は生じません．しかし，クワッド・アンテナやエレメント端のキャパシティ・ハットのように，折れ曲がり部がある場合は細かく分割しないと誤差が大きくなります．

テーパード・セグメンテーション（テーパリング）は，図6-21のように曲がり部付近をより細かく分

第 6 章　ビーム・アンテナのシミュレーション

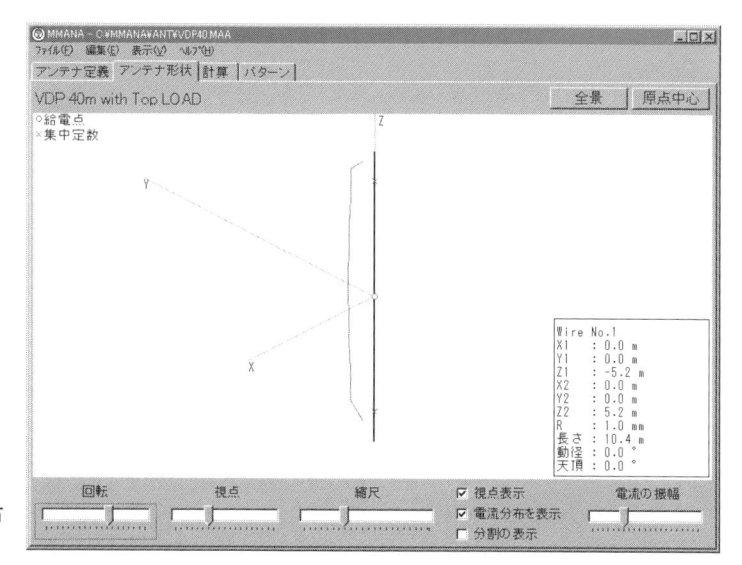

図6-20
エレメントの電流分布
表示

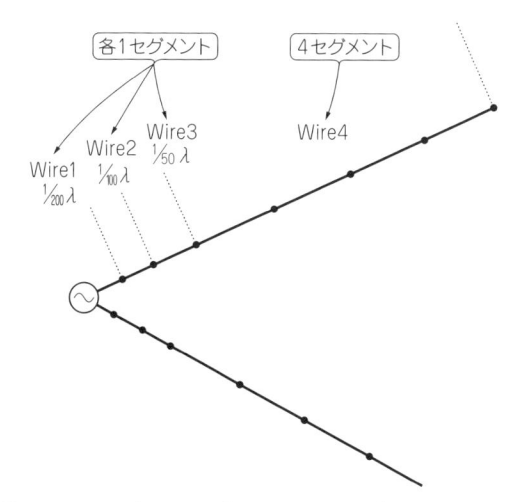

図6-21　テーパード・セグメンテーション（テーパリング）

割する方法です．直線のエレメントも，この方法でより少ないセグメント数で計算精度を保つことができます．

MMANAで自動分割の欄に設定する値は，次のとおりです．

　DM1：テーパリング開始時の間隔（=λ/DM1）
　DM2：テーパリング終了時の間隔（=λ/DM2）
　SC　：テーパリングの変化の度合い（乗数）
　EC　：テーパリングの端点のセグメント数

電流の分布に大きな誤差があると，アンテナの入力インピーダンスの計算精度が悪くなります．しかし，極端にセグメントを短くすると計算が不安定になります．MMANAのマニュアルに載っている一般的な例は，次のとおりです．

アンテナ種別	Seg	DM1	DM2
ダイポール・YAGI系	0または−1	200〜400	40
正方形ループ	−1	200〜400	40
三角形ループ	−1	400〜600	40
長方形ループ	−1	400〜600	60
ヘンテナ	−1	400〜600	60

ここでSegの数字は，−1を設定すると分割幅はλ/DM1〜λ/DM2の範囲でテーパリングされます．−2を設定すると始点のみテーパリングされ，−3を設定すると終点のみテーパリングされます．また，0を設定すると自動均等分割，正の整数は手動均等分割数になります．

MMANAのメディアとグラウンド・スクリーン

MMANAで接地型のアンテナをモデリングするときに，図6-22（p.112）に示すような階段状のメディアを設定できます．ここで設定するメディアとは，MININECに含まれているp.112の図6-23，図6-24のような環境を扱う機能をそのまま使っているはずです．

本項は，拙著「コンパクト・アンテナの理論と実践［応用編］」（CQ出版社）にも載せていますが，さまざまな設置条件下のビーム・アンテナにも役立つので，本書でも解説しておきます．

例えば，アンテナを14MHz用の5.2m長のモノポ

111

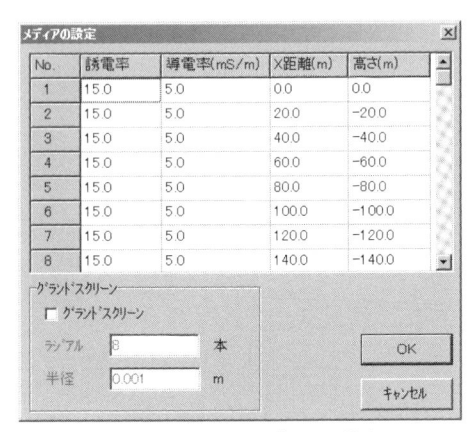

図6-22　MMANAによるメディアの設定

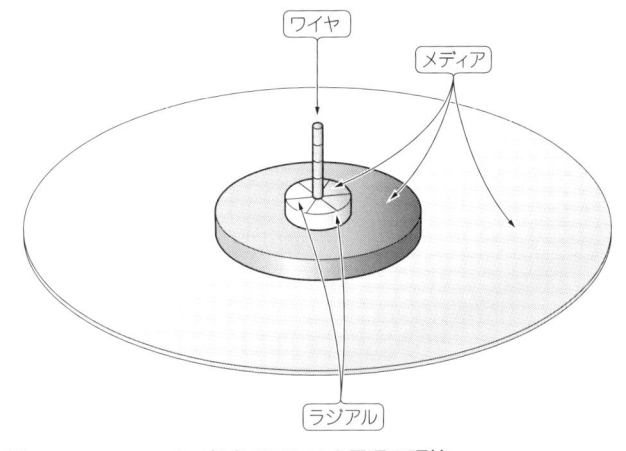

図6-23　MININECで扱えるアンテナ周辺の環境

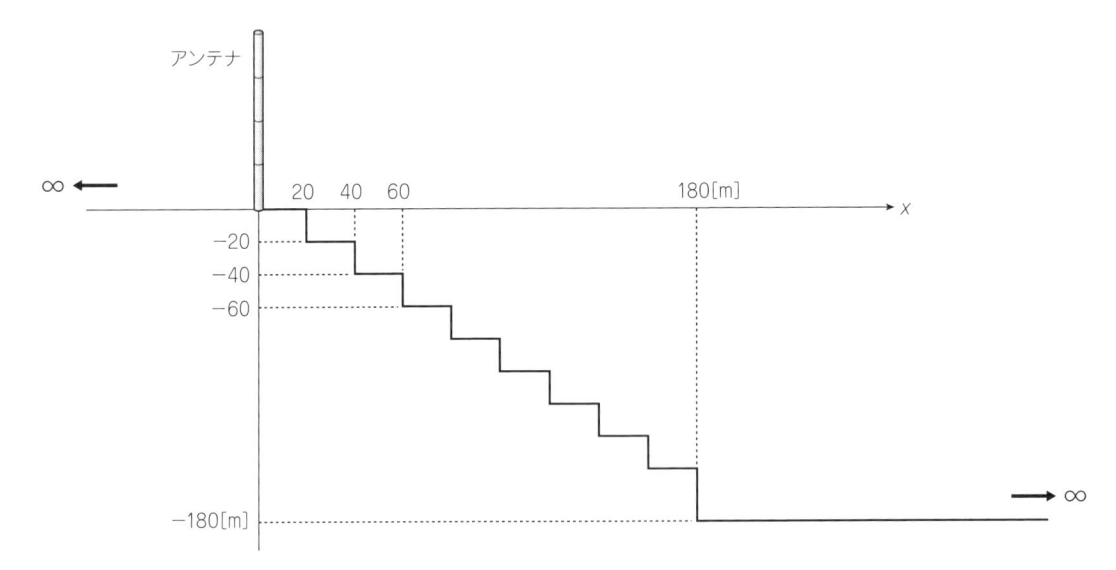

図6-24　階段状のメディアで丘を表現する

ール・エレメントとしてモデリングして，図6-24の丘に設置したときの放射パターンは図6-25のようになりました．アンテナの左側（-x方向）は半無限に伸びる平面で，右半面は丘の上から見下ろす坂になっています．

ここで，図6-22のメディア設定には注意が必要です．グランドスクリーンをチェックすると，表題の「X距離（m）」が「半径（m）」に替わることに気づくでしょう．これは，入力項目がラジアルの半径を設定するエリアに替わったことを意味するので，例えば5.2m長のラジアル線を8本モデリングする場合は，図6-26のように最初の行に半径を設定します．

これを実行すると図6-27の結果が得られますが，図6-25とは異なり，自動的にアンテナの左側（-x

方向）のパターンも対称形に描かれてしまいます．これは，グランドスクリーンをチェックすることで，MININECが図6-23に示すような同心円状のメディアに放射状のラジアルを張ってしまうという制約によるものと思われます．

そこで，ラジアル線を8本から128本に増やすと，図6-28のように利得（Gain）が向上することがわかります．大地の比誘電率は15に設定しているので，XFdtdなどの電磁界シミュレータでは，波長短縮を考慮して5.2mよりもかなり短くしないと14.05MHzで共振しないはずです．しかしMMANAでは，例えば4mに設定したときの利得は，5.2mのときよりも低いので，ここで入力するラジアル長は，波長短縮を無視した値でよさそうです．

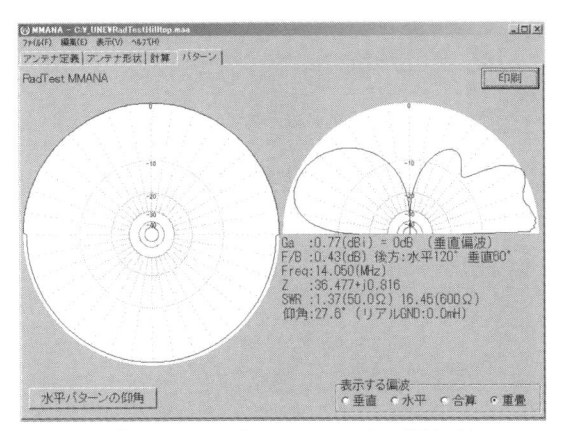

図6-25　丘の上のモノポール・アンテナの放射パターン

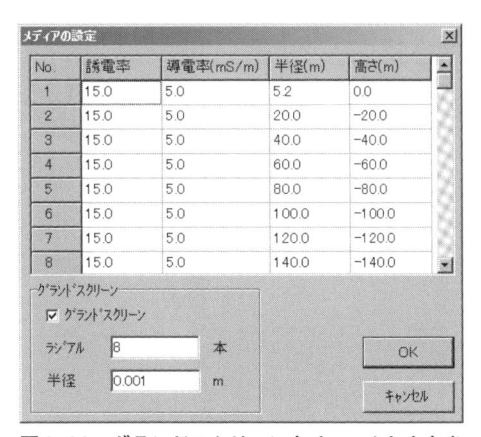

図6-26　グランドスクリーンをチェックしたときのメディアの設定（左下はラジアル断面半径）

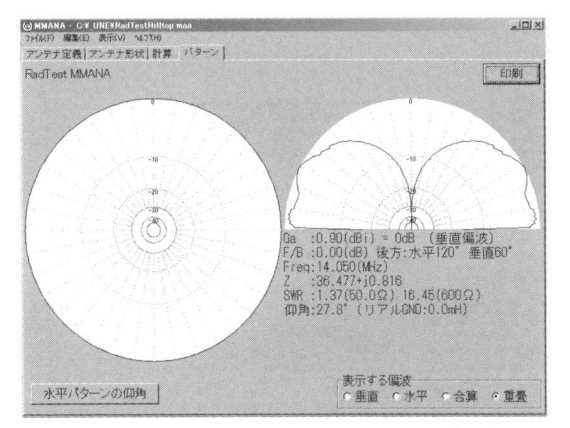

図6-27　グランドスクリーンをチェックしたときの放射パターン
ラジアル線は8本

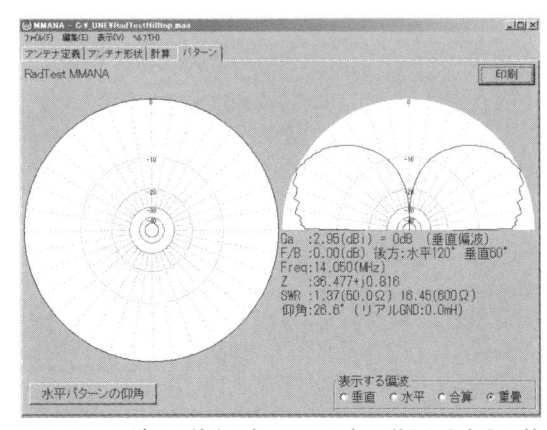

図6-28　ラジアル線を8本から128本に増やしたときの放射パターン

ビルの屋上のYAGIアンテナ

JF1VNR 戸越OMは，JA1YCG 慶應義塾大学無線研究会に所属されています．クリエート・デザイン社のAFA40（7MHz 2エレ），CL15（21MHz 5エレ），CL10（28MHz 5エレ）が4階建てのビルの屋上に設置されているとのことで，MMANA-GALでシミュレーションされました．

表6-2は，戸越OMのモデルのメディア設定です．ビルの屋上から7m高に設置した，5エレ，21MHz用YAGIアンテナのシミュレーション結果（放射パターン，利得）を受けて，同様のモデルをFDTD法

表6-2　ビルの屋上設置のメディア設定例

誘電率	導電率	半径	高さ
6	0.35	18.5	0
15	5	30	−20
15	5	50	−40
15	5	70	−60
15	5	100	−80
15	5	1000	−100

（a）切り立った丘の上のビル屋上設置

誘電率	導電率	半径	高さ
6	0.35	18.5	0
15	5	300	−20
15	5	350	−40
15	5	400	−60
15	5	500	−80
15	5	1000	−100

（b）広い丘の上のビル屋上設置

図6-29
XFdtdによるモデル
MMANAによる表現に近づけた構造

図6-30
シミュレーション結果の放射パターン

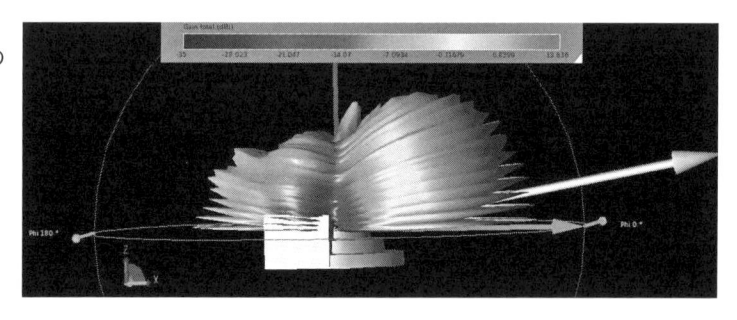

図6-31
電界の強度分布
見やすくするために表示レベルを調整している.
位相角：0°

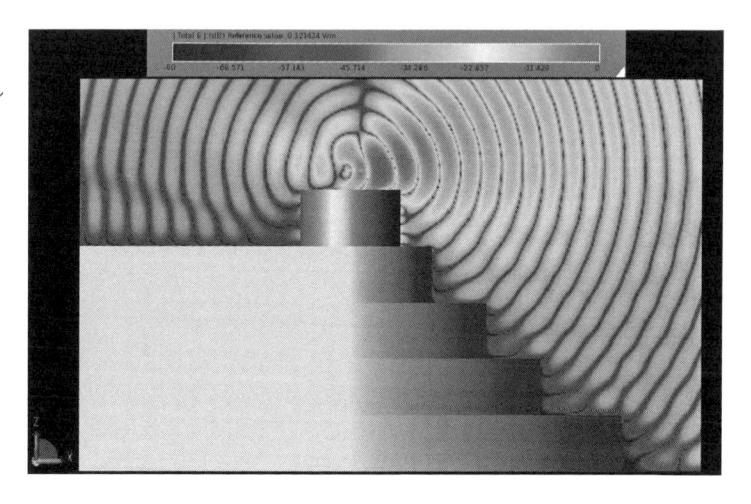

によるXFdtdでシミュレーションしてみました．ただし，**表6-2(b)**は解析空間が膨大になるため，実施していません．

図6-29はXFdtdによるモデルです．実装メモリと解析時間の関係で，解析空間はやや狭くなっています．アンテナ周りを除く空間は，離散化したセルの寸法を，1辺60cmの直方体としています．**図6-30**は，**図6-29**のモデルのシミュレーション結果で，MMANAの放射パターンに似た，ささくれ立っている傾向はよく出ています．最大利得は13.9dBiで，MMANAの結果（16.6dBi）よりもやや小さくなりました．また，Boresight（最大放射方向）は，MMANAの結果に近くなりました．

また，**図6-31**は電界の強度分布で，見やすくす

図6-32
磁界の強度分布
見やすくするために表示レベルを調整している．
位相角：90°

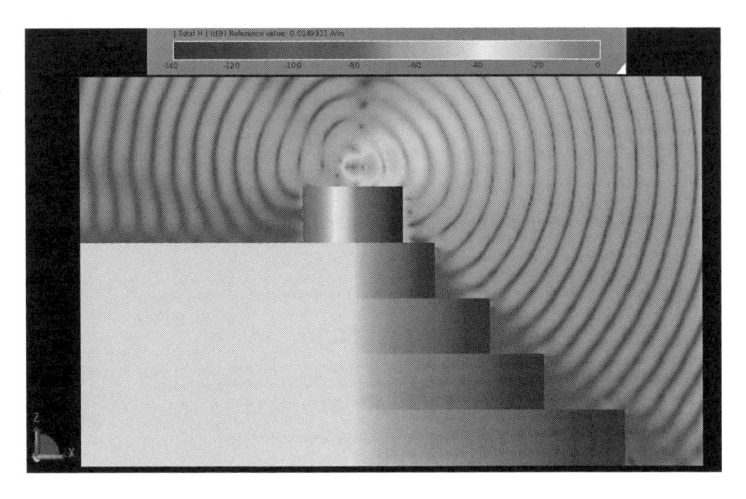

るために表示レベルを調整しています（位相角：0°）．
図6-32は磁界の強度分布で，やはり表示レベルを調整しています．離散化したセルはやや粗く，21MHz用YAGIの寸法で，共振周波数は20MHzになりました．このため，アンテナの動作状態は最適化されている周波数とは異なり，利得はやや低下しています．

MMANAの結果（図6-33）と比較すると，大地による反射を含む放射パターンの傾向はよく合っていると思われ，MMANAによる丘の表現（メディアの設定法）も，目安として使える結果だと思います．

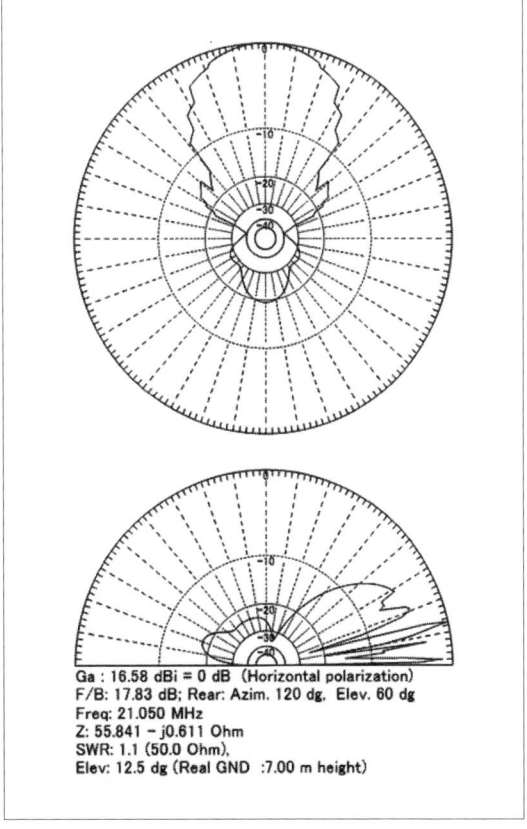

Ga : 16.58 dBi = 0 dB (Horizontal polarization)
F/B: 17.83 dB; Rear: Azim. 120 dg, Elev. 60 dg
Freq: 21.050 MHz
Z: 55.841 − j0.611 Ohm
SWR: 1.1 (50.0 Ohm),
Elev: 12.5 dg (Real GND : 7.00 m height)

図6-33　MMANAの結果

Chapter 7 ベランダのビーム・アンテナ

ベランダに設置できるフルサイズのビーム・アンテナは，V/UHF帯やマイクロ波用に限られます．しかし，エレメント自体を小型化すれば，HF帯でもあきらめることはありません．筆者らは長年，ベランダにコンパクトなビーム・アンテナを設置できないかと格闘していますが，2本の釣り竿アンテナやMLA（マグネチック・ループ・アンテナ）の位相差給電によるビーム・アンテナは，その結論の一つなのです．

ベランダの手すり近くに，垂直と水平に設置したMLA（Field_ant製MK-3）

7-1 ワイヤ・アンテナでビームを実現

ベランダでビームとは無謀な…

筆者らは長年のアパマン・ハムですが，集合住宅の屋上は使えないので，ベランダに何とかアンテナを設置して楽しんでいます．

V/UHF帯やマイクロ波帯の運用では，YAGIやパラボラ・アンテナをベランダに置くことは可能です．しかし，ハムの醍醐味は何といってもDX QSOです．そこでHF帯のビームということになりますが，ベランダのスペースは高さ2m強なので，最上階に住まう場合を除けば無謀な要求なのです．

筆者らは幸い3階建ての最上階なので高さ制限はゆるいのですが，ベランダの長手方向は5mほどです．電波防護指針をチェックして，隣家への距離を考慮すると，アンテナを置ける場所はさらに狭まります．

UNEクワッド登場

写真7-1は，1エレメントのタテ長クワッド・アンテナです．図7-1に寸法を示します．給電点が下辺の端にあるのがミソです．一般のクワッド・アンテナは正方形で，対称位置に給電します．しかし，入力インピーダンスは100Ω以上になるため，マッチング回路が必要になってしまいます．

また，これをタテ長にしたSKYDOORというFBなアンテナが，JA1HWO局から発表されています．こちらも給電部にコンデンサとバランが必要なので，

写真7-1 1エレメントのタテ長クワッド・アンテナ

116

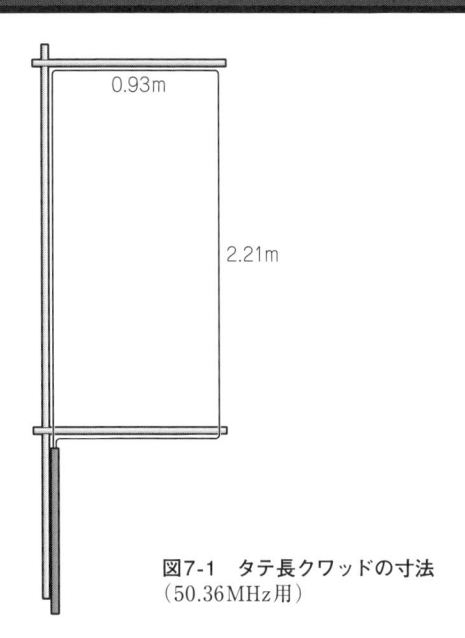

図7-1 タテ長クワッドの寸法
（50.36MHz用）

より簡単な方法を考えました．

オフセット給電とは？

入力インピーダンスは，給電点から見込んだ電圧と電流の比です．そこで中央からずらしていくと，どこかで純抵抗が50Ωに見える位置が見つかるはずです．

しかしこれは面倒な作業なので，MMANAの力を借りて見つけたのが，図7-1のような長方形エレメント下辺の端でした．このように，アンテナの中央からはずれて（offsetして）いる場合は，オフセット給電と呼ばれています．

そこで，グラスファイバ・ポールに，軽量のデベ・マウントで細い釣り竿を2本固定して，同軸ケーブルの先端を直接つないでみました（写真7-1）．同軸ケーブルの芯線と外導体は，長方形の辺のどちら側につないでもOKです．また，念のため給電部付近に分割フェライト・コアを付けて，同軸ケーブルの外導体外側にコモンモード電流が流れないようにしています．

再現性テスト

JH1YMCメンバーのJR1OAO 中島OMのご自宅にも設置していただき，製作の再現性が確認できました（写真7-2および図7-2）．クラブのオンエア・ミーティングでの使用感は，ひいき目かもしれませんが，同じアンテナ同士のほうが，ほかの種類のアンテナとよりも相性が良いように感じます．

このアンテナは，オンエア・ミーティングの初

写真7-2 JR1OAO局製作のタテ長クワッド

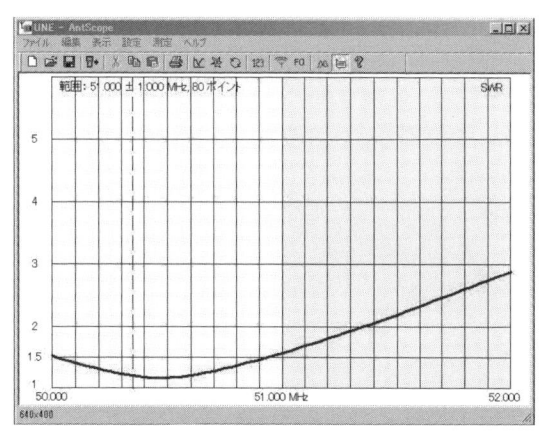

図7-2 JR1OAO局製作タテ長クワッドのSWR
アンテナ・アナライザ AA1000で測定

写真7-3 JA1DQW局設置のUNEクワッド

QSO以来改良を続けており，メンバーのJA1POT 木村OMに「UNEクワッド」と命名していただきました．また写真7-3は，やはりメンバーのJA1DQW

117

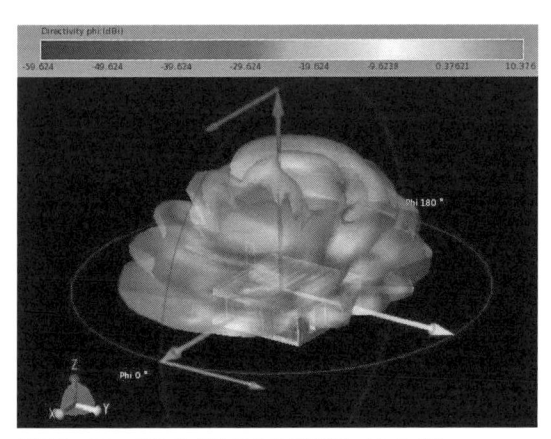

図7-3 ヨコ（Phi）成分の指向性利得：10.4dBi

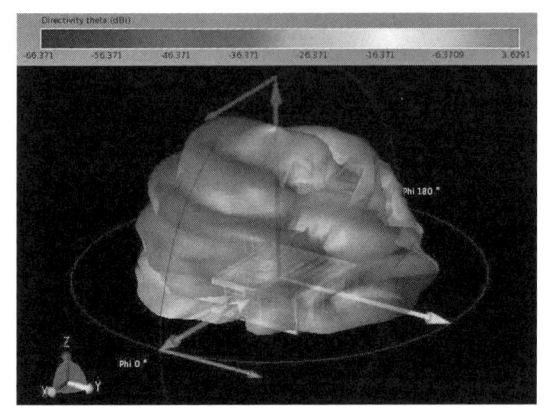

図7-4 タテ（Theta）成分の指向性利得：3.6dBi

写真7-4
2エレメントUNEクワッド

長野OMが移動運用したときのUNEクワッドです．

不思議な現象？

UNEクワッドは，相手の局がダイポール・アンテナやHB9CVなど，水平偏波のアンテナと相性が良いはずです．またクラブ・メンバーのなかには，モービル・ホイップなど垂直系も多いので心配でした．

しかし，実際のQSOでは両者の違いがはっきりしないので，かえって「不思議」が増えてしまいました．

図7-3と図7-4は，当局のベランダ設置の状況を含んだシミュレーション結果です（XFdtd使用）．写真7-1（p.116）でもわかるとおり，アンテナの給電点は建物に極めて近いので，鉄筋や鉄骨の影響が大きいことが判明しました．アンテナの下辺は屋上スレスレで，壁やフェンスにも誘導電流が流れ，それらからの再放射が複雑に合成されているようです．

また大地からの反射も含むので，放射パターンには凹凸が目立ちます．おそらく，これが現状に近いと思いますが，図7-4に示すとおり垂直偏波成分も

やや強くなっています．水平・垂直を比較すると，UNEクワッド本来の水平偏波成分が数dB優っています．これは給電点が下辺にあるので，電流の腹は上と下の辺にできることからもわかるでしょう．

2エレメント化にチャレンジ

オンエア・ミーティングに参加したい一心でにわか作りしたアンテナですが，うまくいくと欲が出るもので，今度は反射器を追加しました（写真7-4）．

エレメント間隔は1.64mですが，これはフェンスに既設の取り付け金具の位置のままなので，最適ではないかもしれません．放射器は90cm×2.2m，反射器は90.5cm×2.25mで，MMANAでシミュレーションした結果をそのまま採用しています（図7-5，図7-6，図7-7）．

UNEクワッドは，それぞれ単独で50Ωに整合をとってから2エレメントを並べると，相互の電磁的な結合で，インピーダンスがやや変化します．これはトランシーバ内蔵のATUで調整できる範囲ですが，外付けのアンテナ・カプラ（手動のMTUなど）があるとFBです．

2エレメントの使用感は，1エレメントに比べればSが1〜2アップしたのですが，残念ながらビームが固定になってしまうので，瞬時に前後が切り替わる位相差給電方式を試したくなりました（次項参照）．

多エレメント・ヘンテナ

ヘンテナは，やはりタテ長の長方形ループ・アンテナです（図7-8）．単体はHF帯でも広く使われて

図7-5
2エレメントUNEクワッドのMMANAシミュレーション・データ

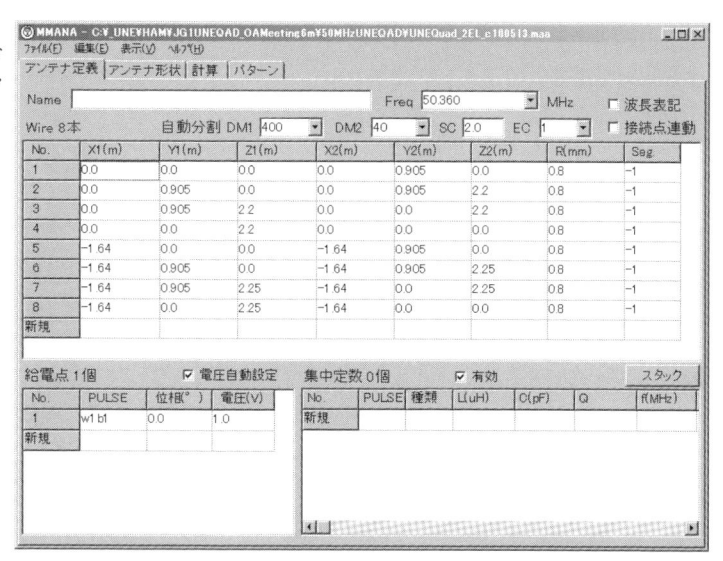

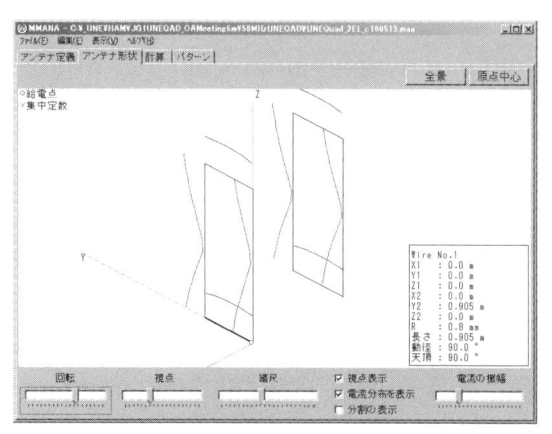

図7-6 2エレメントUNEクワッドの電流分布

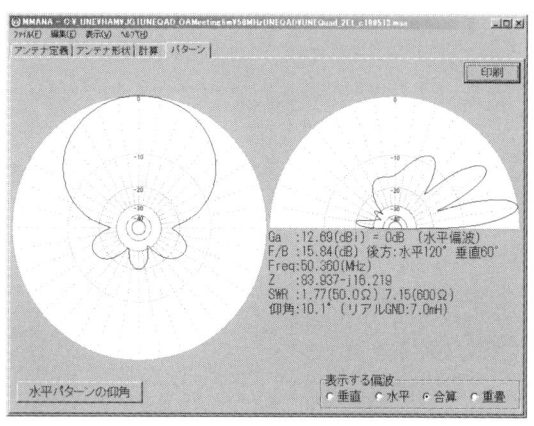

図7-7 2エレメントUNEクワッドの放射パターン
地上高7m，リアル・グラウンド（比誘電率＝15，導電率5mS/m）

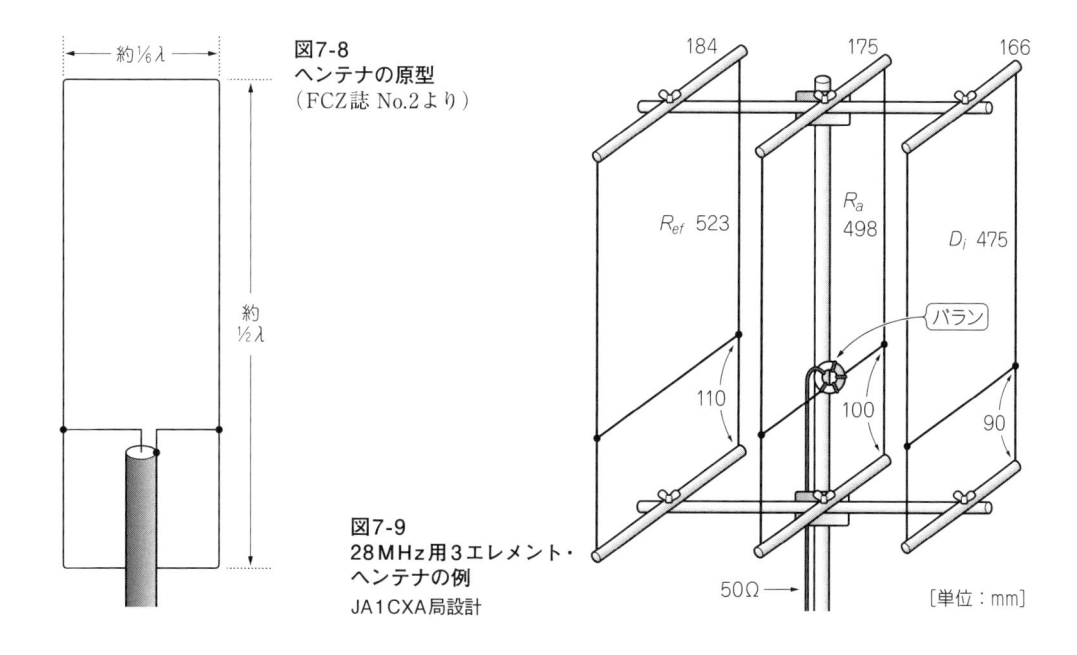

図7-8
ヘンテナの原型
（FCZ誌 No.2より）

図7-9
28MHz用3エレメント・ヘンテナの例
JA1CXA局設計

R_{ef} 523　R_a 498　D_i 475

［単位：mm］

いますが，多エレメント化はJA1CXA 根元OMが1985年に試されてから，エレメント数がどんどん増えていったのだそうです．

図7-9（p.119）は，28MHz用3エレメント・ヘンテナです．さらにエレメント数が増えると，さすがにHF帯用では大きすぎて，主に430MHz帯で実験されています（JH1FCZ著；保存版ヘンテナ・スタイルブック，別冊CQ ham radio QEX Japan No.3 別冊付録，2012年6月，CQ出版社）．

7-2　位相差給電アンテナを作ろう

位相差給電でビームを得る仕組みは，第2章で述べました．筆者がベランダからHF帯の位相差給電を実験しようと思ったきっかけは，JA1XS 高澤OMのアイデアを知ったからでした．図7-10は，1977年11月号のCQ ham radioに載ったベランダ設置のビーム・アンテナで，14MHz用モービル・ホイップを2本使っています．

HF帯用のモービル・ホイップは，車体をグラウンドとして1/4λのモノポール・アンテナとして動作させるので，ベランダ設置では金属製の手すりが良好なグラウンドとして使えるかがポイントです．

比較的新しい鉄筋のアパマンは，アルミ製の手すりが鉄骨につながっていない場合が多いと聞きます．また，導通している場合も，100～200W出力で運用すると手すりにも大きな電流が流れるので，ラジアル線を使うことをお勧めします．

図7-11は，同相給電によるブロードサイド・アレーによる放射パターンと，位相差給電によるエンドファイア・アレーによる放射パターンの違いを示しています．図7-10によれば，エレメントの間隔は1/4λなので，第2章の図2-24で説明した理想に近いパターンが得られるはずです．

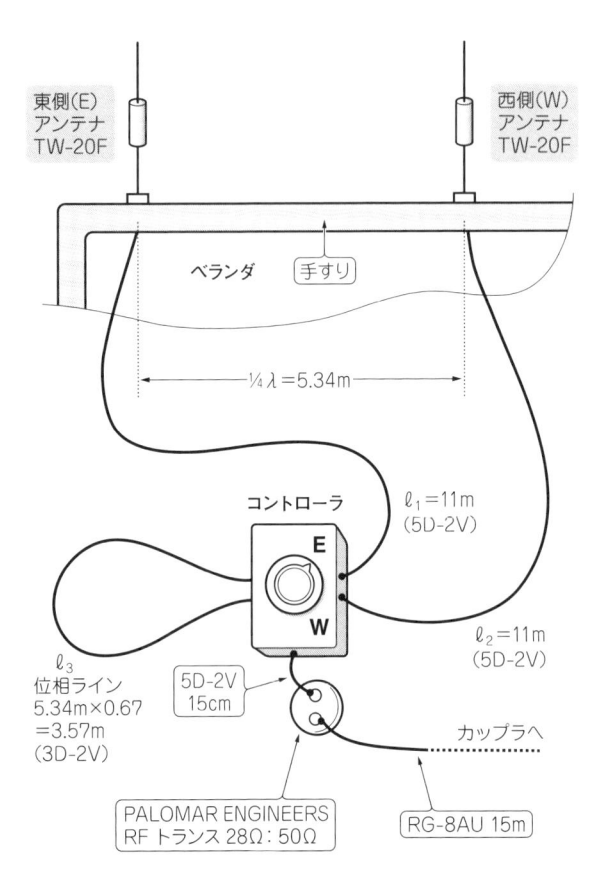

図7-10　JA1XS局の位相給電アンテナの構成
（位相給電ビームANT，CQ ham radio 1977年11月号より）

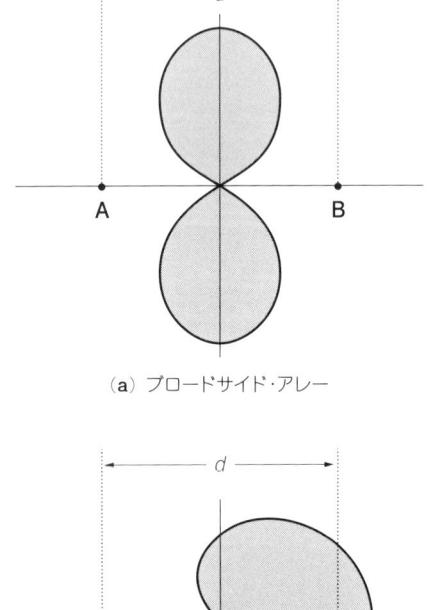

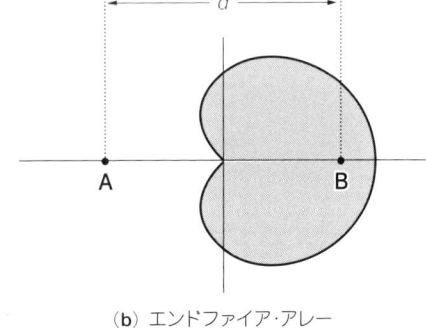

図7-11　同相給電によるブロードサイド・アレーと位相差給電によるエンドファイア・アレー

(a) ブロードサイド・アレー

(b) エンドファイア・アレー

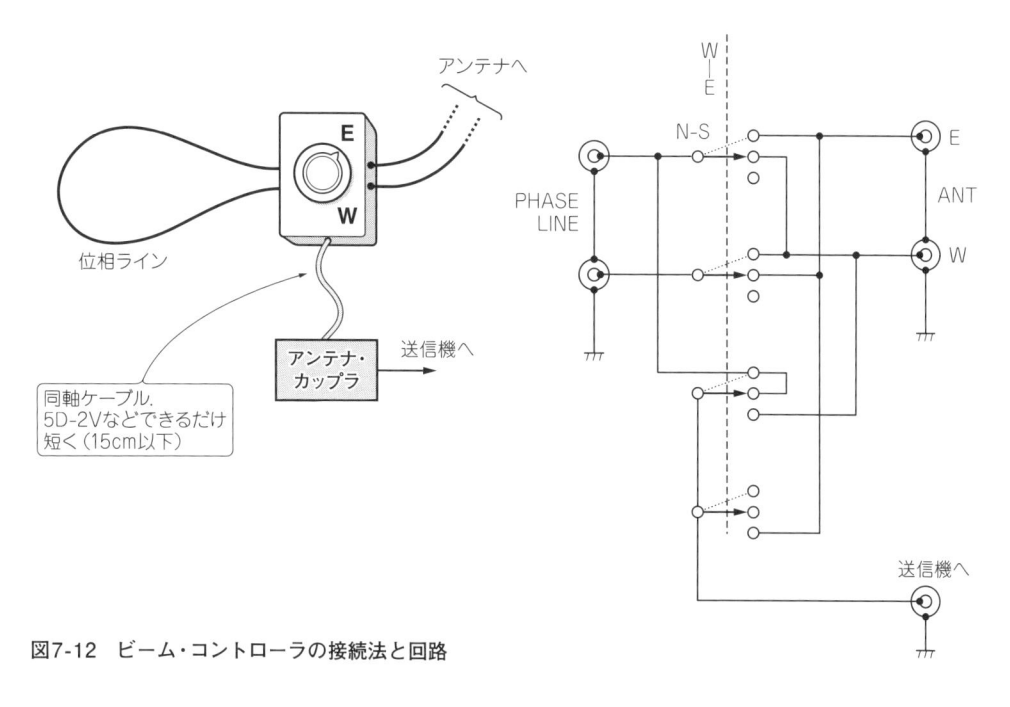

図7-12 ビーム・コントローラの接続法と回路

写真7-5 3.5MHzモービル・ホイップ（ダイヤモンド HF80FX）を2本使ったダイポール・アンテナ

手すりの方角にもよりますが，当局（東京・大田区）のように運良くベランダが南東方向へ面している場合は，都合良く日本列島をカバーしてくれます．

高澤OMのビーム・コントローラは，**図7-12**の回路でシンプルです．筆者らはこれを元に，第3章の**図3-9**の回路で，単独に動作できるポジションも追加しています．

ホイップ2本でダイポール・アンテナ

JA1XS 高澤OMは，モービル・ホイップを2本使ってダイポール・アンテナとして動作させるアイデアも書かれています．筆者らは，**写真7-5**のような3.5MHz用のモービル・ホイップで試してみました．

給電部に近いコイルは，線径が異なる二つの部分が直列接続され，給電部の近くから巻き始めた全長は約40cmです．ホイップ（モノポール）の長さは約1.4mで，コイルの長さが全長の1/3ほどを占めており，直線状のエレメントは1m弱です．

MMANAによるシミュレーション

図7-13（p.122）は，2.8m長のダイポール・アンテナのMMANAによるシミュレーション結果です．3.53MHzにおける入力インピーダンスは，0.2 − j7696Ωとなりました．

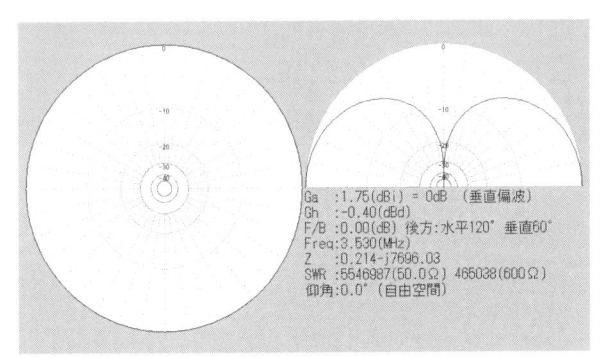

図7-13 3.5MHz用，2.8m長ダイポール・アンテナの入力インピーダンス

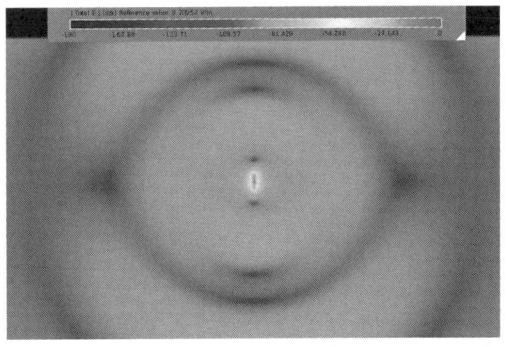

図7-14 解析空間を広く取ったモデルの電界強度分布
波のようすが見やすくなるレベルに調整した

モノポールでは，半分の$-j3848\Omega$を打ち消す$+j3848$のリアクタンス（コイル）を装荷するので，コイルのインダクタンスは，次の式から173.5μHとなります．

$$L = \frac{3848}{2\pi f} = \frac{3848}{2\pi \times 3.53 \times 10^6} = 173.5 [\mu H]$$

製品に使われている実際のコイルは，上下2段分割にした2段ディストリビューテッド方式とのことで，発熱の多い根元のコイルは直径0.7mm，もう一つのコイルは直径0.5mmの線材を使っています（第一電波工業提供のデータによる）．

理論値を求める計算ツール（例えば**http://gate.ruru.ne.jp/rfdn/Tools/ScoilForm.asp#**）によれば，巻き数155回で37μH（$Q=144$），また535回で180μH（$Q=153$）になりました．

超短縮アンテナの放射効率

モービル・ホイップHF80FXに使われているコイルは約40cm長ですが，XFdtdによるシミュレーション・モデルでは，給電点から20cm離れた位置に集中定数のコイルを入れてみました．

モデルのコイルを簡略化したことによって，Lの値が97μHのときに3.5MHzで共振するようになりました（図7-14）．

例えばコイルのQを300とすれば，$X = 2\pi fL = 2\pi \times 3.5 \times 10^6 \times 97 \times 10^{-6} = 2133\Omega$なので，コイルの損失抵抗分$R$は$2133/300 = 7.1\Omega$と考えられます．

これらの設定でシミュレーションしたところ，放射効率ηは0.7%になりました．ηがひじょうに低いのは，波長に比べて極端に短縮したエレメントの場合です．

これは，導体損を考慮した入力電力を元にして得た結果です．不整合ロスを含まない値なので，実際のηは，これよりも低いと考えられます．

3.5MHzの実験は，短縮率が高すぎて極端な例です．幸い，モービル・ホイップはHFのどのバンドでも，ベランダに設置できる寸法です．ベランダにラジアル線を這わせることができない場合は，モービル・ホイップを2本使ってダイポール・アンテナとして動作させるアイデアはFBです．

ダイポール・アンテナは，給電部付近の電流が最大になるので，コイルはできるかぎり給電部から離したほうが損失は少なくなります．設置スペースに余裕がある場合は，センター・ローディングやトップ・ローディングのモービル・ホイップをお勧めします．

7-3 位相差給電UNEクワッド

50MHz用位相差給電UNEクワッド

写真7-6は，UNEクワッドの両エレメントとも90cm×2.15m，間隔は110cmで，1/4λよりやや短くなっています．

当初78cm（約1/8λ）で，HB9CVのまねをしたのですが，エレメントが近すぎて調整が微妙でした．HB9CVは，ダイポール・エレメントを1/8λ間隔で，位相差を135°にできれば最高の性能を発揮するようですが，エレメントの形状が異なる場合は，それに応じた最適化が必要になりそうです．結局，UNEクワッドは，取り付け金具がしっかり固定できる110cm間隔にして，MMANAで最適化しました．

図7-15はMMANAによるシミュレーション結果で，利得は13.2dBiです．大地の設定は図7-7（p.119）と同じですが，地上高は9mです．最大放射の仰角が8.2°と低打ち上げ角になりました．また図7-16は，各エレメントの電流分布の表示です．図7-17（p.124）の左下に表示されているとおり，最適化された位相差は54°なので，次式により，60cm長の5D-2Vケーブルを使いました．

$$\frac{3 \times 10^8}{50.36 \times 10^6} \times \frac{54}{360} \times 0.67 \cong 60\text{cm}$$

第3章で述べたとおり，切り替えスイッチはもともとHF帯の釣り竿アンテナの位相差給電用に作っ

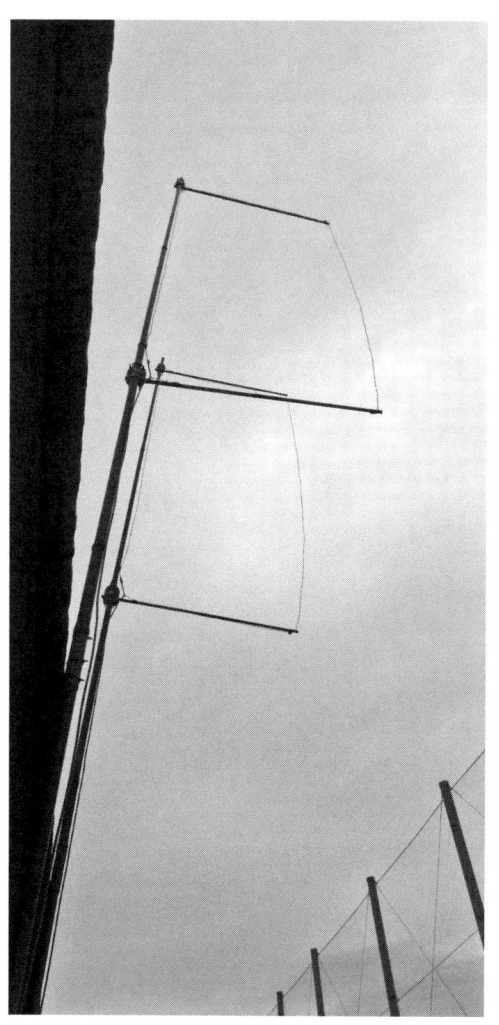

写真7-6 位相差給電UNEクワッド

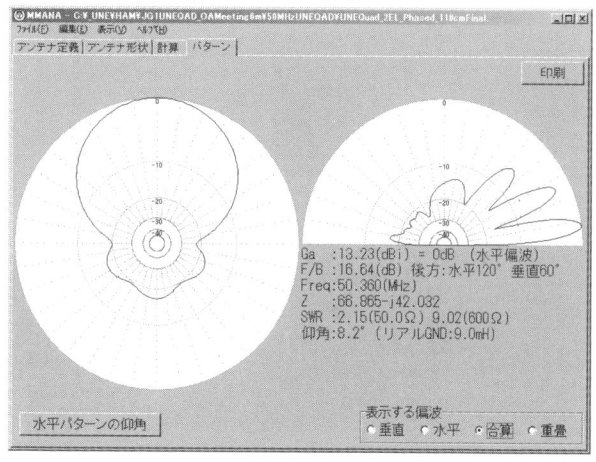

図7-15 2エレメント位相差給電UNEクワッドの放射パターン
地上高9m，リアル・グラウンド（比誘電率=15，導電率5mS/m）

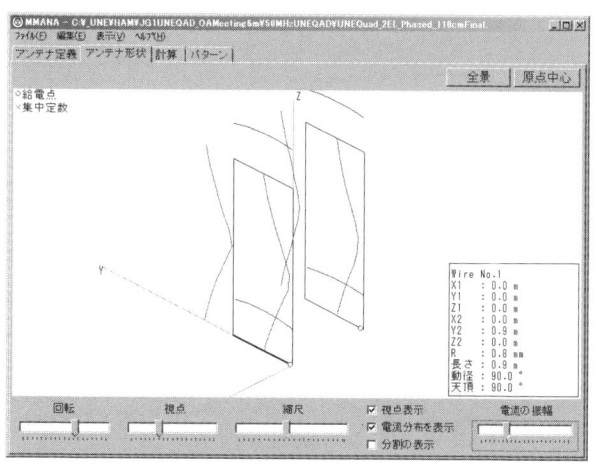

図7-16 各エレメントの電流分布表示

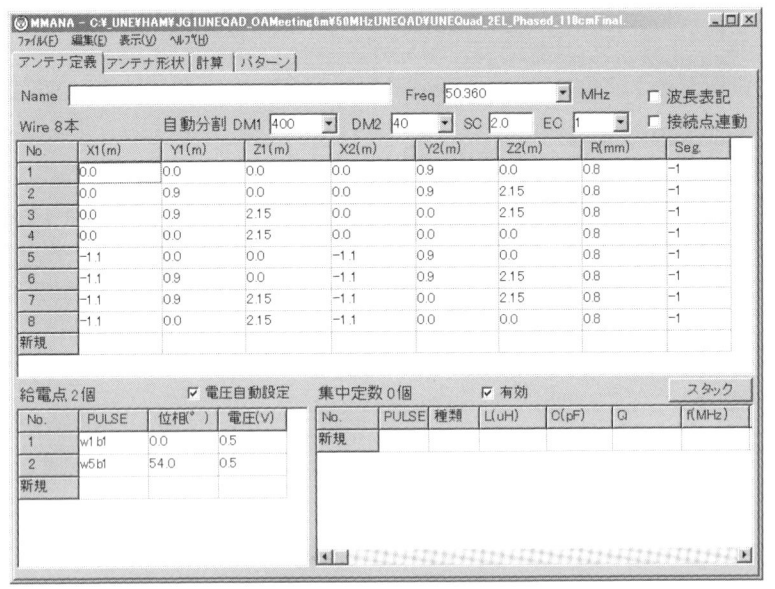

図7-17 各エレメントの寸法と最適化された位相差(54°)

写真7-7 位相差切り替えスイッチ(丸印)

たものですが,50MHzでも使えることがわかりました(**写真7-7**).

期待される実験結果

JH1YMCのロールコールで多くのメンバーからレポートをいただきました.F/B(前後比)が最も大きいSレポートは,前:59と後:53でした.しかし,相手のアンテナや通信距離によっては,あまり差はないと言われることもありますから,まだ調整の余地があるかもしれません.

50MHzは波長が6mですから,**図7-3**や**図7-4**でもわかるとおり,周囲にある半波長やそれ以上の長さの金属に誘導電流が流れて,反射(2次放射)波が合成されます.また,相手局の周囲に高層マンションなどが数多くあれば,そこから反射が繰り返されて,偏波も複雑になるでしょう.

図7-18は,見通し通信の距離を計算するための

屈折を考慮した見通し距離
$$L = 4.12 \times \left(\sqrt{H} + \sqrt{h}\right) \text{ [km]}$$

幾何学的な距離は

3.57× $H = 10$ [m]
$h = 5$ [m]
$L_1 + L_2 = 22.241$ [km]

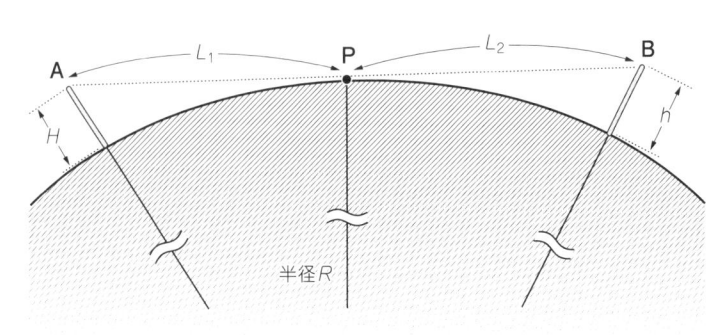

図7-18 見通し通信の距離を計算する

伝搬モデルです．幾何学的距離は実際の通信距離よりわずかに短くなりますが，これは電波の屈折を考慮しない数値です．

例えば，アンテナの設置高が10mと5mの2局が交信する場合，約22kmが限界です．当局（大田区）とJH1YMCメンバー（横浜市緑区）は20km弱離れていますから，何とかQSOできます．

友人のJE1BQE根日屋OMは東京・台東区なので，当局とは問題ないのですが，緑区とは見通し距離を超えています．そこで，互いに新宿副都心のビル群にビーム・アンテナを向けて反射させると，どうにかQSOできるようになりました．

3エレメント化はどうか？

写真7-8は，導波器として細いグラスファイバのポールに2.84m長の電線を這わせた，3エレメント化の実験です．

UNEクワッドは水平部分が短いので，垂直偏波のアンテナだと思うかもしれません．しかし，給電点付近の強い電流は大地に対して水平なので，ヘンテナと同じようにタテ長でも水平偏波成分が支配的です．

したがって，写真7-8の導波器は水平エレメントにしたいところですが，ベランダでは困難です．そこで，MMANAで事前に確認してみました．

図7-19は，3エレメント位相差給電UNEクワッドの電流分布です．導波器（2.84m長）にも強い電流が流れています．また図7-20は，地上高9m，リアル・グラウンド（比誘電率＝15，導電率5mS/m）を設定したときの放射パターンです．水平成分と垂直成分を重ねて表示しています．垂直エレメントの導波器

写真7-8 導波器を追加した3エレメント化の実験

を加えたおかげで，垂直偏波も強くなっていることがわかりました．

50MHzのアンテナは，モービル運用では垂直系が多く，また第一電波工業のCP-6のように，マルチバンドGPアンテナも人気です．一方，50MHzで

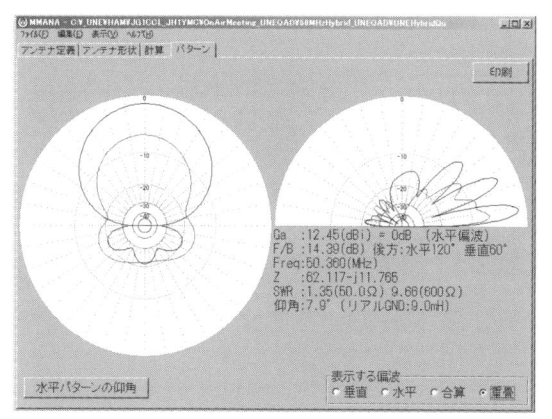

図7-19 3エレメント位相差給電UNEクワッドの電流分布
導波器（2.84m長）にも強い電流が認められる

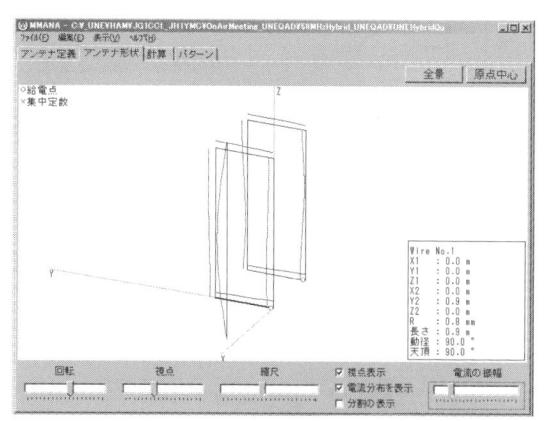

図7-20 3エレメント位相差給電UNEクワッドの放射パターン
地上高9m，リアル・グラウンド（比誘電率＝15，導電率5mS/m）

DXを目指す場合は，YAGIやHB9CVも多く使われているようですから，3エレメント化して両方の偏波が得られるというメリットは大きいかもしれません．

HF帯への応用

写真7-9は，50MHz用に設計したUNEクワッドです．これをHF帯でも使おうと細工をしました．それは，UNEクワッドの接続点を片側だけ外して（写真7-9の○で示した部分），リニアロード・エレメントにするアイデアです．

写真7-9の根元まで下りている同軸ケーブルの外導体側がロング・ワイヤ・エレメントになり，ATUに外導体側だけをつなげています．もちろんATUには，ベランダに設置しているラジアル線がつながっています．

こうすることで，第2章で紹介した3.3m間隔の位相差給電方式（p.44，写真2-7）に戻り，HF帯用のビーム・アンテナとしても快適に兼用できるようになりました．

写真7-9 50MHz用のUNEクワッド・エレメントがHF帯用のリニア・ローディング・エレメントに変身

Column: VERSA Beam

工人舎が開発したVERSA Beamは，モータ駆動により銅製ベルトの長さをコントロールして，7MHzから50MHz帯までをカバーする伸縮型YAGIアンテナです．7〜50MHz，14〜50MHzの2タイプがあり，3エレメントから6エレメントが選べます．7MHz対応モデルは，Hi-Qのローディング・コイルで30%短縮されていますが，フルサイズに迫る性能を発揮します（http://www.kojinsha.jp/ka1/）．

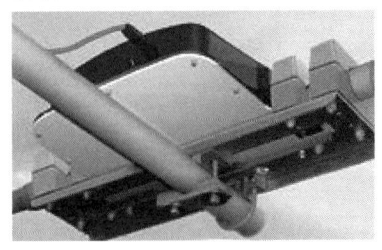

7-4 位相差給電MLAの実験

MLAとは？

ベランダのような限られたスペースでは，エレメントの間隔を調整することでビーム・アンテナを最適化する方法は望めません．また，特に鉄筋コンクリートの建物では，電流が誘導されるので設計どおりの動作は期待できないでしょう．

筆者らは長年のアパマン・ハム生活で，何とかHF帯のビーム・アンテナを実現したいと格闘してきました．多くの実験で得られた結論は，位相差給電が最も確実にビームを得る方法に違いないということでした．

MicroVertのように同軸ケーブルからの放射を意図した極めて短いアンテナ（ラジエータ？）を除けば，アンテナ単体の放射効率ηが50％以上得られるコンパクト・アンテナは，やはりMLA（マグネチック・ループ・アンテナ）が筆頭にあげられるでしょう．

MLAという名称が使われることが多いですが，スモール・ループや微小ループとも呼ばれています．「スモール（小型）」とはあいまいですが，アンテナの小型化については，過去いくつかの定義が提案されました．

(1) H. A. Wheelerによる
　　アンテナ寸法 ≦ ½π
(2) R. W. P. Kingによる
　　アンテナ寸法 ≦ ¹⁄₁₀λ
(3) S. A. Schel Kunoffによる
　　アンテナ寸法 ≦ ⅛λ

微小ループ・アンテナの場合は，ループの長さが¹⁄₁₀λ以下とした定義が用いられているようです．このとき，ループに沿った電流の位相変化は小さいので磁界をそろえる条件ともいえ，マグネチック（磁気の）・ループという名称はふさわしいと思われます（電流の発散である電界は弱い）．ここで位相とは，同じ時刻で測った波の位置や状態をいいます．

図7-21(a)に直径が¹⁄₁₀λの円形微小ループの放射パターンを示します．また，同様に直径が大きくなるにつれてパターンが変わるようすも，図7-21にいくつか示します．ループが大きくなるに連れて，ループ面に対して垂直な方向へ指向性が強くなっており，サイド・ローブ（ビーム方向以外の電波の漏れ）の数も増えていくようすがわかります．

磁界だけよいのか？

マグネチック・ループ・アンテナのマグネチックとは「磁界の」という意味なので，直訳すれば「磁界のループ・アンテナ」となって，極めて誤解されやすいという指摘があります．主な問題点は，次のとおりです．

① 電界と磁界は分けられない．
② 最初の放射が電界主導や磁界主導といった考え方が疑問．
③ ダイポール・アンテナ（電界型？）でも，エレメントの電流の周りに磁界は発生する．
④ 磁界と電界で主従の差はない．

①は，第6章でも述べたとおり，電磁波は電界と磁界の波動なので，常に伴っています．それがわかっていれば，「磁界型」あるいは「磁界検出型」といったときに，「アンテナ（の周り）は磁界だけで動作する」とは考えないでしょう．

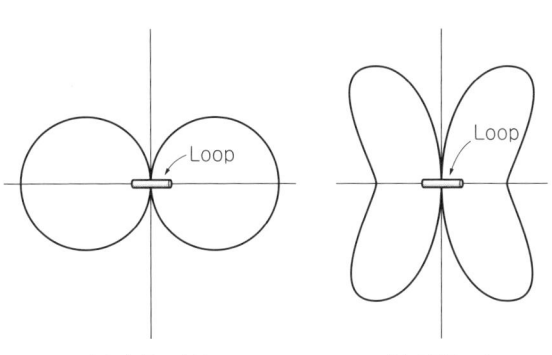

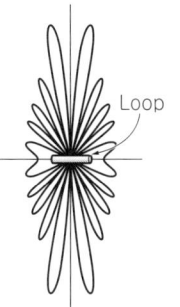

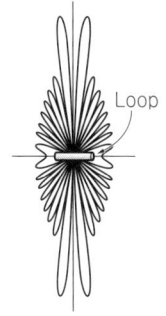

(a) 直径 = ¹⁄₁₀λ　(b) 直径 = λ　(c) 直径 = ³⁄₂λ　(d) 直径 = 5λ　(e) 直径 = 8λ

図7-21　円形ループ・アンテナの大きさと放射パターンの違い

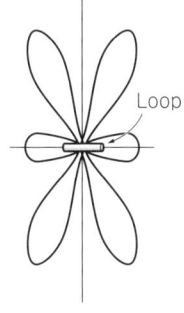

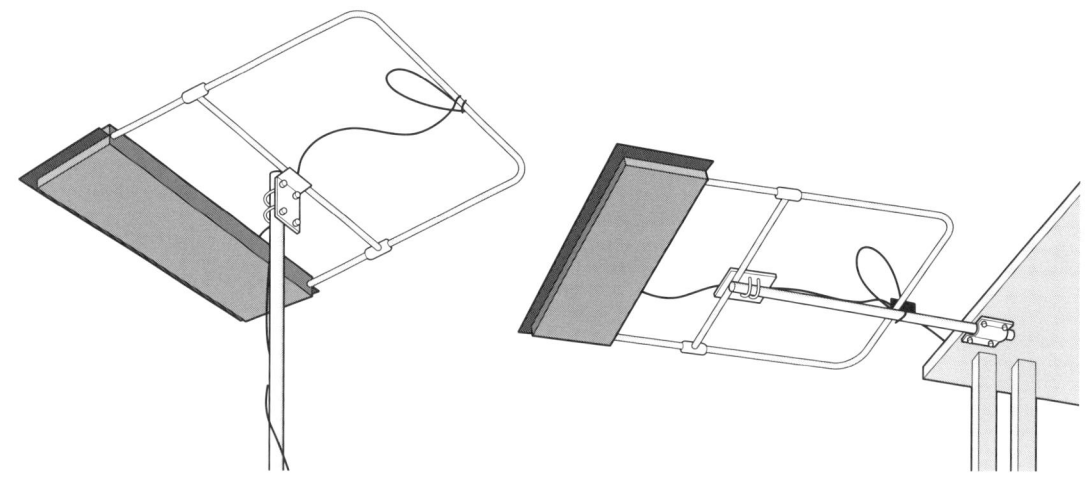

図7-22 初期のAEA Isoloop
水平設置の例. 32インチ角, 14〜30MHz, 定格150W

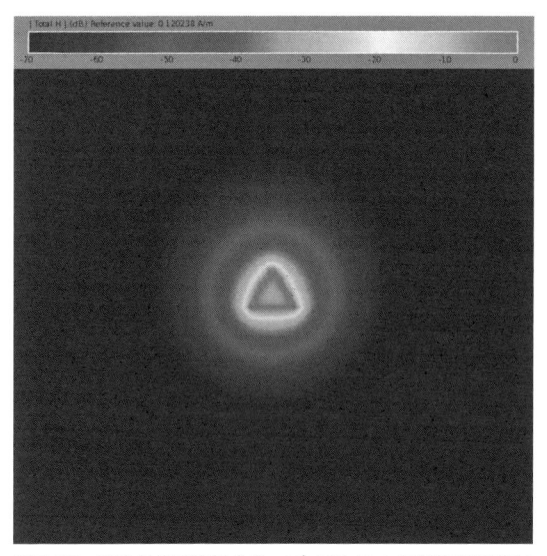

図7-23 直角三角形の微小ループ・アンテナの磁界強度分布

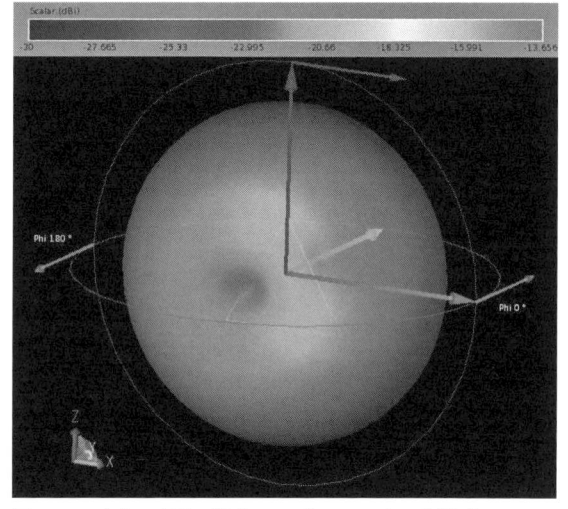

図7-24 直角三角形の微小ループ・アンテナの放射パターン
垂直・水平の各偏波成分を合算している

②の「最初の放射」というのは，エレメントに高周波を加えた瞬間，給電点から電流が徐々に流れて，その周りの電磁界のでき方をコマ送りで考える必要があります．電界が先か磁界が先か？　電界が最初であり，電荷を介してただちに磁界を生じ，つぎつぎに電界と磁界が伝わる……それはホント？

ニワトリとタマゴではありませんが，これには悩んでしまいます．それに，給電点付近の電界と磁界を「最初の放射」と言いきってよいものか自信がありません(hi). ③と④は問題ありません．

さて，物理屋さんには叱られるかもしれませんが，筆者は以上を承知のうえでMLAと呼んでいるのです(ヤレヤレ).

MLA単体でビームはムリか？

コンパクトなMLAは，もし単体でビームが得られるのであれば，これほどすばらしいことはありません．そこで，いくつかのチャレンジが発表されています．

MLAは，ループ自体の形状が円形である必要はなく，例えばAEA製のIsoloopは，初期の製品では長方形でした(**図7-22**)．このほかに八角形の製品もありましたが，すべてp.127の**図7-21(a)**に示すような放射パターンが得られます．

ハムの実験レポートに，三角形のMLAで単一指向性が得られたという報告がありました．微小ループの形状によって単一指向性が得られるというのは

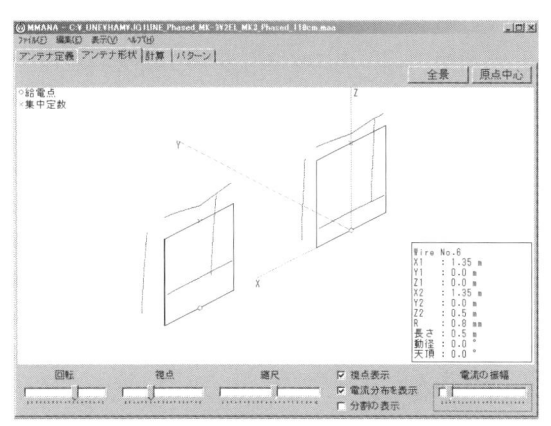

図7-25　1辺50cmの正方形MLAを位相差給電

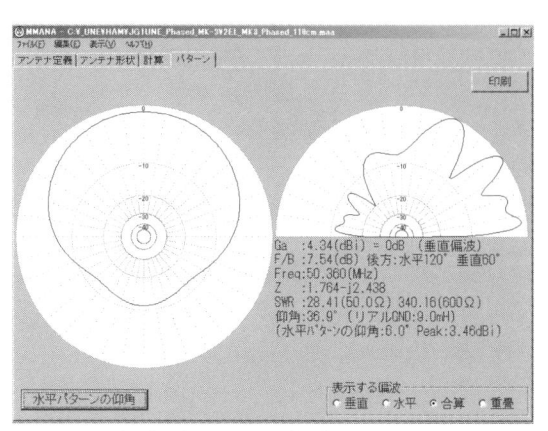

図7-26　位相差給電MLAの放射パターン
地上高9m，リアル・グラウンド（比誘電率＝15，導電率5mS/m）

初耳だったので，1辺が1mの直角三角形でシミュレーションしてみました．

図7-23は，14.1MHzで共振するように，コンデンサを直列接続したときの磁界強度の分布です．磁力線はループ・エレメントの周りにまとわりつくので，図7-23のような三角形がイメージできますが，放射パターンは，図7-24に示すように前後にややくびれがある，少しつぶれたような球体に近くなりました．

図7-23の三角おむすび形の磁界強度分布から，いびつな放射パターンを想像するかもしれませんが，これによって指向性が得られないのは，ループ状の電流が波長に比べ極めて短いからです．

残念ながらMLA単体で指向性を得ることはできません．しかし，マンションのベランダなどに設置して，鉄骨などが反射器や導波器として働けば，指向性が得られるケースが多くなるでしょう．

やはり位相差給電しかない？

単体ではビームが得られなくても，二つのMLAを位相差給電すれば，それなりの指向性は得られるのではないでしょうか？

図7-25は，モデルを簡単にするため，1辺50cmの正方形MLAの中心を1.1m間隔で設置しています．図7-26は，地上高9m，リアル・グラウンド（比誘電率＝15，導電率5mS/m）を設定したときの放射パターンです．最大放射の仰角は36.9°なので，最も低い打ち上げ角6°で生じているピークをプロットしています．

図7-27は，位相差給電MLAの寸法入力画面です．

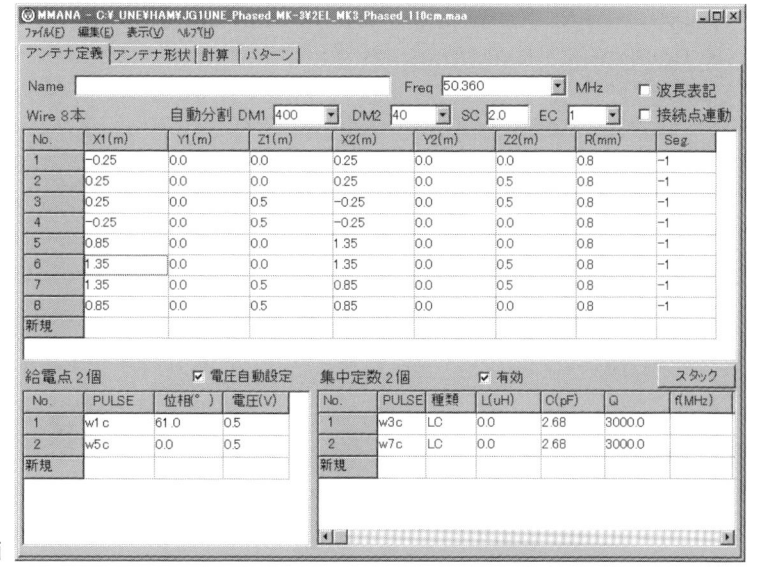

図7-27
位相差給電MLAの寸法入力画面

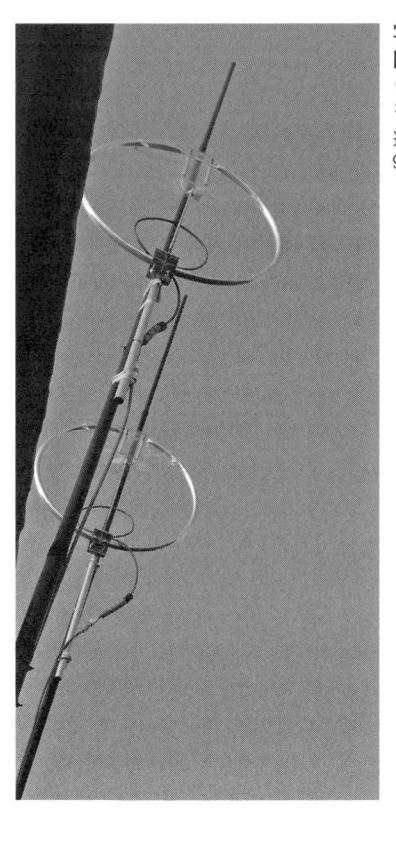

写真7-10
円形ループのMLA
(Field_ant製 MK-3)
を位相差給電
運用時は両MLAとも
90°回転している

写真7-11
8DFB Liteを
円形ループに
した直径1.3m
の軽量MLA

最適化の結果として，位相差が61°になっています．また，MLAの上部には2.68pF，$Q = 3000$のコンデンサを装荷しています．

いざ実験開始！

シミュレーションの結果，MLAでビームが得られるめどが立ったので，写真7-10のような円形ループのMLA（Field_ant製 MK-3）で実験してみました．写真7-10はMLAがよく見える撮影用の位置です．実際には図7-25（p.129）のように90°回転して，ループ面をそろえています．

なお，このMLAは直径60cmなので，全長は約1.9mです．これは波長の1/3弱なので，純粋な（？）MLAではありません．しかし，1980年代から製品を製造・販売していたDK5CZ Chrisは，1/3λ以下をMLAと呼んでいます．彼の製品名AMAは，ドイツ語でAbstimm bare Magnetische Antennenの略で，これは同調可能なマグネチック・アンテナという意味です．

さて，肝心な実験結果ですが，JH1YMCロールコールでいただいた各局のレポートは，F/Bの差がSで2～5の範囲とのことでした．アンテナのタイプによって差は大きいですが，最初の実験結果としては

大満足です．50MHzのMLAでビームが得られることがわかったのは大きな収穫で，さらにHF帯用のMLAでも実験したくなります．

例えば7MHzでは，Chrisから購入した直径1.3mのAMA-10DがFBでした．しかし，太いアルミ・パイプ製で重く，ベランダで気軽に上げ下ろしするわけにはいきません．そこで，8DFB Liteを円形ループにした構造を実験しました（写真7-11）．

この写真の手前は，バリコンで同調をとるタイプではなく，特性インピーダンス450Ωのリボン・フィーダをつないで，ATU（AH-4）で50MHzにチューニングしただけの実験です．SWRは1になって問題なくQSOできますが，MLAとして単体で共振しているわけではないので，やはりフルサイズのUNEクワッドと比べると，Sのレポートは最悪で四つほど低下しました．しかし，相手局のアンテナの種類によっては，ほとんど変わらないか，Sで1～2の低下というレポートもあります．

ベランダに収めるMLA

直径1.3mのMLAは，100～200W対応のバリコンを付けるとトップヘビーになるので，ベランダの手すり近くに設置することになるでしょう．

図7-28
導体板に平行・垂直な
MLA

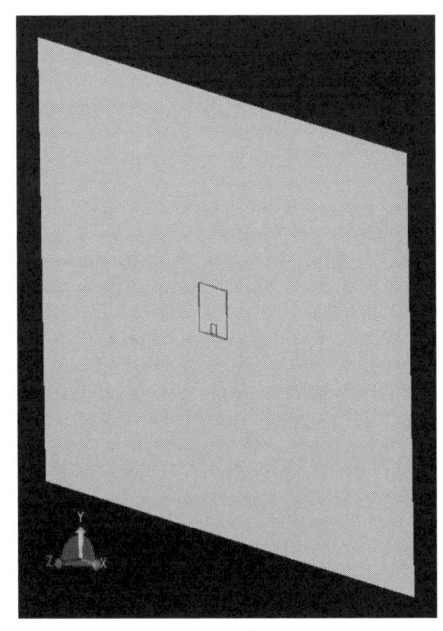

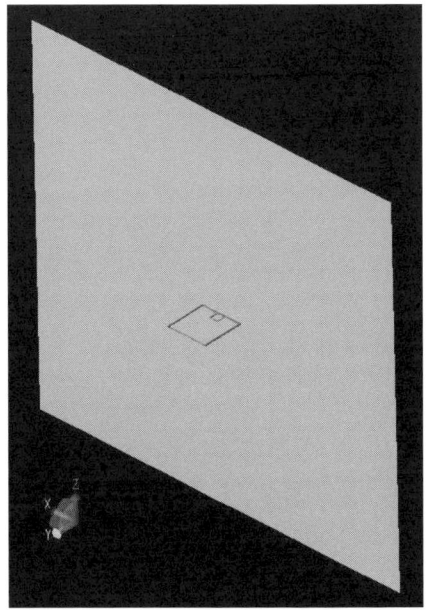

(a) 平行設置

(b) 垂直設置

本章の**タイトル写真**は，手すりの近くに設置した例です．支持棒はグラスファイバなので，両MLAは手すりに導通していません．写真の奥側は，小ループの縁（給電部）を手すりから20cm離すと，昼間のノイズはSSBでS2程度です．手前の垂直設置は，給電点が手すりから70cmほど離れており，ノイズ・レベルはS1弱です．

そこで，奥側を手すりから40cm離してみたところ，ノイズはS1程度に落ちました．MLAはバンド幅が狭いので，位置を変えたらSWRを1に再調整してから測定する必要がありますが，大まかな傾向としては，手すりに近いとノイズ・レベルが上がることがわかりました．

当局のアンテナは，3階建て24世帯の鉄筋造りの3階ベランダに設置していますが，手すりと建物の鉄筋はかなり良好に導通しているようです．そのためか，周りの空間と大地（鉄筋・鉄骨・手すり）との電位差は大きいのかもしれません．

建物も巻き込んだ究極のアンテナ・システム

本書では，世界的に有名なビーム・アンテナである八木・宇田アンテナをはじめ，アマチュア無線用にさまざまな工夫を凝らした，ハムならではのコンパクト・ビームにも多くのページを割きました．

筆者らは長年のアパマン・ハム生活で，さまざまなアンテナをベランダで実験しています．そのため，

当初から周囲の鉄筋・鉄骨や手すりを邪魔者として扱ってきました．しかし，MLAを使って何とかビームを得ることができないかとチャレンジを繰り返すうちに，周囲の金属が隠れたアンテナ・エレメントとして語りかけてきました．

おもしろいことに，電磁界シミュレーションによれば，MLAを鉄筋に直径寸法ほど近づけると，障害物がない空間よりも放射効率ηが倍近く向上するという結果が得られています．

そこで，MLAの周辺に導体板がある場合を電磁界シミュレーションしてみました（**図7-28**）．一辺が1mの正方形MLAをモデリングして，ベランダで7MHzを運用する場合の設置位置を変化させました．参考までに，ベランダに設置できる2m長の短縮ダイポール・アンテナもシミュレーションして，それぞれのηを比較しています．

図7-29（p.132）に示すグラフは，Ⅰ．導体板に平行なDP，Ⅱ．導体板に対して平行で大地に対して垂直設置のMLA［**図7-28(a)**］，Ⅲ．導体板に対して垂直で大地に対して水平設置のMLA［**図7-28(b)**］の3種類で，導体板は簡易的に電気壁（理想導体）を使用しています（XFdtdを使用）．

グラフから，① 導体板に平行なMLAは板から10m（$1/4\lambda$）以上離す必要がある，② 導体板に垂直なMLAは数m以内の設置では自由空間よりもηが高い，ということがわかりました．

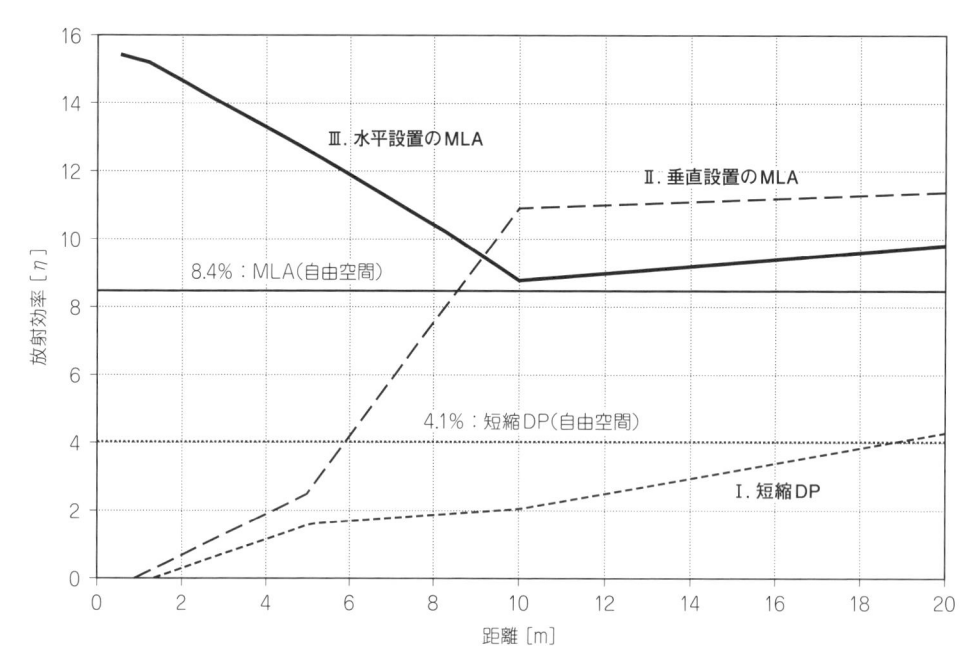

図7-29　ベランダで7MHzのMLAを運用する場合を想定したシミュレーション

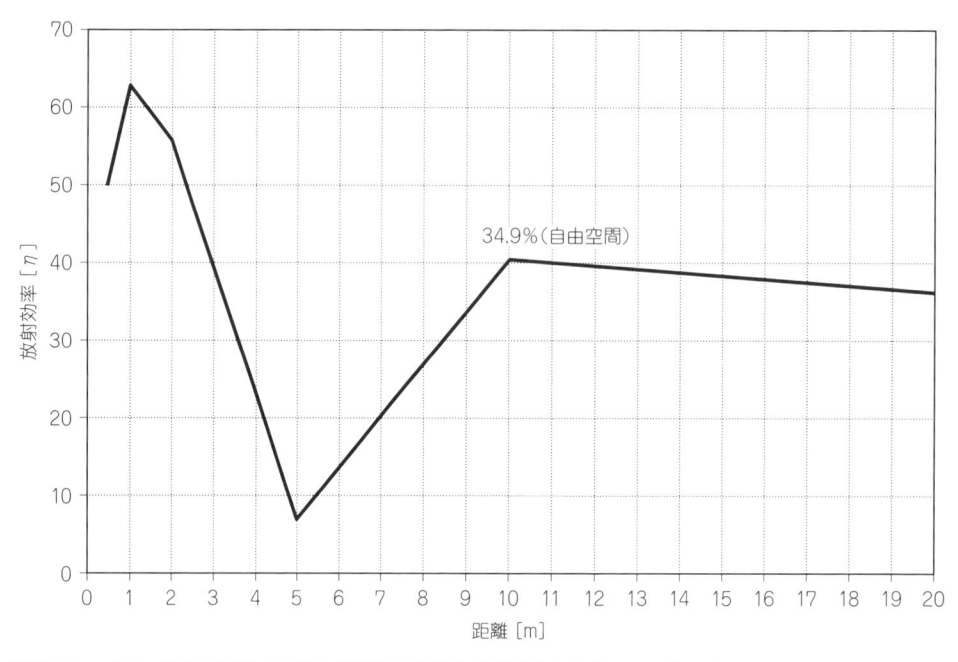

図7-30　ベランダで14MHzのMLAを運用する場合を想定したシミュレーション

14MHzのMLAではどうか？

前節と同じ，1m角の正方形MLAを使って14MHzでシミュレーションしたところ，導体板に垂直な場合，やはり板に近い設置で，自由空間よりもηが大幅にアップすることがわかりました（図7-30）．

導体板から5m離したときにηが急激に低下するのは，イメージ・アンテナとの合成で逆相（180°差）の関係になり，相殺されるからだと考えられます（図7-31）．したがって，ベランダの水平置きMLA［p.131，図7-28（b）］では，鉄筋から1/4波長の距離は避けるべきでしょう．

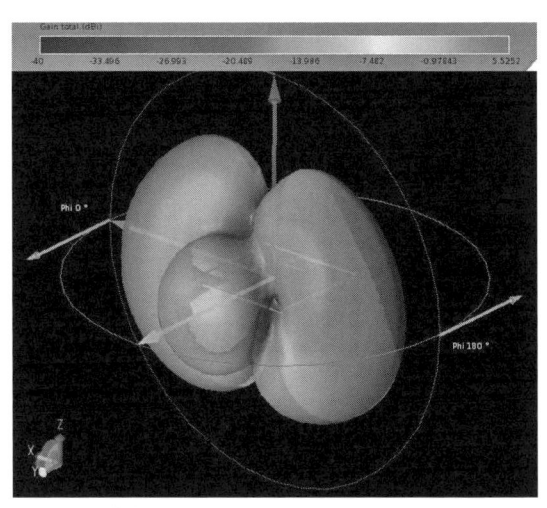

図7-31 導体板から¼波長の距離にある水平置きMLAからの放射
前面への放射が少なくなる

図7-30をよく見ると，おもしろいことがわかります．自由空間で約35%のηは，導体板に直径ほど近づけると，2倍近く向上しています．もちろん実際の鉄筋はコンクリートも含めて損失がありますが，これらを忠実にモデリングしたシミュレーションでも，アンテナ・システムとしてのηは同じくらいアップしました．

EMC時代のビーム・アンテナとは？

筆者らはMLAファンとMLA48プロジェクトを立ち上げましたが，特にアパマン・ハムのメンバーは，周囲環境の影響が大きいことを実感してもらえると思います．

ワイヤレス・システムがひしめく現代は，EMC設計が常識になってきました．EMCはElectro Magnetic Compatibilityの略で，電磁両立性と訳されています．IEEE（米国電気電子学会）の電気・電子の辞典には，「人工システムが，電磁環境を汚染し他に妨害を与えるような不要電磁エネルギーを放出することも，また同時に電磁環境の影響を受けることもなく，その性能を十分に発揮できる能力」と説明されています．

そこで，EMCは「電磁波に対する環境問題」とも考えられます．ハムが扱う電磁波（電波）はアンテナが不可欠なので，「電磁波をよく受けるものは，反対に電磁波をよく出す」つまり「良い受信アンテナは，そのまま良い送信アンテナである」という意味が込められています．

「必要は発明の母」とはよくいったもので，アンテナと電磁環境が共存しなければならない現代においては，まったく新しいタイプのビーム・アンテナが登場することになってきたわけです．

広い空間に設置された大型のビーム・アンテナはあこがれの的です．アンテナは大きいに越したことはありませんが，どんな境遇にあっても優れた技術でビームを操ることができれば，アンテナから旅立つ電波が一層いとおしく思えるのではないでしょうか．

Column: Ultra Beam

IK0DYS開発のUltra Beamは，グラスファイバ・エレメントの中にあるベリリウム銅の帯が高速で移動することで，多くのバンドで運用できます．動作原理はSteppIRやVERSA Beamと同じで，UB50（写真）は，7～50MHzで運用できる3エレメントのビーム・アンテナです．ブーム長は4.8mとコンパクトで，このほかに4エレメントYAGIタイプもあります．
（日本/アジア総代理店：FTI…
http://www.f-t-i.co.jp/）

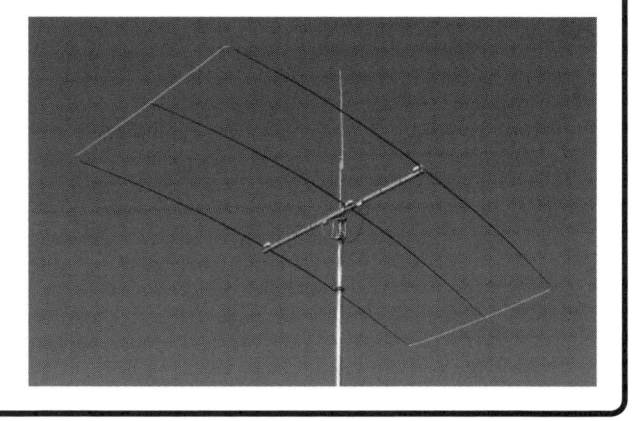

付録　市販アンテナのスペックの読み方

　図A-1(a)～(c)は，市販アンテナのカタログに記載されているスペック（仕様）の一例です．多くのメーカーで，共通した項目の数値を上げているので，ここではそれらの意味を詳しく解説しています．

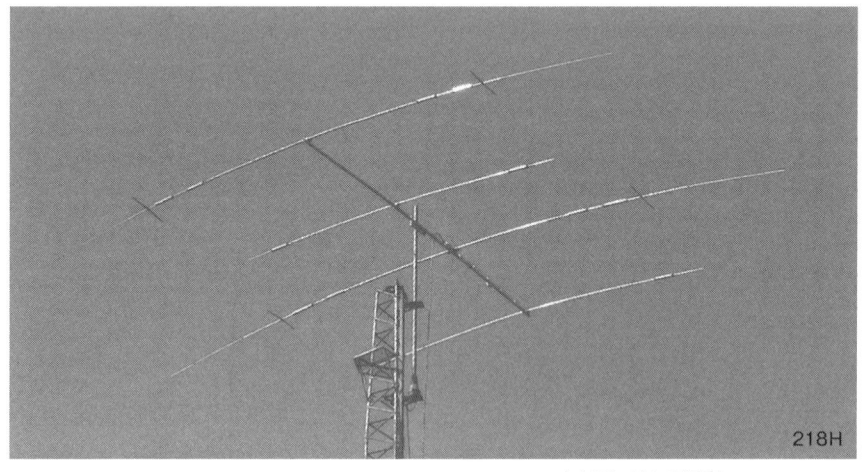

(a) アンテナの写真

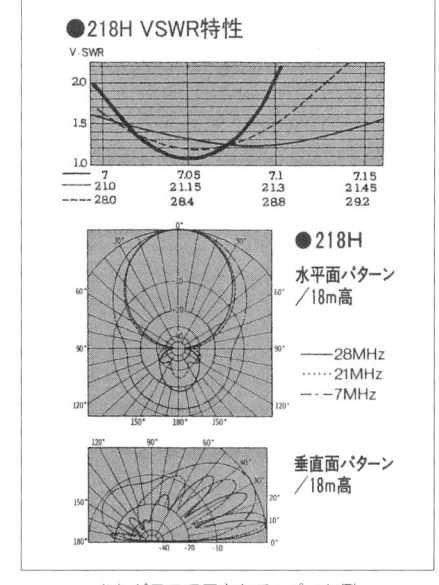

(b) グラフで示されるスペック例

Model	218H		
周波数 (MHz)	7	21	28
エレメント数	2	4	4
F・ゲイン (dBi)	6.5	11.0	11.2
F／B 比 (dB)	10	22	20
入力 (PEP)(kW)	0.8	1.5	1.5
ブーム長 (m)	6.0		
エレメント長 (m)	10.5		
エレメント径 (φ)	30		
回転半径 (m)	5.8		
マスト径 (φ)	48～61		
風圧面積 (m²)	0.7		
重　量 (kg)	16.0		
推奨ローテーター	RC5-x		
価格（税抜き）	¥92,400		

(c) 数値で示されるスペック例

図A-1　カタログにあるスペックの一例①
クリエート・デザイン社のモデル218Hのカタログより引用

● VSWR

VSWRはVoltage Standing Wave Ratioの略で、Vを除いてSWRとも呼ばれています。電圧定在波比と訳され、反射係数をΓ(ガンマ)とすれば、次の式で表されます。

$$SWR = \frac{1+|\Gamma|}{1-|\Gamma|}$$

反射係数とは、アンテナに電圧を加えたときに反射される量を、加えた電圧で割った値で、SパラメータのS_{11}と同じです。無反射はS_{11}では$-\infty$ dBですが、SWRでは1.0です。

アンテナは、加えた電気をすべて放射している状態がベストなので、SWRは1に近いほど理想的です。

図にはありませんが、一般にSWR＝2以下になる周波数幅を帯域幅またはバンド幅といい、アンテナが良好に動作している範囲を示します。

アンテナの帯域幅は、アマチュアバンド・プランをカバーできれば理想的ですが、限られた範囲で使用するアンテナも少なくありません。

● 水平面パターン／H-plane pattern

放射パターンは、アンテナから放射される電波を十分遠方で観測したときの放射のようすを表し、実

(a) アンテナの写真

(b) グラフで示されるスペック例

Model	CL6DXZ
周波数 (MHz)	50
エレメント数	8
F・ゲイン (dBi)	15.0
F／B 比 (dB)	20
入力 (PEP)(kW)	3
ブーム長 (m)	9.3
エレメント長 (m)	3.0
回転半径 (m)	5.0
マスト径 (ϕ)	48〜61
風圧面積 (m²)	0.55
重量 (kg)	11.0
推奨ローテーター	RC5-x
価格（税抜き）	¥51,800

(c) 数値で示されるスペック例

図A-2　カタログにあるスペックの一例 ②
クリエート・デザイン社のモデルCL6DXZのカタログより引用

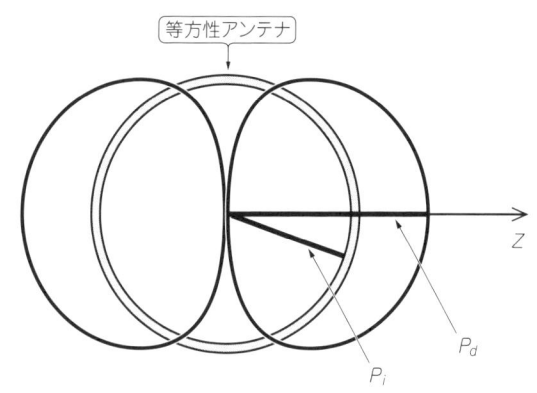

図A-3 等方性アンテナと½波長ダイポール・アンテナの放射パターン

測では数波長以上離れて観測される電力を元に描きます．

水平面パターンは，大地（グラウンド）に対して水平な面で観測したときのプロットで，図A-1（b）の例では，アンテナの設置高が18mと明記されています．

本書で解説したように，実測では設置高が同じアンテナでも，大地の状態によって放射パターンは異なります．大地の状態はカタログに明記されていないので，これは参考値と考えたほうがよいでしょう．

● 垂直面パターン/E-plane pattern

垂直面パターンは，大地（グラウンド）に対して垂直な面で観測したときのプロットです．

水平面パターンも同じですが，グラフは最大の放射を0dBとして，中心に向かって−10dB，−20dB……といった目盛りがあります．ただし，中心をいくつにするかでプロットの形状は太って見えたりやせて見えたりします（hi）．

● ゲイン（利得）/Gain

利得は，dBiで示されていれば，絶対利得（G_a）を表します．絶対利得とは，すべての方向に対して一様に電力を放射する仮想的アンテナである，等方性（isotropic）アンテナに対する利得です．

これを図A-3で表すと，P_dを½波長ダイポール・アンテナの放射電力，P_iを等方性アンテナの放射電力とすれば，これらの比をdB（デシベル）に変換したのが絶対利得です．また，½波長ダイポール・アンテナの絶対利得は2.15dBiです．

p.134の図A-1（b）と図A-1（c）はYAGIアンテナの放射パターンです．ダイポール・アンテナに比べると片方向へ集中して放射されますが，理想的な½波長ダイポール・アンテナに対する利得を相対利得（G_r）と呼んでいます（dBdで表示されることもある）．

そこで，両者の間には次の関係が成り立ちます．

$$G_r = G_a - 2.15 \text{dB}$$

これらの利得は電力利得といい，「与えられた空中線の入力部に供給される電力に対する，与えられた方向において，同一の距離で同一の電界を生ずるために，基準空中線と入力部で必要とする電力の比（電波法施行規則第2条の74）」と定義されます．

またシミュレーションでは，得られた放射パターンを元に計算した利得は，「特定方向への電力密度と全放射電力を全方向について平均した値との比」で，その最大値を指向性利得（G_d）またはDirectivityといいます．シミュレーションによる無損失のアンテナでは，$G_d = G_a$となります．

● 真の利得/True Gain

アンテナの金属線の表面抵抗値が，例えば0.05Ω/m²のとき，放射電力P_{rad}が27.8mW，損失電力P_{lost}が0.6mWであれば，放射効率ηは

$$\frac{P_{rad}}{(P_{rad} + P_{lost})} \times 100 \fallingdotseq 97.9 \, [\%]$$

となります．

ここで，放射効率すなわち損失分を考慮した真の利得は，例えば指向性利得（G_d）が2.12［dB］のとき，

真の利得［dB］
= 指向性利得（G_d）+ $10 log_{10} \dfrac{P_{rad}}{(P_{rad} + P_{lost})}$
= 2.12 − 0.09 = 2.03［dB］

となります．

第2項は放射効率の式であることに注意してください．

● 放射効率/Radiation Efficiency

放射効率がカタログに表示されることは稀です．それは正確な実測が難しいからですが，アンテナの教科書には載っています．

付録　市販アンテナのスペックの読み方

放射効率は，一般に η（イータ）で表します．これは文字どおり放射の効率で，次の式で表されます．比率なので無名数ですが，%で表記します．

$$\eta = \frac{P_{rad}}{P_{in}} = \frac{R_{rad}}{R_{in}} = \frac{R_{rad}}{(R_{rad}+R_{lost})} \times 100\,[\%]$$

ここで，P_{rad}：放射電力，P_{in}：入力電力，R_{rad}：放射抵抗，R_{in}：入力抵抗，R_{lost}：損失抵抗

上式で，放射抵抗（R_{rad}）の単位はΩですが，これはアンテナの金属によって決まる抵抗損（オーミック・ロス）を意味するわけではありません．放射抵抗 R_{rad} は次の式で定義されます．

$$R_{rad} = \frac{P_{rad}}{|I|^2}$$

ここで，I はアンテナの給電点の電流

(a) アンテナの写真

(b) グラフで示されるスペック例

Model	CL15DXX
周波数 (MHz)	21 (24)
エレメント数	7
F・ゲイン (dBi)	14.5
F / B 比 (dB)	20
入力 (PEP)(kW)	3
ブーム長 (m)	14.5
エレメント長 (m)	7.4 (6.3)
エレメント径 (φ)	20
回転半径 (m)	8.3 (8.2)
マスト径 (φ)	48〜61
風圧面積 (m²)	1.2
重量 (kg)	30
推奨ローテーター	RC5A
価格（税抜き）	¥121,400

(c) 数値で示されるスペック例

図A-4　カタログにあるスペックの一例 ③
クリエート・デザイン社のモデルCL15DXXのカタログより引用

137

電磁界シミュレーションでは，放射抵抗 R_{rad} は無損失材料でアンテナ・モデルを作ったときに得られる入力インピーダンス R に相当します．つまり，無損失のアンテナでも，観測点から見込んだ電圧と電流の比，あるいは電界と磁界の比で決まる量の単位は Ω であるということです．

　したがって，現実的なアンテナの入力抵抗 R_{in} は，放射抵抗（無損失）R_{rad} とアンテナ全体の損失抵抗 R_{lost} の合計になります．

　この損失抵抗は，アンテナの導体抵抗や接地抵抗，誘電体損失などで，これらを減らそうとしても，材料の制約があれば改善は難しいでしょう．したがって，η の定義式から得られる重要な知見は，「放射抵抗の値を損失抵抗に比べて十分大きく設計すれば，放射効率を高くできる」ということです．

　½波長ダイポール・アンテナの R_{rad} は 73 Ω と，損失抵抗に比べて十分大きく，金属線で作っただけで極めて放射効率が高いアンテナができあがります．

　電磁界シミュレータの種類によっては，η を表示しないものもあります．その場合は，シミュレーションで利得 G_a と指向性利得 G_d が得られるので，次の式で計算できます．

$$\eta\,[\%] = 100 \times 10^{[(G_a - G_d)/10]}$$

● F/B，Front-to-Back Ratio

　FB比ともいわれ，F（Front：前方）とB（Back：後方）への放射量の比をdBで表します．特定方向に放射が強いYAGIなどのアンテナは，最大放射方向をボアサイト（Boresight）と呼んでいます．

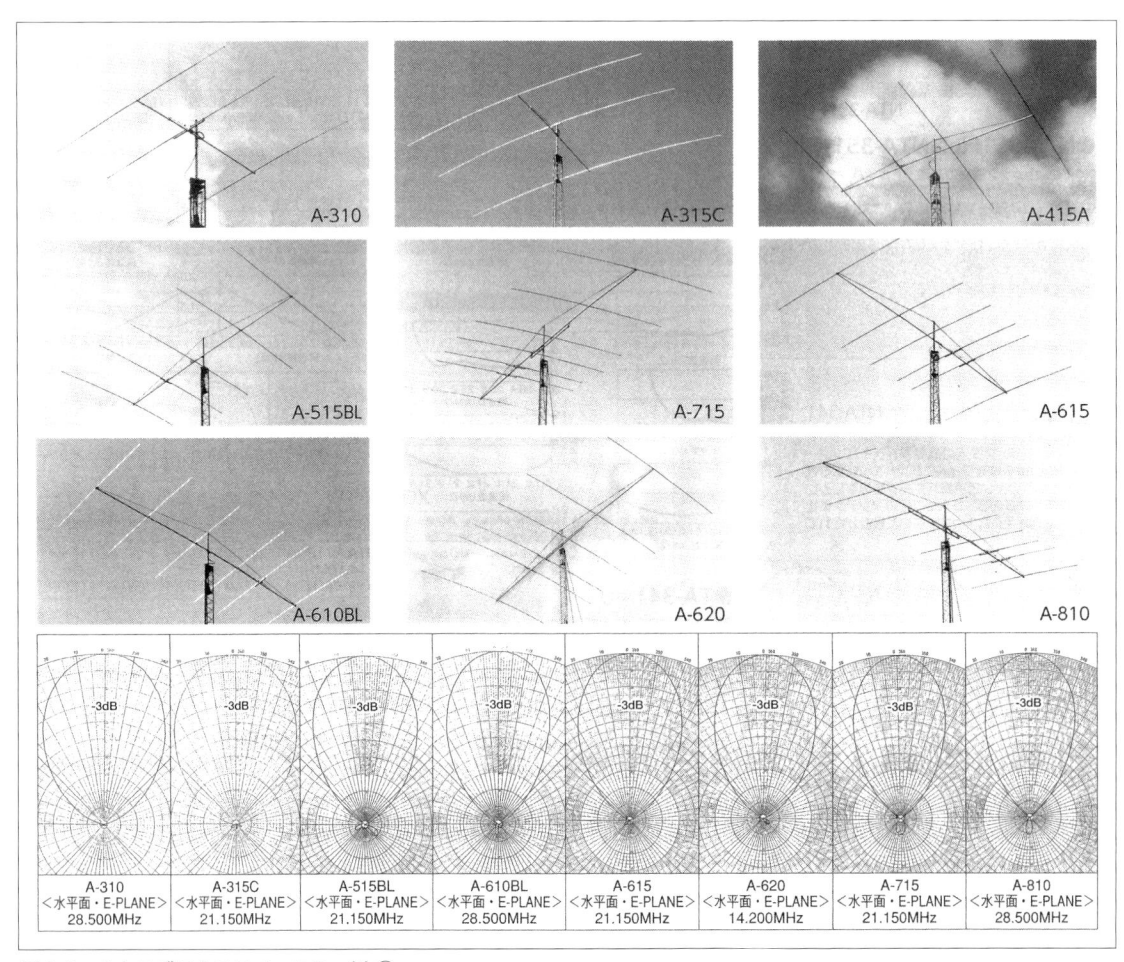

図A-5　カタログにあるスペックの一例 ④
ナガラ電子工業のカタログより引用

参考文献

[洋　書]

1. J. Zenneck；Wireless Telegraphy, 1912, McGraw Hill.
2. G3PTN Zygmunt C. Chowanice；The three-element Zygi beam aerial, RADIO COMMUNICATION Oct. 1975,
3. G6XN L.A.Moxon；hf antennas for all locations, 1982, RSGB.
4. W9PNE Brice Anderson；Horizontal X Beams For 15 And 20 Meters, QST Mar. 1983, ARRL.
5. Gerd Janzen；Kurze Antennen, Frackh'sche Verlangshandlung, 1986, W. Keller & Co.
6. JG1UNE Hiroaki Kogure；TRY A SIGMA BEAM ON YOUR SMALL LOT！, QST, Mar. 1987, ARRL.
7. W8JK John D. Kraus；ANTENNAS Second Edition, 1988, McGRAW-HILL.
8. WB4KTC Robert J. Traister；HOW TO BUILD HIDDEN LIMITED-SPACE ANTENNAS THAT WORK, 1981, TAB Books.
9. KR1S Jim Kearman；LOW PROFILE AMATEUR RADIO, 1994, ARRL.
10. G4LQI Erwin David；HF ANTENNA COLLECTION, 1994, RSGB.
11. G6XN Les Moxon；HF ANTENNAS FOR ALL LOCATIONS, 1995, RSGB.
12. NT0Z Kirk A. Kleinschmidt；STEALTH AMATEUR RADIO, 1999, ARRL.
13. JG1UNE Hiroaki Kogure, JE1WTR Yoshie Kogure, and AJ3K James Rautio；Introduction to Antenna Analysis Using EM Simulators, 2011, Artech House.
14. JG1UNE Hiroaki Kogure, JE1WTR Yoshie Kogure, and AJ3K James Rautio；Introduction to RF Design Using EM Simulators, 2011, Artech House.
15. G0KYA Steve Nichols, ；Stealth Antennas, 2012, RSGB.

[和　書]

16. バルクハウゼン 著, 中島 茂 訳；振動學入門, 1935, コロナ社.
17. JA3BRD/LDG 安藤定夫, JA3AUQ 長谷川伸二, JA3MD 大津正一, 協力者 JA3BUO, JA3AZD, JA3KHB, JA3DDJ, JA3GAC；『ビームアンテナの指向特性を解剖する, §5 トライバンド ビームアンテナ』, pp.237-244, CQ ham radio 1967年6月号, CQ出版社.
18. 遠藤敬二 監修；ハムのアンテナ技術, 1970, 日本放送出版協会.
19. 鈴木 肇；キュービカル・クワッド, 1973, CQ出版社.
20. 虫明康人；アンテナ・電波伝搬, 1973, コロナ社.
21. JA1BLV 関根慶太郎；アマチュア無線 楽しみ方の再発見, 第1版4刷, 1974, オーム社.
22. JA1CA 岡本次雄；アマチュアのアンテナ設計, 第4版, 1974, CQ出版社.
23. CQ ham radio編集部 編；160メータハンドブック, 第3版, 1976, CQ出版社.
24. JA1XS 高沢 誠；位相給電ビームANT, CQ ham radio 1977年11月号, CQ出版社.
25. 徳丸 仁；電波技術への招待, 1978, 講談社ブルーバックス.
26. JA1NVB 飯島 進；アマチュアの八木アンテナ, 1978, CQ出版社.
27. JA2DI 佐野哲志；『3エレメントを同時励振した14MHzエンドファイヤー・アレー』, CQ ham radio 1979年12月号, CQ出版社.
28. 電子通信学会（現・電子情報通信学会）編；アンテナ工学ハンドブック, 1980, オーム社.
29. 宇田新太郎；新版 無線工学Ⅰ 伝送編, 第3版, 1981, 丸善株式会社.
30. G6JP G.R.Jessop 編, JA1BLV 関根慶太郎 訳；RSGB VHF/UHF MANUAL, 1985, CQ出版社.
31. JA1ZU 後藤尚久；アンテナの科学, 1987, 講談社ブルーバックス.
32. 山下栄吉；電磁波工学入門, 1987, 産業図書.
33. 小暮裕明；『特集 キャパシタンス・インダクタンス装荷アンテナの理論と設計』, HAM Journal No.57, pp.35-68, 1988, CQ出版社.
34. 松尾博志；電子立国日本を育てた男, 1992, 文藝春秋.
35. 小暮裕明；『コンパクト・マグネチック・ループ・アンテナのすべて』, HAM Journal No.93, pp.49-72, 1994, CQ出版社.
36. 小暮裕明ほか；『3章 短縮アンテナの設計, 別冊CQ ham radio バーチカル・アンテナ』, pp.91-130, 1994, CQ出版社.

37. Steve Parker 著, 鈴木 将 訳；世界を変えた科学者 マルコーニ, 1995, 岩波書店．
38. JA1ZU 後藤尚久；図説・アンテナ, 1995, 社団法人電子情報通信学会．
39. 羽石 操, 平澤一紘, 鈴木康夫 共著；小形・平面アンテナ, 1996, 社団法人電子情報通信学会．
40. JA1QPY 玉置晴朗；八木アンテナを作ろう—電脳設計ソフト YSIM で作る八木アンテナ, 1996, CQ出版社．
41. 山崎岐男；天才物理学者 ヘルツの生涯, 1998, 考古堂．
42. 小暮裕明；『HAM RADIO JOURNAL, マグネチック・ループ・アンテナの研究』, pp.236-249, CQ ham radio 1999年9月号, CQ出版社．
43. 小暮裕明；『HAM RADIO JOURNAL, 位相差給電のすすめ』, pp.224-237, CQ ham radio 2001年1月号, CQ出版社．
44. Keith Geddes 著, 岩間尚義 訳；グリエルモ・マルコーニ, 2002, 開発社．
45. JE1BQE 根日屋英之, 小川真紀；ユビキタス時代のアンテナ設計, 2005, 東京電機大学出版局．
46. JJ1VKL 原岡 充；電波障害対策基礎講座, 2005, CQ出版社．
47. JA1WXB 松田幸雄；シミュレーションによるアンテナ製作, 2008, CQ出版社．
48. JF1DMQ 山村英穂；改訂新版 定本 トロイダル・コア活用百科, 改訂版第3版, 2009, CQ出版社．
49. JA7UDE 大庭達之；アンテナ解析ソフトMMANA, 第2版, 2010, CQ出版社．
50. JJ2NYT 中西 剛；『1.5MHz～200MHzブロードバンド・アンテナ D2T』, CQ ham radio 2011年9月号, CQ出版社．
51. JA1BLV 関根慶太郎；無線通信の基礎知識, 2012, CQ出版社．
52. JH1FCZ 大久保 忠；別冊付録『保存版ヘンテナ・スタイルブック』, 別冊CQ ham radio QEX Japan No.3, 2012, CQ出版社．
53. 小暮裕明；『絵で見るアンテナ入門, 連載 第1回～第12回』, CQ ham radio 2011年5月号～2012年4月号, CQ出版社．
54. 小暮裕明；『短期集中連載 λ/100アンテナは夢か, 連載 第1回～第4回』, CQ ham radio 2012年1月号～2012年4月号, CQ出版社．
55. 小暮裕明；『ハムのアンテナQ&A』連載 第1回～第24回, CQ ham radio 2012年5月号～2014年4月号, CQ出版社．
56. 『特集 アパマン・ハム スタイル集』, pp.31-63, CQ ham radio 2011年5月号, CQ出版社．
57. 『特集 アパマン・ハムで楽しむアマチュア無線』, pp.31-61, CQ ham radio 2012年8月号, CQ出版社．
58. JF1VNR 戸越俊郎；マンションからDXを楽しむループ・アンテナの設置方法, pp.14-18, CQ ham radio 2012年2月号 別冊付録, CQ出版社．

[筆者らの主な単行本]

59. 小暮裕明；コンパクト・アンテナブック, 第5版, 1993, CQ出版社．
60. 小暮裕明ほか, CQ ham radio編集部 編；ワイヤーアンテナ, 第2版, 1994, CQ出版社．
61. 小暮裕明, 松田幸雄, 玉置晴朗；パソコンによるアンテナ設計, 第2版, 1998, CQ出版社．
62. 小暮裕明；電磁界シミュレータで学ぶ 高周波の世界, 第6版, 2006, CQ出版社．
63. 小暮裕明；電磁界シミュレータで学ぶ ワイヤレスの世界, 第3版, 2007, CQ出版社．
64. 小暮裕明；電気が面白いほどわかる本, 2008, 新星出版社．
65. 小暮裕明, 小暮芳江；すぐに役立つ電磁気学の基礎, 2008, 誠文堂新光社．
66. 小暮裕明, 小暮芳江；小型アンテナの設計と運用, 2009, 誠文堂新光社．
67. 小暮裕明, 小暮芳江；電磁波ノイズ・トラブル対策, 2010, 誠文堂新光社．
68. 小暮裕明, 小暮芳江；電磁界シミュレータで学ぶ アンテナ入門, 2010, オーム社．
69. 小暮裕明, 小暮芳江；[改訂]電磁界シミュレータで学ぶ高周波の世界, 2010, CQ出版社．
70. 小暮裕明, 小暮芳江；すぐに使える 地デジ受信アンテナ, 2010, CQ出版社．
71. 小暮裕明；はじめての人のための テスターがよくわかる本, 2011, 秀和システム．
72. 小暮裕明, 小暮芳江；電波とアンテナが一番わかる, 2011, 技術評論社．
73. 小暮裕明, 小暮芳江；ワイヤレスが一番わかる, 2012, 技術評論社．
74. 小暮裕明, 小暮芳江；図解入門 無線工学の基本と仕組み, 2012, 秀和システム．
75. 小暮裕明, 小暮芳江；図解入門 高周波技術の基本と仕組み, 2012, 秀和システム．
76. 小暮裕明, 小暮芳江；コンパクト・アンテナの理論と実践[入門編], 2013, CQ出版社．
77. 小暮裕明, 小暮芳江；コンパクト・アンテナの理論と実践[応用編], 2013, CQ出版社．
78. 小暮裕明, 小暮芳江；アンテナの仕組み, 2014, 講談社ブルーバックス．

索　引

数字・アルファベット・記号

+jX	29
−jX	29
2次放射	25, 108, 124
3エレYAGI	39
3エレメントYAGI	58
3エレメント・ヘンテナ	120
3エレメント・マルチバンドYAGI	31
4SQ	44
4SQアンテナ	55
4エレYAGI	66
5エレYAGI	66
8の字パターン	20
Agilent Technologies社	106
AJ3K	105
AMA	130
Arnold Sommerfeld	20
ARRL	81
ATU	126
ATU（自動アンテナ・チューナ）	51
Azimuth Plot	69
Boresight	114, 138
CAD入力	105
cardioid	51, 53
cardioidパターン	43
CQ	31, 34
CUBEX	73
D2T-Mアンテナ	96
dBd	64
dBi	40, 64, 136
DGØKW	81
Dish	49
DK5CZ	130
Doppel M Beam	81
DX	33
DX Engineering	83
EIRP	48
Elevation Plot	69
EMC時代のビーム・アンテナ	133
EMC設計	133
EMSS社	106
end-fire	58
EZNEC Pro/4	68
E-plane pattern	136
E面	78
E・トムソン	17
F/B	44, 53, 64, 89, 93, 110, 124, 138
FB比	138
FDTD法	107, 113
FEKO	106
FEM	107
Field_ant製 MK-3	130
Front-to-Back Ratio	138
F・ブラウン	18
G3PTN	85
G3TXQ	83
G6XN	90
Ga（絶対利得）	53
Gain	39, 44, 53, 112, 136
Giovannini Elettromeccanica社	96
GPアンテナ	45
GW4MBN	80
HB9CV	39, 60, 87, 118
HEX-BEAM	83
HF帯	33
Hörschelmann	20
HRPT	50
HyGain TH3-JR	92
H-plane pattern	135
H面	78
IE3D	106
InnovAntennas	68
Isoloop	128
JA1AEA	34, 94
JA1BRK	71
JA1CXA	120
JA1DQW	117
JA1HWO	116
JA1XS	120
JA1YCG	113
JA2DHB	50
JA2DI	58, 61
JA3AUQ	62
JA3AZD	62
JA3BRD/LDG	62
JA3BUO	62
JA3DDJ	62
JA3GAC	62
JA3KHB	62
JA3MD	62
JA6DUA	61
JA6XKQ	50
JA9FS	34
JE1BQE	125
JE3HHT	106
JF1DMQ	103
JF1VNR	113
JH1FCZ	120
JH1YMC	103
John Kraus	40
JR1OAO	117
J. Zenneck	18
KIO Technology	83
MicroVert	127
MININEC	106
Mini-Products社	95
MLA	127, 128
MLA48プロジェクト	133
MMANA	35, 40, 43, 52, 58, 65, 89, 105, 121, 123, 125
MMANA-GAL	44, 91, 113
Momentum	106
MOXONアンテナ	90
MQ-1	94
N1HXA	83
OP-DES Yagi	68
OSCAR	48
QST誌	81
Radiation Efficiency	136
Remcom社	107
SKYDOOR	116
Skymaster	73
Sonnet	105
Sonnet Software社	106
SWR	69
Sパラメータ	105
S・ブラウン	17
TA-33	32, 33
TH-3	33
TLM法	107
TLMメッシュ	107
True Gain	136
T型エレメント	54
T.G.M. Communications社	94
UHF	27
UNEクワッド	116, 118, 123, 125, 126
V/UHF帯	116
VK2ABQ	90
VSWR	135
V形ダイポール・アンテナ	81
W1JRアンテナ	71
W3DZZアンテナ	91
W3KH	49
W8JKアンテナ	40
W9LZX	34
W9PNE	83
XFdtd	107, 114, 118
Xビーム・アンテナ	82
YAGI Antenna	27
YAGIアンテナ	48, 56, 62
Z（インピーダンス）	53
Zeland Software社	106
ZLスペシャル	39, 87
ZYGI Beam	85
η	137
λ	37
Σ（シグマ）ビーム・アンテナ	80

あ・ア行

アース	19, 25
アース電流	20
アイソトロピック・アンテナ	64
アイソトロピック比	40
アパマン・ハム	116
アンテナ	102
アンテナ・アナライザ	61
アンテナ・カプラ	73, 118
位相	25, 39

位相差 ……………………………………… 88	時間変化する磁界 ……………………… 37	長波 …………………………………… 17, 27
位相差給電 …………………… 43, 51, 88, 120	時間変化する電界 ……………………… 37	直接波 …………………………………… 108
位相差給電MLA ……………………… 129	時間領域の手法 ……………………… 107	ツイギー・ビーム ……………………… 85
位相差給電アンテナ …………………… 53	指向性 ………………………… 17, 18, 21, 57	釣り竿アンテナ ………………………… 52
位相差ケーブル ………………………… 74	指向性アンテナ ………………………… 43	抵抗器 …………………………………… 98
イメージ・アンテナ …………………… 132	指向性利得 …………………………… 136	抵抗損 ………………………………… 137
うず電流 ………………………………… 25	自己放射インピーダンス ……………… 56	定在波 ………………………… 25, 97, 104
宇田新太郎 ……………………………… 27	実効放射電力 …………………………… 48	ディレクタ ……………………………… 32
エレメント ……………………………… 23	自動分割 ……………………………… 111	デルタ・ループ ………………………… 38
エンドファイア ………………………… 58	終端抵抗 …………………………… 96, 98	デルタ・ループ・アンテナ …………… 73
エンドファイア・アレー ………… 58, 120	周波数領域の手法 …………………… 105	電界 ……………………… 22, 24, 35, 78, 103, 127
オフセット給電 ……………………… 117	受波装置 ………………………………… 23	電界強度計 ……………………………… 28
折り曲げたダイポール・アンテナ …… 70	自由空間 ………………………… 54, 109	電界強度分布 …………………………… 97
折り曲げマルコーニ・アンテナ ……… 20	焦点距離 ………………………………… 49	電界ベクトル ……………………… 22, 24
	磁力線 ……………………… 35, 47, 78, 103	電界面 …………………………………… 78
か・カ行	導波器 ……………… 32, 57, 58, 74, 76, 79, 125	電気力線 …………… 22, 24, 35, 47, 78
可逆性 …………………………………… 21	導波器の仕組み ………………………… 29	電磁界 …………………………………… 62
過渡応答 ……………………………… 107	進行波 ……………………………… 25, 98	電磁界シミュレーション ………… 16, 131
環境問題 ……………………………… 133	進行波アンテナ ……………………… 100	電磁界シミュレータ ……………… 69, 105
完全導体グランド …………………… 109	心臓形 …………………………… 43, 51, 53	電磁界シミュレータXFdtd ……… 37, 62
ガンマ・マッチ ………………………… 58	真の利得 ……………………………… 136	電磁環境 ……………………………… 133
ガンマ・マッチング …………………… 72	スイス・クワッド ……………………… 39	電磁波 ……………………… 47, 103, 104, 127
幾何学的距離 ………………………… 125	垂直Moxonアンテナ …………………… 80	電磁波の速度 …………………………… 37
菊谷秀雄 ………………………………… 28	垂直成分 ………………………………… 35	電磁誘導 ………………………………… 47
基準空中線 …………………………… 136	垂直設置 ……………………………… 108	電磁両立性 …………………………… 133
逆Lアンテナ …………………………… 19	垂直偏波 …………………………… 35, 45	伝送線路 ………………………………… 21
逆相 ……………………………… 43, 132	垂直面パターン ……………………… 136	伝送線路法 …………………………… 107
キャパシティ・ハット ……………… 24, 32	水平成分 ………………………………… 35	電波 ……………………………… 103, 104
給電ケーブル …………………………… 74	水平偏波 …………………………… 35, 55	電波暗室 ………………………………… 78
給電点 …………………………………… 99	水平面パターン …………………… 135, 136	電波の定義 …………………………… 103
キュビカル・クワッド ……………… 31, 34	ストーン ………………………………… 17	電波法 ………………………………… 103
仰角 ……………………………… 72, 110, 123	スプレッダ ……………………………… 37	電流分布 …………………………… 88, 105
共振現象 ………………………………… 24	スモール・ループ …………………… 127	電力利得 ……………………………… 136
金属壁 …………………………………… 26	整合部 …………………………………… 38	テーパード・セグメンテーション … 110
空中線 ………………………………… 102	セグメント …………………………… 110	テーパリング ………………………… 110
グラウンド ……………………… 19, 136	絶対利得 ……………………… 48, 110, 136	等方性（isotropic）アンテナ ……… 136
グラスファイバ・ポール ……………… 34	接地 ……………………………………… 19	等方性アンテナ ……………………… 110
グランドスクリーン ………………… 112	接地型 ………………………………… 111	同相 ……………………………………… 43
クリエート・デザイン社 …………… 113	接地型アンテナ …………………… 16, 19	導体抵抗 ………………………… 25, 138
クロス・マウント ……………………… 83	接地抵抗 ……………………………… 138	導電率 ……………………… 44, 66, 72, 88, 109
クワギ（Quagi） ……………………… 94	セル …………………………………… 115	特性インピーダンス ……………… 22, 98
クワッド・アンテナ ………………… 73, 76	前後比 ……………………………… 44, 64, 124	トップ・ローディング ……………… 122
経済的なエレメント数 ………………… 79	センター・ローディング …………… 122	トラップ ………………………………… 91
傾斜アンテナ …………………………… 18	相互放射インピーダンス ……………… 56	トラップ・コイル ……………………… 32
ゲイン ……………………………… 48, 136	相対利得 ……………………………… 136	
鉱石検波 ………………………………… 28	送波装置 ………………………………… 23	**な・ナ行**
高速多重極展開法 …………………… 106	損失抵抗 ……………………………… 138	入射波 …………………………………… 25
高利得 …………………………………… 67	損失電力 ……………………………… 136	入力インピーダンス ………… 29, 39, 138
コモンモード電流 …………………… 117		ノイズ・レベル ……………………… 131
コンパクト・アンテナ ……………… 108	**た・タ行**	
	第一電波工業 ………………………… 122	**は・ハ行**
さ・サ行	大地 …………………………………… 23, 136	パーフェクト・クワッド ……………… 34
最大放射方向 ………………………… 114, 138	ダイポール・アンテナ …………… 20, 23, 24	パーフェクト・クワッド社 …………… 76
最大利得 …………………………… 66, 114	タテ長クワッド・アンテナ ………… 116	ハーブ・アンテナ ………………… 16, 18
最適化 ……………………………… 53, 65	ダブルMビーム ………………………… 81	ハイゲイン ……………………………… 31
再放射 ………………………………… 108	短縮ダイポール・アンテナ …………… 32	配列アンテナ …………………………… 17
サブ・セクション …………………… 105	短縮率 …………………………………… 37	波長 ……………………………………… 37
磁界 ……………………… 35, 78, 103, 127	短波 ……………………………………… 17	波長短縮 ……………………………… 112
磁界検出型 …………………………… 127	地上高 ……………………………… 67, 88	パラスティック・エレメント ………… 76
磁界ベクトル …………………………… 24	超広帯域 ………………………………… 99	パラボラ・アンテナ …………… 47, 48, 50
磁界面 …………………………………… 78	超短波 ……………………………… 17, 27	バラン …………………………………… 73

反射 …… 26, 124	ヘリカル・アンテナ …… 50	モノバンドYAGI …… 68
反射器 …… 32, 58, 74, 76, 118	ヘルツ …… 23	モノポール・アンテナ …… 16
反射器の仕組み …… 28	ヘルツ・ダイポール …… 23	**や・ヤ行**
反射係数 …… 135	変位電流 …… 37	八木秀次 …… 27
反射波 …… 25, 26, 97, 108	ベント(折り曲げ)・ダイポール・アンテナ …… 35	八木・宇田アンテナ …… 27, 131
反射板 …… 26	ボアサイト …… 138	有限要素法 …… 107
反射望遠鏡 …… 47	ポインティング電力 …… 25	誘電体 …… 29
ビーム …… 57, 128	ポインティング・ベクトル …… 24	誘電体損失 …… 138
ビーム・アンテナ …… 17, 23, 68, 131, 133	放射器 …… 57, 58, 76	誘導性リアクタンス …… 29
光 …… 47	放射効率 …… 98, 100, 127, 136	誘導電流 …… 25, 124
微小ループ …… 127	放射抵抗 …… 137, 138	容量性リアクタンス …… 29
火花 …… 23	放射電力 …… 136	**ら・ラ行**
ビバレージ・アンテナ …… 21, 22, 96	放射パターン …… 16, 36, 69, 93, 110, 135	ラジアル線 …… 112
比誘電率 …… 44, 66, 72, 88, 109, 112	放射ベクトル …… 24	ラジアル・エレメント …… 45
表面電流 …… 25	ホーン・アンテナ …… 49	リアクタンス …… 36
ファラデー …… 47	**ま・マ行**	リアルグランド …… 109
フェーズ・ライン …… 86, 89	マイクロ波帯 …… 116	利得 …… 39, 44, 72, 88, 93, 95, 112, 136
フォールデッド・ダイポール・アンテナ …… 34	マイクロ・ストリップ線路 …… 21	リニア・ロード・エレメント …… 54
不整合ロス …… 122	マクスウェル …… 37, 46, 103	リフレクタ …… 32
プッシュ・プル発振器 …… 27	マクスウェルの方程式 …… 24, 105	リボン・フィーダ …… 34, 39, 98
不要電磁エネルギー …… 133	マグネチック・ループ・アンテナ …… 127	レジスタンス …… 36
フラット・トップ・アンテナ …… 19	マルコーニ …… 16, 23, 48	ロータリー・スイッチ …… 51
フルサイズ …… 33	マルチバンドYAGI …… 92	ローディング・コイル …… 87, 93
プロット …… 136	見通し通信の距離 …… 124	ロング・ワイヤ・エレメント …… 126
ブロードサイド・アレー …… 120	ミニマルチアンテナ …… 31, 95	ロンビック・アンテナ …… 96
分割フェライト・コア …… 117	無線LAN …… 26	**わ・ワ行**
平行2線路 …… 98	メニー …… 27	ワールド・ループ社 …… 73
平面波 …… 24	モービル・ホイップ …… 25, 120, 121	ワイヤ・アンテナ …… 33
並列共振回路 …… 90	モーメント法 …… 105	
ベクトル図 …… 60	モズレー …… 31	
ベランダ …… 116		

著者略歴

● **小暮 裕明**(こぐれ ひろあき)　　JG1UNE

　小暮技術士事務所(**http://www.kcejp.com**)所長
　技術士(情報工学部門)，工学博士(東京理科大学)，特種情報処理技術者，
　電気通信主任技術者，第1級アマチュア無線技士

　1952年　群馬県前橋市に生まれる
　1977年　東京理科大学卒業後，エンジニアリング会社で電力プラントの設計・開発に従事
　1998年　東京理科大学大学院博士課程(社会人特別選抜)修了，工学博士
　2004年　東京理科大学講師(非常勤)，コンピュータ・ネットワーク，プログラミング言語他を担当
　2014年　拓殖大学工学部講師(非常勤)を兼務

　現在，技術士として技術コンサルティング，セミナー講師，大学講師等に従事

● **小暮 芳江**(こぐれ よしえ)　　JE1WTR

　1961年　東京都文京区に生まれる
　1983年　早稲田大学第一文学部中国文学専攻卒業後，ソフトウェアハウスに勤務
　1992年　小暮技術士事務所開業で所長をサポートし，現在電磁界シミュレータの英文マニュアル，
　　　　　論文，資料などの翻訳・執筆を担当

- ●**本書記載の社名，製品名について** ── 本書に記載されている社名および製品名は，一般に開発メーカの登録商標です．なお，本文中では™，®，©の各表示を明記していません．
- ●**本書掲載記事の利用についてのご注意** ── 本書掲載記事は著作権法により保護され，また産業財産権が確立されている場合があります．したがって，記事として掲載された技術情報をもとに製品化をするには，著作権者および産業財産権者の許可が必要です．また，掲載された技術情報を利用することにより発生した損害などに関して，CQ出版社および著作権者ならびに産業財産権者は責任を負いかねますのでご了承ください．
- ●**本書に関するご質問について** ── 文章，数式などの記述上の不明点についてのご質問は，必ず往復はがきか返信用封筒を同封した封書でお願いいたします．ご質問は著者に回送し直接回答していただきますので，多少時間がかかります．また，本書の記載範囲を越えるご質問には応じられませんので，ご了承ください．
- ●**本書の複製等について** ── 本書のコピー，スキャン，デジタル化等の無断複製は著作権法上での例外を除き禁じられています．本書を代行業者等の第三者に依頼してスキャンやデジタル化することは，たとえ個人や家庭内の利用でも認められておりません．

JCOPY 〈(社)出版者著作権管理機構委託出版物〉
本書の全部または一部を無断で複写複製(コピー)することは，著作権法上での例外を除き，禁じられています．本書からの複製を希望される場合は，(社)出版者著作権管理機構(TEL：03-3513-6969)にご連絡ください．

仕組みと技術を解説
アマチュア無線のビーム・アンテナ

2014年9月1日　初版発行　　　　　　　　　　　　　　　© 小暮 裕明・小暮 芳江　2014
(無断転載を禁じます)

著　者　　小暮　裕明
　　　　　小暮　芳江
発行人　　小澤　拓治
発行所　　CQ出版株式会社
〒170-8461　東京都豊島区巣鴨1-14-2
電話　編集 03-5395-2149
　　　販売 03-5395-2141
振替　00100-7-10665

乱丁，落丁本はお取り替えします
定価はカバーに表示してあります

ISBN978-4-7898-1597-0　　　　　　　編集担当者　櫻田 洋一／斎藤 麻子
Printed in Japan　　　　　　　　　　デザイン・DTP　近藤 企画
　　　　　　　　　　　　　　　　　　印刷・製本　三晃印刷㈱